彩色圖片 索引

U0059401

➢ CH2

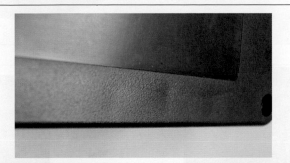

補充圖 2-7　縮水痕

參考圖 2-52　鏈條帶動齒輪

參考圖 2-55　齒條帶動齒輪

➢ CH3

參考圖 3-5　模具電鍍與成型品

參考圖 3-6　成型品電鍍

參考圖 3-7　成型品印刷

參考圖 3-8　燙金轉印

參考圖 3-10　噴導電漆以干擾電磁波

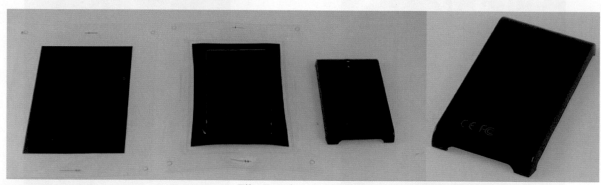

Film Forming & Trimming

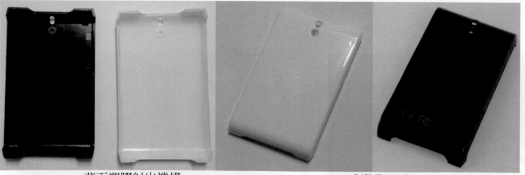

背面塑膠射出機構　　　　　成型品正面

參考圖 3-17　IMF 加工之成型品

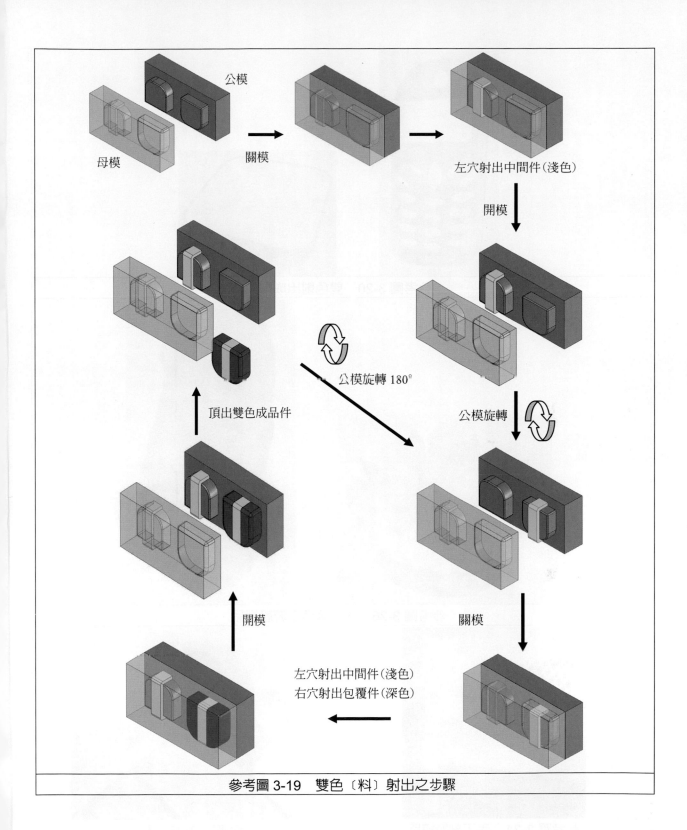

公模

母模

關模

左穴射出中間件(淺色)

開模

公模旋轉 180°

公模旋轉

頂出雙色成品件

開模

關模

左穴射出中間件(淺色)
右穴射出包覆件(深色)

參考圖 3-19　雙色〔料〕射出之步驟

參考圖 3-20　雙色射出成型品

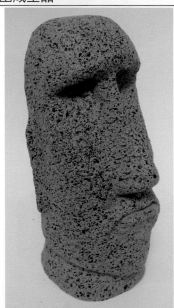

參考圖 3-26　人工著色之波麗製品

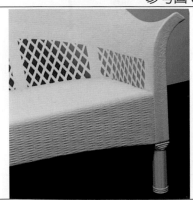

參考圖 3-31　手工刻製紋路　　　　　　　　　　參考圖 3-33　毛邊

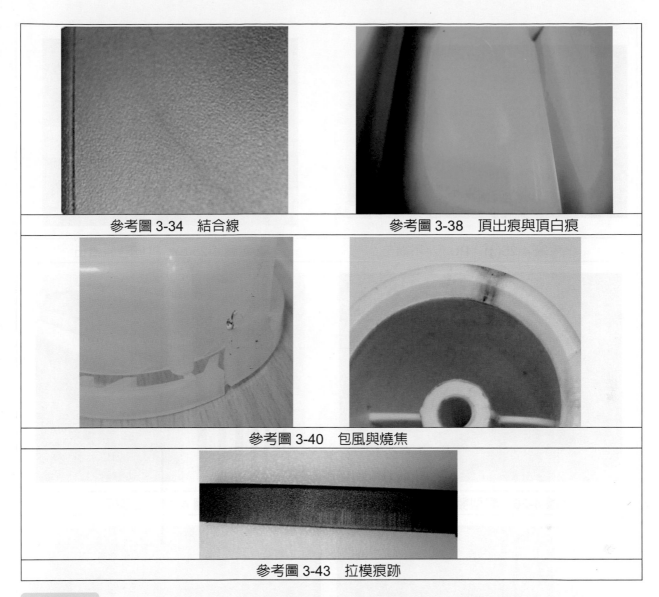

參考圖 3-34　結合線

參考圖 3-38　頂出痕與頂白痕

參考圖 3-40　包風與燒焦

參考圖 3-43　拉模痕跡

> **CH4**

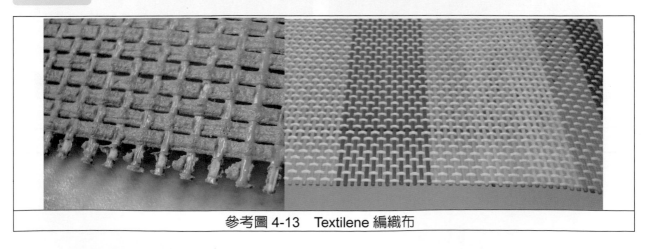

參考圖 4-13　Textilene 編織布

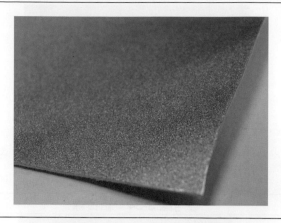

參考圖 4-25(a)　PU 皮+不織布　　　　　參考圖 4-25(b)　PU 皮+編織布

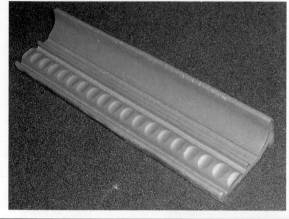

參考圖 4-26　異型發泡押出成型品　　　　　參考圖 4-27　發泡板

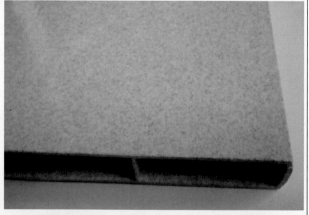

參考圖 4-36　表面印刷仿木紋　　　　　參考圖 4-37　材料摻纖維絲仿花崗岩紋

➢ CH5

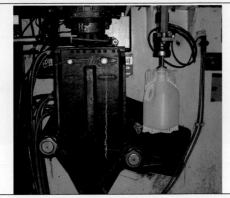 

參考圖 5-5(a)　押、吹分開之上方吹氣成型　　參考圖 5-5(b)　押、吹一體之下方吹氣成型

參考圖 5-13　雙色成型

➢ CH6

 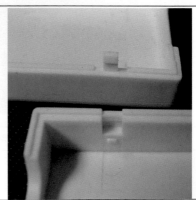

參考圖 6-10　預埋銅螺帽　　　　　　　參考圖 6-11　凹凸扣接

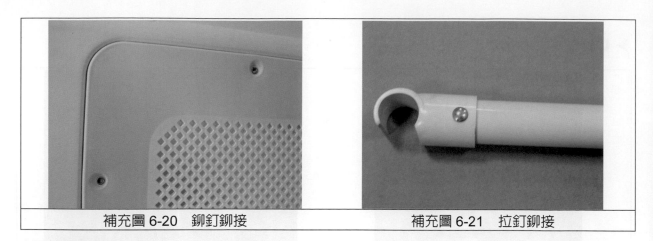

補充圖 6-20　鉚釘鉚接　　　　　　補充圖 6-21　拉釘鉚接

> **CH7**

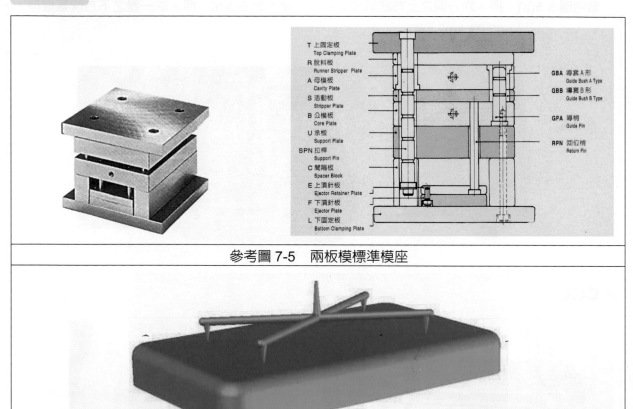

T　上固定板
　　Top Clamping Plate
R　脫料板
　　Runner Stripper Plate
A　母模板
　　Cavity Plate
S　活動板
　　Stripper Plate
B　公模板
　　Core Plate
U　承板
　　Support Plate
SPN　拉桿
　　Support Pin
C　間隔板
　　Spacer Block
E　上頂針板
　　Ejector Retainer Plate
F　下頂針板
　　Ejector Plate
L　下固定板
　　Bottom Clamping Plate

GBA　導套 A 形
　　Guide Bush A Type
GBB　導套 B 形
　　Guide Bush B Type
GPA　導梢
　　Guide Pin
RPN　回位梢
　　Return Pin

參考圖 7-5　兩板模標準模座

參考圖 7-25(g)　針點澆口

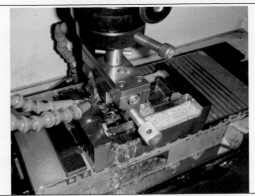

參考圖 7-55　電極與加工件

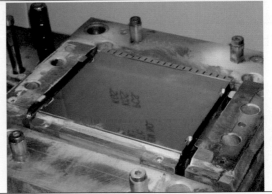

補充圖 7-57　咬花前後　　　　參考圖 7-63　母模模穴電鍍的模具

> ## CH11

射出成型設計實務作品一

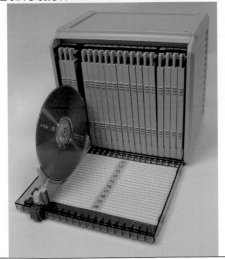

參考圖 11-2　前開夾取　　　　參考圖 11-103　產品包裝

射出成型設計實務作品二【新型專利作品】

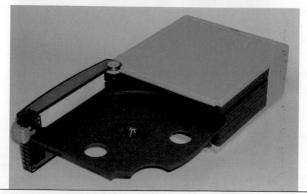 

參考圖 11-105　產品照片

射出成型設計實務作品三【新型專利作品】

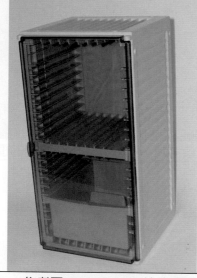 

參考圖 11-144　30 片光碟整理盒　　參考圖 11-145　產品照片

射出成型設計實務作品四【新型專利作品】

參考圖 11-183　產品使用例

射出成型設計實務作品五

參考圖 11-190　方形背之高、低背花紋 Insert 例　參考圖 11-191　圓形背之高、低背花紋 Insert 例

射出成型設計實務作品六

參考圖 11-192　5 Positions Folding Chair 設計　　　參考圖 11-230　產品照

射出成型設計實務作品七

參考圖 11-284　Logger 成品　　　參考圖 11-288　Reader 成品

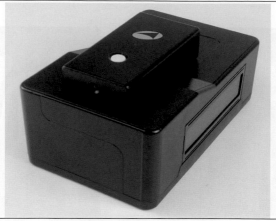

參考圖 11-291　前後視圖

➢ CH12

押出成型設計實務作品一

參考圖 12-1　產品目錄

參考圖 12-13　南亞塑膠公司目錄

押出成型設計實務作品二

參考圖 12-16　Tube Furniture

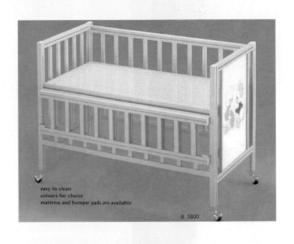

參考圖 12-26　摺合式無接頭 Tube Furniture　　參考圖 12-29　四方管組成之嬰兒床

參考圖 12-30　方型管與圓管組成之嬰兒床　　參考圖 12-31　雙環管組成之仿藤製餐椅

中空吹氣成型設計實務作品一

參考圖 13-1　陽傘傘座

參考圖 13-9　Rainbow Horizon 目錄-2

中空吹氣成型設計實務作品二

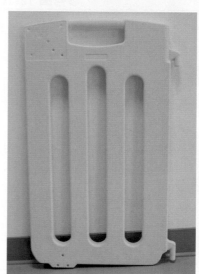

參考圖 13-11　安全門欄之零組件

0-14

 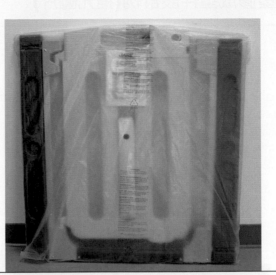

參考圖 13-42　成品與包裝

參考圖 13-42　成品與包裝

➢ 塑膠成型件設計例(補充圖片)

迷你文具組

水滴型聖誕燈飾

Mono-Block Stacking Chair

Wireless IP Phone

檔案櫃

55 英吋橢圓桌

塑膠成型品設計與模具製作

林滿盈　編著

全華圖書股份有限公司

作「產品設計」(Product Design)的人應具備什麼樣的內涵？什麼樣的知識？設計師能掌握的設計範圍又有多大？這是一個作者從大學時代接受工業設計(Industrial Design)的教育與訓練，再到業界歷練 30 餘年後，至今仍無法回答的問題。因為作任何的產品設計都會牽涉到產品的屬性問題，不同的材料、不同的加工方法與不同的功能訴求，皆會因為不同的思考邏輯而有不同的結果呈現。很多人，包括很多業界的領導者，對於 ID 的瞭解都還只是在作外觀與造型的設計而已，以為只要把產品外觀畫得好看就是工業設計，而把機構設計交給機構工程師，再把製造交給製造工程師。如此一來，顯然忽略了 ID 設計師所應該擔綱的「商品化設計」的整合意義與任務，也就是壓縮了工業設計師所能發揮的範圍，這是現階段 ID 設計師在作產品設計時所應該要自我加強的，也就是要展現整合能力來導正一般人較偏頗的看法。

產品設計師作產品設計，就是要作可以「量產」的商品化產品設計，談到量產，就必須談到模具(Mold)、刀具與治具(Jig)，依材料之不同，可從金屬、木材、陶瓷、紙類、塑膠、編織材、纖維材……等等材料應用到不同的加工方法，例如金屬的沖型、彎折、壓鑄；木材的鋸、裁、刨、銑、鑽；塑膠的射出、押出、吹氣……等等，在量產的需求下，做出各種不同的機具、工具或設備以供機械或人工生產製造使用。而塑膠材料就因為其材質與物性極適合做為產品的零組件或主體件使用，因此在近一個世紀以來，塑膠工業可說是蓬勃發展，成為現代生活不可或缺的材料。作者踏入社會的第一個工作就是在某家知名塑膠公司的開發組擔任產品設計開發的工作，從此就和塑膠結上不解之緣，從產品設計、到模具製作、到生產線製造、到商品銷售，皆多所經歷，累積許多的經驗，也設計出相當數量的產品，進而商品化製作銷售，創造可觀的業績。

近年來，有鑑於在業界經常遇到剛畢業的設計界新鮮人對於塑膠的成型品可說是毫無概念，設計出來的產品常遭到製造單位的挑剔，需要較長時間的經驗與磨合，因而興起到學校教書以傳授個人經驗的想法，也就從在科技大學工業設計系兼課開始，講授塑膠材料、加工與成型。期望同學們在學校期間即能吸收關於塑膠成型的基本概念與模具製作的相關知識，可以補足其產品設計的商品化之完整性，同學們的反應多是積極與肯定，足堪欣慰。

為了能讓更多的同學，不論是主修工業設計〔產品設計〕或機構設計者，皆能對於塑膠成型品的設計與模具製作間的互動，在學校期間即有初步涉獵，再興起著作此書的念頭，本著個人作研究的精神，蒐集資料、拍攝照片、編寫內容，終能完成此一可供教學用的基礎教材。本書前半段〔第一章到第八章〕是基本概念，後半段〔第九章到第十三章〕則是應用與實務，前後對照，希望能對讀者有所幫助。

本書舉例圖片甚多，其非出自作者所擁有或拍攝者，多標明出處來源，以尊重原作者。又在編寫過程中，承蒙緯曜公司吳正陽先生鼎力相助，提供許多產品設備與樣品例，特此致謝！

編輯部序

　　「系統編輯」是我們的編輯方針,我們所提供給您的,絕不只是一本書,而是關於這門學問的所有知識,它們由淺入深,循序漸進。

　　本書前半段〔第一章到第八章〕是基本概念,後半段〔第九章到第十三章〕則是應用與實務,前後對照,熟讀後期能對讀者有所助益。作者本著期望同學們在學校期間即能吸收關於塑膠成型的基本概念與模具製作的相關知識,可以補足其產品設計的商品化之完整性;為了能讓更多的同學,不論是主修工業設計〔產品設計〕或機構設計者,皆能對於塑膠成型品的設計與模具製作間的互動,在學校期間即有初步涉獵,進而編寫了此一可供教學用的基礎教材。

　　同時,為了使您能有系統且循序漸進研習相關方面的叢書,我們列出了有關圖書,以減少您研習此門學問的摸索時間,並能對這門學問有完整的知識。若您在這方面有任何問題,歡迎來函聯繫,我們將竭誠為您服務。

iv

相關叢書介紹

書號：05984
書名：塑膠扣具手冊
英譯：葉智鎰
20K/400 頁/480 元

書號：0223902
書名：塑膠產品設計(第三版)
編著：張子成.邢繼綱
20K/320 頁/320 元

書號：0542901
書名：塑膠模具設計與機構設計
　　　(修訂版)
編著：顏智偉
20K/368 頁/380 元

書號：05581077
書名：塑膠模具設計學－理論、
　　　實務、製圖、設計(第八版)
　　　(附 3D 動畫光碟)
編著：張永彥
16K/720 頁/650 元

書號：05861
書名：產品結構設計實務
編著：林榮德
16K/248 頁/280 元

書號：0552302
書名：模具學(修訂二版)
編著：施議訓.邱士哲
16K/600 頁/580 元

書號：05872
書名：模具工程(第二版)
英譯：邱傳聖
16K/784 頁/750 元

書號：0257902
書名：塑膠模具結構與製造(第三版)
編著：張文華
20K/248 頁/300 元

◎上列書價若有變動，請以
　最新定價為準。

目録 CONTENTS

第 3 章

射出成型之表面處理與成型問題

押出成型品設計

第 5 章

中空吹氣成型
品設計

第 6 章

塑膠製品零組
件之結合方法

第 **7** 章

射出成型模具
之設計與製作

第 **8** 章

押出成型與中空吹氣成型模具製作與加工

xv

1 緒論

1-1　前言

產品設計的意義是設計師將創意導入產品之中，進而得到新的產品或經過改進的產品。然而，光有了設計，若無法讓設計的結果得以「量產」而達到商業化的目的，則難稱之為「工業設計」，也就是說產品設計應該以「可量化生產」且可以在市場上競爭，並為企業「謀取利潤」為目標。而談到量產，設計師乃至設計團隊就要考慮到製造的方法、生產的設備、模具、材料……等等條件。在塑膠工業的領域中，所有的產品〔例如：射出成型、押出成型、中空吹氣成型……等〕在製作的過程中都必須要用到模具，關於模具的設計與製作則又牽涉到塑膠的物性，以及鋼材結構的變化。塑膠與鋼材都有其專業的知識，而產品設計師在考慮到使用塑膠製品〔尤其是佔較高比例的射出成型〕時，對於塑膠的瞭解，以及對模具結構的知識，都足以影響其對產品設計條件所下的判斷。當我們的廠商不再以外國的原樣來依樣畫葫蘆，而能信任自己的設計師所開發出來的產品時，相信這是設計教育已普及的結果了。

當設計師依據經驗或研判或猜測或學理所得的結論而作出來的設計後，業者或管理單位即應該有實質的依據可以用來檢討該設計是否合理？因為任何的設計一旦到了開模具的階段，就很難作重大的改變了，即使是小改變，也會影響到模具的品質與製作的成本，嚴重時甚至會因小小的錯誤，導致整個模具不能使用而必須重做的情況。

綜觀目前工業設計或機構設計人員對於塑膠成型產品的認知，大多是靠經驗的累積，而沒有真正的可以依循的方法或規律。若能藉由有經驗的設計師，將其經驗具體文字化或數據化，並作有系統的歸類，成為多數人認可，而得以引為依據者，則可達到作此研究的目的。希望經由本書這樣的研究，能對任何有關塑膠成型品設計的領域有所貢獻。

1-2　立論基礎與研究內容

本書立論之基礎係基於設計者本身對於塑膠材料與塑膠加工已具備基本之認識，因此對於塑膠材料之產品用途以及塑膠加工之各種方法僅在本章 1-4、1-5 節簡述之，第二章起即直接以塑膠產品設計與模具製作之互動為切入點。本書所述之成型品則主要是以佔最大量的三種成型加工方法即：(1)射出成型，(2)押出成型，(3)中空吹氣成型為主。而產品的設計即以此三種成型為基礎，再加上其他如壓鑄、鋁擠型、鐵管以及各種五金，作為產品結合的部分，成為以塑膠為主的產品設計內容。

研究內容：

(一) 塑膠產品設計

本書關於塑膠成型品的設計要項主要分成三大部分：(1)成型品的尺寸與結構，(2)表面處理，(3)零組件之結合方法。

將塑膠成型品設計，從零件到整體組裝之設計條件與限制逐項詳述。

(二) 模具之製作

本書關於塑膠成型模具製作的要項主要分為材料、設計與加工，從鋼材的選擇，到配合成型品的模具設計，到模具的製作，然後到實際生產的整個過程連貫之。

(三) 成型品設計與模具製作之互動

結合產品規劃與模具的規劃，以達到原始產品設計的量產所要求的產品效果為重點，在本書第九章內同時兼談知識庫與資料庫的建立，主要在論述此二庫的重要性。

1-3　實務驗證

本書中所列舉之產品設計案例，就是依企業的需求而開發設計出來，並且是實際商品化的產品。這些設計實務所秉持的原則皆是以企業的產品開發策略為基礎、衡量企業的製造能力、市場需求、產品可能的競爭力……等所得到的結果，其過程則是有學理與經驗上的依據再輔以現實的條件而完成的。

作者以二十多年在企業界實際參與開發設計以及領導設計團隊，從產品設計到生產製造到銷售〔國際貿易業務〕等連貫的實務，並累積多年的教學經驗，整理出這一份在作產品設計時，對於塑膠材料應用與模具製作加工的互動關係領域中所得到的實務印證的報告資料，經過資料的獲取與分析，來找出設計師從事設計工作時應具備那些和模具設計有關的資訊與知識，藉以提供往後設計師在養成教育時，關於塑膠成型製品的設計方面，能因為對彼此間的相互關係的瞭解，而能加速設計工作的達成，並把可能的錯誤機率降到最低。且期望理論與實務的印證得以在教學上得到充分的發揮。

由於模具的製作與生產製造的條件，皆是由產品設計的結果所引伸而來的，設計上的變異自然就會影響到模具與製造的條件，因此本書特別著重在產品設計的過程之中與往後模具製作、生產製造之互動關係之探討。

本書所述之產品設計實務皆依各產品當時之設計環境與背景加以闡述，基本上皆依：(1)設計特色，(2)模具與製作，(3)學術與教學效果之應用等加以敘述，以期達到說明各產品設計之商品化過程的實際價值。

　　本書中含有作者個人自行設計並取得專利的作品，另外作者為企業設計而取得之專利數量極多，但基於保護智慧財產權的擁有者則未便詳述，僅列出部分較具代表性的產品。至於所列之作品大多為企業實際開發之產品，且是經「量產」，並在市場上〔國內或國外〕銷售的實質產品，其中有部分產品在經過多年的業務經營下，仍然在現今市場上佔有一席之地。

1-4　塑膠材料與用途

　　本書既是針對塑膠產品之成型所作的研究，則讀者應對塑膠材料與加工成型有基本之認識，因此先淺談一下塑膠工業。

1-4-1　塑膠材料

　　早在 1868 年美國印刷工人 John Wesley Hyatt 以硝化纖維素經樟腦軟化發現了 Cellulose Nitrate〔賽璐珞〕後，塑膠材料即開始不斷的有新的產品問世，在其發展歷程當中，各種材料的物性因為分子結構的特性不同，而有所不同，一般又分成熱可塑性與熱硬化〔固〕性兩種，熱硬化性塑膠如酚醛樹酯、環氧樹酯等，是會因加熱而變為不熔物的原料。熱可塑性如聚乙烯、聚丙烯等聚合物和聚醯胺等縮聚物，則是可以反覆熔融和固化的。

　　製造塑膠的原料有煤和纖維素，但最主要的資源則來自石油，而一般的成分通常含括有六大項：(1)樹脂 Resin，(2)填充劑 Filler，(3)色料 Pigment，(4)潤滑劑 Lubricant 或稱改質劑，(5)催化劑 Accelerator 或抑制劑 Inhibitor，(6)可塑劑 Plasticizer。

　　這六大項成分之特性為：

(1) 樹脂：也稱為結合物(Binder)是塑膠中最主要的成分，而所謂的樹脂(Resin)與塑膠(Plastic)不同之處是：Resin 是還未成型的基礎原料，它是必須經過 Compound 等動作後再經過成型的過程，才成為塑膠(Plastic)的。

(2) 填充劑：通常有兩種目的，其一是以一種相對比較便宜的材料〔如滑石粉 Talc〕加入到 Resin 裏面以降低成本，其二是物性填充劑，它可能是一種可以增強分子結構鍵的介質，以強化塑膠的品質〔如：石棉 Asbestos〕達到防火的效果，或者如石英、雲母……等則可以加強塑膠的剛性。

(3) 著色劑：可以讓塑膠呈現各種不同的顏色風貌，藉以提升產品價值，加入色彩學的觀念於其中，在塑膠製品工業中亦是一項高深專業的學問。

(4) 潤滑劑：是用來防止塑膠在成型的過程中會產生的膠化黏稠現象的，它在加熱過程中會熔解氧化掉，因此成型後不會留在塑膠內。

(5) 催化劑、抑制劑：加速或抑制單体聚合成聚合物，當 Resin 太快聚合硬化時，則加抑制劑，當 Resin 太慢聚合硬化時，則加催化劑。

(6) 可塑劑：維持 Resin 不會迅速膠化而能即時將其成型用的物質。

熱塑型塑膠，依性能來分類，一般可區分為泛用塑膠與工程塑膠。依結構又可分為結晶性與非結晶性塑膠，結晶性的塑膠一般具有較明顯的熔點且有較高的韌性及延展性。

因為塑膠的種類繁多，無法一一列舉，在此僅列出塑膠成型品設計上常用的幾種以及它們的應用產品供參考：

(一) 熱塑性塑膠

1. 泛用塑膠：
   (1) 結晶性：PE、PP。
   (2) 非結晶性：PS、PVC、ABS、PMMA。
2. 工程塑膠：
   (1) 結晶性：PA、POM、PET、PBT、PPS、LCP、PEEK、TPE。
   (2) 非結晶性：PC、PI、PSF、PAR。
3. 複合塑膠：PC+ABS、PC+PBT、PP+PA、PBT+TPE、PC+PET。

(二) 熱固性塑膠

PU、PF〔電木〕、UF、SI〔矽膠〕、EP〔環氧樹脂〕。

塑膠製品的用途，大致上可分為：(1)日用品，(2)機械與交通器材，(3)電器產品，(4)建築、建材，(5)家具，(6)玩具、文具等項目。在產品材料的應用上並沒有絕對性，僅能說是否適合，因此下文所列的各種常用塑膠的應用產品其用途僅供參考。

1-4-2　熱塑性塑膠之用途

(一) 泛用塑膠

1. PE 聚乙烯：
   (1) 電器：電波機器零件、電線被覆。
   (2) 機械：擋泥板、迫緊墊片。

　　(3) 建築：可撓性水管。

　　(4) 日用品：包裝材料、食器、容器、藥瓶、塑膠袋。

　　(5) 玩具、雜貨。

2. PP 聚丙烯：
　　(1) 車輛零組件：保險桿、防撞條。

　　(2) 電器：電氣絕緣材、家電。

　　(3) 機械：機器包裝薄皮。

　　(4) 建築：水管。

　　(5) 日用品：瓶子、籃架、洗衣機、拉鍊、帶、繩、洗臉盆、容器、食器、高韌性、高溫塑膠袋、日用雜貨。

　　(6) 其他：包裝膠袋、玩具、醫療器材。

3. PS 聚苯乙烯：有三種應用 HIPS〔耐衝擊〕、GPPS〔通用級〕、Polylon〔發泡〕。
　　(1) 電氣：收音機、電視 Monitor 外殼、絕緣物。

　　(2) 機械：車尾燈、冷凍庫壁、冰箱內襯。

　　(3) 建築：百葉窗、招牌隔音材、天花板、日光燈罩。

　　(4) 日用品：杯子、玩具、文具、日用品、容器、牙刷柄、梳子、原子筆。

　　(5) 其他：嬰兒車、軟墊用品。

4. PVC 聚氯乙烯：又可分為硬質、半硬質與軟質(Paste)。
　　(1) 人造皮、洋娃娃〔油爐成型〕。

　　(2) 電氣：電線被覆、電線壓線盒、膠帶、電線。

　　(3) 機械：車用座墊、工廠配管、汽車零件。

　　(4) 建築：水管、軟管、硬管、窗框、壁板、地板、櫥櫃、摺門、隔熱材料。

　　(5) 日用品：手提袋、皮帶、塑膠鞋、桌巾。

　　(6) 其他：吹瓶、玩具、農業用防水膠布。

5. PMMA 聚甲基丙烯酸酯，俗稱 Acrylic〔壓克力〕：
　　(1) 電氣：照明器具零件、透明膠板。

　　(2) 機械：防風玻璃、車尾燈。

　　(3) 建築：廣告燈座、廣告牌。

　　(4) 日用品：鈕釦、裝飾品、太陽鏡片、文具、燈罩、相機鏡片、鏡面、人造首飾。

　　(5) 其他：眼鏡、假牙、光學零件、醫療器材。

6. ABS 丙烯腈-丁二烯-苯乙烯共聚合物：
　　(1) 電氣：電氣零件、電器用品外殼、滑鼠外殼。

(2)　機械：機械之構造體、金屬化用品、汽車儀表板。

(3)　建築：陳列櫥、管類。

(4)　日用品：話機外殼、文具、容器、吸塵器零件。

(5)　其他：安全帽、電池箱、高級玩具、運動用品。

(二) 工程塑膠

1.　PA 聚醯胺：俗稱 Nylon〔尼龍〕，用途極廣，常加入玻璃纖維以增加剛性。

(1)　運輸：散熱風扇、門把、油箱蓋、水箱護蓋、燈座。

(2)　電子電器：連接器、捲線軸、計時器護蓋、開關殼座、電線被覆。

(3)　工業零件：辦公椅腳、溜冰鞋座、紡織梭、踏板、滑輪、齒輪、軸承、凸輪。

(4)　紡織：紡織梭拉鍊、人造纖維、尼龍布。

(5)　日用品：梳子、包裝材料、刷子、家用品、襪子、繩子、牙刷毛、繩索。

(6)　其他：漁網、軸套、齒輪、運動用品。

2.　POM 聚縮醛，俗稱「塑膠鋼」：

(1)　運輸：門把零件、電動窗零件。

(2)　電子電器：洗衣機、果汁機零件、定時器組件、高級絕緣材料。

(3)　工業零件：機械零件、齒輪、把手、彈簧、滑輪、螺桿、彈性凸輪。

(4)　日用品：容器類、噴霧槍零件。

(5)　建築：窗簾滑動器、各種把手。

(6)　其他：玩具、各種成型品。

3.　PET 聚對苯二甲酸乙二醇酯：

(1)　用在飲料瓶類即一般俗稱之「寶特瓶」。

(2)　纖維、錄音帶、磁帶、相機底片、食品包裝容器。

4.　PBT 聚對苯二甲酸乙丁二醇酯：

(1)　電子電器：電器部件、機器部件、無熔線斷電器、電磁開關、家電把手、連接器。

(2)　運輸：車門把手、保險桿、分電盤蓋、擋泥板、導線護殼、輪圈蓋。

(3)　工業零件：OA 風扇、釣具、捲線器零件、燈罩。

5.　TPE (Thermo Plastic Elastomer)熱塑性彈性體，亦稱人工橡膠：

如：汽車材料、油封、配管、電線電纜絕緣被覆、醫療器材等。

6.　PC 聚碳酸酯：

(1)　電子電器：光碟片、電表外殼、電器外殼、電器零件、咖啡壺、計算機零件。

(2)　運輸：保險桿、分電盤、安全玻璃。

(3) 工業零件：照相機本體、機具外殼、安全帽、潛水鏡、安全鏡片、電動工具外殼、透明件、防彈玻璃、精密機械零件、螺帽、齒輪、軸承等。

(4) 建築：塗料。

(5) 日用品：果汁機、吹風機、奶瓶。

(6) 其他：接著劑、安全帽。

7. PPS 聚苯硫醚：一種成型時需要加模溫的熱塑型材料。

(1) 汽車零件：閥、電子控制零件。

(2) 電機零件：錄影機、連接器、線圈。

(3) 工業零件：塑膠泵、無熔絲開關。

(4) 軟性印刷電路板材料。

8. LCP 液晶聚酯：

如：連接器、電子開關、端子及其他電子零件。

9. PEEK 聚二醚酮：

(1) 電機零件：連接器、影印機零件。

(2) 工業零件：齒輪、閥、軸承、軸承套、活塞環。

(3) 汽車零件活塞套、軸承套。

(4) 軟質 PC 板、電線、光纖被覆、粉體塗裝。

10. PAR 聚芳香酯：

(1) 電子電器：電機零件、電器外殼、連接器、電器基座、火星塞、開關。

(2) 汽車零件：保險絲蓋、儀表板鏡、燈罩。

(3) 機械加熱零件、塑膠 PUMP。

(4) 太陽鏡片、針筒。

11. PSF 聚碸：

(1) 電器零件：連接器、線圈、PC 基板。

(2) 汽車、飛機零件、保險線、燈具、電氣零件。

(3) 手錶外殼、鐘錶零件、照相機零件。

(4) 酪農機械、冷解凍系統、熱水開關。

(5) 醫療：義齒、注射筒、人工心臟。

12. PI 聚醯亞胺：一種可存在於熱固與熱塑型的塑膠。

如：軸承套、環、封口墊圈、閥座。

(三) 複合塑膠

複合塑膠主要在取各單項塑膠之優點而用在不同的產品以發揮整體之性能者。

1.　ABS+PC：打字機外殼、文字處理器、手機外殼、醫療設備零組件、汽車頭燈框、尾燈外罩、食物餐盤。

2.　PC+PET：醫療器材、汽車防撞板、安全帽、頭盔、雪靴。

3.　PBT +TPE：汽車零組件、防撞板、葉子板、運動休閒器材。

(四) 環保塑膠

PLA〔聚乳酸〕

PLA 塑膠是源自於 100%可再生的玉米，它可提供像傳統塑膠一樣的外觀、感覺及方便等功能。PLA 的製造技術基本上是攝取天然植物的澱粉。澱粉再經轉化、發酵及聚合成透明的聚乳酸 PLA 塑膠粒，再加工成不同的瓶罐及容器、薄膜及包裝材。

PLA 優異的材料功能具備替代傳統塑膠製品的可能性，如可拋棄式的餐具；冷飲杯、盤及刀叉匙，這些以 PLA 作的餐具使用後會和食品廢棄物被一起收集再運送到適當的堆肥場處理。另外的應用是食品包裝，PLA 的高透明性及光澤度提供了內容物更新鮮的外觀，對於新鮮食品及糕餅 PLA 的包材是非常適當的。

PLA 相較於其它塑膠材料在廢棄物的處理方法是最有利的。於堆肥廠中 PLA 飲料杯可於 47 天後分解變成二氧化碳及水。

PLA 的特性如下：

1.　表面黏著：可與墨水及黏膠結合。

2.　透水氣：允許水氣通過而降低冷凝。

3.　透明及光澤：極佳的視覺外觀。

4.　抗油性：對大部份食品用之油脂具優良抗油性。

5.　印刷附著性：極自然之表面印刷性。

6.　硬度：比傳統塑膠能用較薄的厚度達到相同強度。

7.　熱封性：可快速低溫密封。

▌ 1-4-3　熱固型塑膠之用途

熱固型塑膠的種類較少，一般常用的有：

1.　PU 聚氨基甲酸乙酯：

　　(1)　機械：緩衝材、斷熱材。

　(2)　日用品：鞋底、座墊、人造皮革、接著劑。

　(3)　家具：椅墊、油漆、塗料、泡綿。

2.　PF 酚醛樹酯〔電木〕：

　(1)　電氣：燈頭、電器外殼、各種電器零件、印刷電路板。

　(2)　機械零件：齒輪、利車來令。

　(3)　日常用品：食器、烹調器握柄、煙斗。

　(4)　其他：接著劑、安全帽、塗料。

3.　UF(Urea)尿素：

　(1)　電氣：電器零件、配電器具、電話筒。

　(2)　機械零件：汽車零件

　(3)　日常用品：餐具、裝飾品、筷子、衣釦、容器、時針盤、按鈕、麻將牌。

　(4)　家具：合板、接著劑、塗料。

4.　SI(Silicone)矽膠：

　(1)　機械零件：離型劑、無油液壓器、脫模劑。

　(2)　日常用品：潤滑劑、墊圈、防水劑。

　(3)　家具：型材、接著劑。

　(4)　其他：外科手術、填充材。

5.　EP(Epoxy)環氧樹脂：

　(1)　家具建材：黏合劑、工模材料、油漆、積層板、工廠地板。

　(2)　機械零件：絕緣材料、金屬塗料、金屬接著劑、工具治具、來令。

1-5　塑膠成型加工

　　每一種成型的方式都有一套專業的方法與過程，在今日的塑膠工業中，模具成型 (Molding)的產品已由於塑膠物性的提升，甚至於因為發泡成型與複合成型的持續發展與進步，已有部分漸漸取代傳統的木材、金屬等天然材料的趨勢，以致我們生活的環境中到處都存在著。

　　在所謂的模具成型中，塑膠之成型則包括：押出、中空吹氣、壓縮、射出、迴轉、澆鑄……等不同的成型方法。

　　各種成型方法都有其優缺點與使用在產品成型的領域：

1-5-1　射出成型 Injection Molding

以射出成型機，將塑膠料射到射出成型模具內而成型者。機械本身依結構又分為臥式、立式與 L 型等。其成型之種類又可分為高壓射出、低壓射出、發泡射出、中空射出、複合射出等。

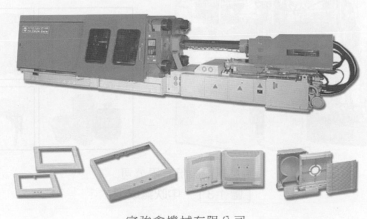

富強鑫機械有限公司

圖 1-1　射出成型

1-5-2　押出成型 Extrusion Molding

以押出成型機搭配模頭與成型模，製造出有固定之斷面(Profile Section)，且可無限拉伸成型者。隨著押出技術之演進，呈網狀結構的塑膠產品也多是以押出的方式製造出來的。

品穎機械有限公司

圖 1-2　押出成型

1-5-3　中空吹氣成型 Blow Molding

前段為押出熱熔塑膠料，在模頭轉向，再以模具夾住膠料並吹氣於其內，使之因吹漲而成型為中空形狀之塑膠製品者。

凱美機械股份有限公司

圖 1-3　　中吹氣成型

1-5-4　壓縮成型 Compression Molding

一般用在熱固性塑膠成型產品，係將材料置於油壓機台上的模具內，利用油壓缸帶動模板壓縮的力量同時在模具加熱使材料熱硬化成型。

瓏昌機械工業有限公司

圖 1-4　　壓縮成型

　　另外有些較大型的 FRP(Fiberglass Reinforced Plastic)產品，它又因材料之不同而分為兩種產品類：BMC 與 SMC，這兩種產品的成型方法是一樣的，也都是使用壓縮成型。

1. BMC(Block Molding Compression)：
   成糰狀的 FRP 原料，其所含之玻璃纖維為短纖，成型時將原料秤重以得適量之材料置入模具內後加壓、加熱成型之；表面較光滑且較容易修毛邊。

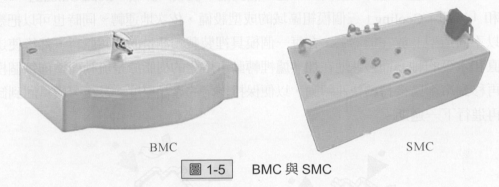

BMC　　　　　　　　　　　　　　SMC

圖 1-5　　BMC 與 SMC

2. SMC(Sheet Molding Compression)：
   成片狀的 FRP 原料，其所含之玻璃纖維為長纖，成型時將原料裁切以得適量尺寸之材料置入模具內後加壓、加熱成型之。因為表面較粗糙，通常會噴塗一層膠殼為表面處理。

3. Compound：
   熱固性塑膠做成的層板製品或者混合其他材質如：木屑、紙、布纖維等作成的產品，也是用壓縮成型作成，例如密迪板、美耐板、棧板等。如附圖 1-6 之棧板即是以尿素膠(Urea)混合木屑後以壓縮成型製成的。

台灣塑合股份有限公司

圖 1-6　　塑合棧板

1-5-5　迴轉成型 Rotation Molding

迴轉成型主要是利用「離心力」來製作大型的中空產品或取代某些射出成型因模具太貴而產生的成本問題。

迴轉成型的加工過程是將成型模具，在一個具備「裝載／卸載，Load/Unload」、「加熱，Heating」和「冷卻，Cooling」三個模組區域的成型設備，依次地運轉。同時也可以把幾個模具〔甚至可以不同造型〕放在機器上。在每一個模具裡裝載預測量的塑膠原料，然後使這些模具同時依垂直和水平的軸心而慢速地在加熱爐裡轉動，熔化的樹脂於是流動而塗佈每個模具的內面。模具再移到冷卻區後持續快速轉動，以便保持均勻的產品厚度。最後，模具回到卸載區取出成品，再進行下一週期。

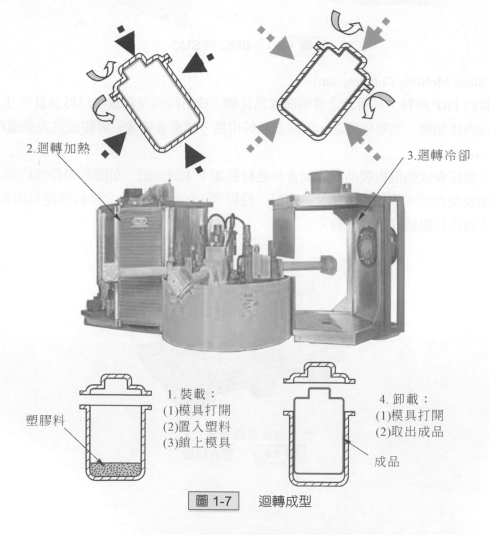

2.迴轉加熱

3.迴轉冷卻

塑膠料

1.裝載：
(1)模具打開
(2)置入塑料
(3)鎖上模具

4.卸載：
(1)模具打開
(2)取出成品

成品

圖 1-7　迴轉成型

天鷹塑膠

圖 1-8　迴轉成型產品

1-5-6　熱成型

所謂的熱成型是指：將被加工物〔例如硬質膠布〕加熱後再以模具將其加工成型。依加工方式又可分成三種方法：

1. 輾壓成型：模具為上、下〔公、母〕配合之輾壓輪，將已加熱軟化之被加工物輾壓後自然冷卻成型，係熱成型加工連續式產品最簡單也最節省成本的加工方法。

2. 真空成型：最常見的熱成型法，使用單邊模具，成型時將被加工物件與模具間之空氣抽離成真空，則已軟化的被加工物會因大氣壓力而壓緊模具後成型，一般的真空成型機都有噴水霧的設備用來冷卻成型物件以縮短成型時間。由於真空成型僅是靠大氣壓力成型，因此只能成型厚度較薄的產品，每次成型一個單位面積的產品。

3. 壓空成型：顧名思義就是又壓縮又抽真空的成型方法或是壓縮空氣成型法。具有上、下之公、母模，被加工件置於公、母模間，先由下模打入壓縮空氣同時將被加工件與上模間之空氣抽離，接著由上模打入壓縮空氣並將被加工件與下模間之空氣抽離，如此可兼具輾壓以及真空成型的優點，又因為壓縮空氣的壓力大於一大氣壓甚多，因此可成型較厚的成型件，例如透明的塑膠(Acrylic)浴缸即是。

1-5-7　積層成型 Laminate

最常見的 FRP 加工方法，依加工方式又可分為三種：

1. 手工積層：將呈片狀的玻璃纖維毯〔不織布〕、纖維蓆〔編織布〕裁切成所需之尺寸再以樹脂塗於其上一層一層加上去，直到達到設定之厚度。

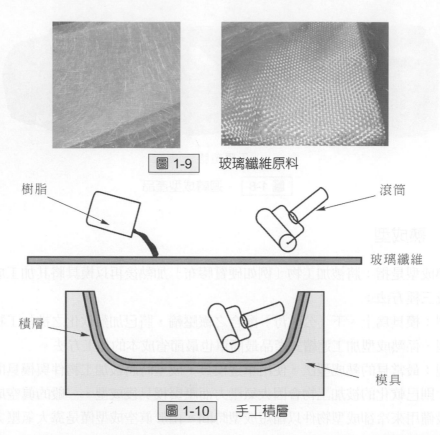

圖 1-9　玻璃纖維原料

圖 1-10　手工積層

2. 噴塗積層：以專用的噴塗槍將纖維束切成小段混合樹脂直接噴塗在模具上。

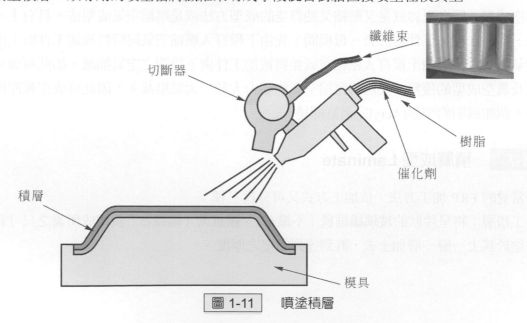

圖 1-11　噴塗積層

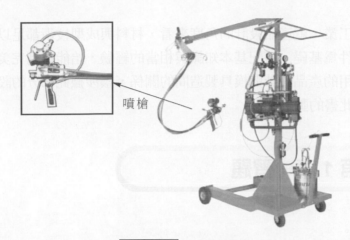

噴槍

圖 1-12 噴塗設備

3. 纏繞積層：將纖維束加上樹脂然後在轉軸模具上來回纏繞積層常用於大型容器，例如：化學液體儲存槽。也有細長的產品，例如：釣魚桿或高爾夫球桿等產品。

圖 1-13 纏繞積層

在這麼多的塑膠加工成型方法當中，射出成型是熱可塑性塑膠成型最普遍的方法，也是在塑膠成型工業中最被廣泛使用的方法，因為在各種以模具成型的動作中，射出成型是最具有產品變化性與成型穩定性的。

中空吹氣成型則是大量應用於中空之產品，例如：容器之瓶類、桶類等產品。它是用在體積大但又不能是實心，且必須是一體完整〔非組合式〕的產品或零件。

押出成型則應用於造型變化多端之 Tube 類產品，通常都是需要二次加工且多數會配合射出成型之零件組成。

　　至於台灣的塑膠工業，就產品設計的角度來看，材料與成型技術都足以應付所需。產品設計師即應以現有的條件為基礎，搭配基本知識與相當的經驗，始能達到完美設計的目標。而研究出一套可供參考使用的產品設計與模具製造間的關係，讓涉獵此部分的設計師能有所依據參考，即是引發作者寫此書的動機。

第 1 章　習題

1.　簡述塑膠的分類。
2.　塑膠臉盆、塑膠瓶子等產品最常用的是什麼塑膠？
3.　3C 產品的外殼較常用的塑料？
4.　射出成型的辦公椅椅腳，較常用的塑膠材料？
5.　手機外殼常用的複合塑膠材料？
6.　常用在密迪板(MD Board)成型的膠合劑？
7.　「迴轉成型」是利用什麼原理成型的？
8.　SMC 與 BMC 就「材料」與「成型」來比較有何不同？
9.　FRP 積層成型，手積層與噴塗積層，其使用的材料有何不同？
10.　塑膠窗框之本體，其原材料是如何成型的？

2 射出成型品設計

　　射出成型是一種熱可塑性成型最普遍的方法，也是在塑膠成型工業中最被廣泛使用的方法，因為在所有使用模具來成型的動作中，射出成型是最具有產品變化性與成型穩定性的。熱可塑性塑膠射出的特點是加工效果佳，並可製造各種複雜且尺寸精度要求高之成型產品，加上模具設計的成功，更可提升成型加工的速度。在設計的過程中，本章所列之基本概念都是設計者必備的知識，也是本書的主軸。

　　現行之射出成型以高壓射出為主流，因此其產品也以薄形外殼居多，設計人員在作產品設計之時，當先對產品需求就幾個重點來評估，例如產品的造型、強度、耐候性、機構、表面效果、結合方法等相當複雜的階段，但就產品設計而言，有一些原則是不變的，以下就是這些原則的探討。

2-1　肉〔壁〕厚 Wall Thickness

2-1-1　應力

　　由於塑膠在成型時，其流動以及冷卻的過程皆有內應力的產生，內應力會導致塑膠縮水不均，產生縮水痕以及成型品之翹曲、變形，因此在設計產品的肉厚時，應儘量做到平均，以避免內應力，同時也應避免尖銳的折角〔如圖 2-1(a)〕，因為在該折角處也是應力最可能產生的地方，應該以緩和、平順的方式來解決可能的應力產生〔如圖 2-1(b)〕。

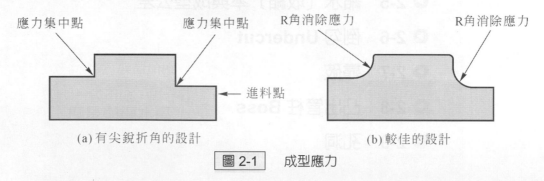

應力集中點　　　　應力集中點　　　　R角消除應力　　　　R角消除應力

進料點

(a) 有尖銳折角的設計　　　　(b) 較佳的設計

圖 2-1　　成型應力

　　較新的薄板射出成型如光碟片者〔約 1.2 mm 厚〕，係採用所謂的「射出壓縮成型」，將射出成型與壓縮成型結合在射出中。成型時，模具關閉初期並未完全關到底，而是在塑膠料進到模內後，再將模具夾緊，做壓縮成型的動作，如此可減少塑膠料因流動而產生的應力所導致的產品變形，以符合光碟片成品必須平直的要求〔如圖 2-2〕。

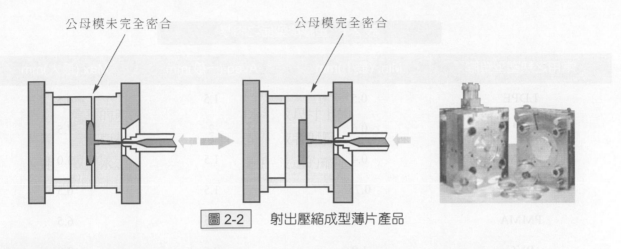

公母模未完全密合　　　　　　公母模完全密合

圖 2-2　射出壓縮成型薄片產品

2-1-2　塑膠強度 Strength

　　產品本身的肉厚與補強肋的多寡，是決定產品強度的依據，因為厚薄〔重量〕對產品成本的影響甚鉅，尤其是當產品量相當大時，例如：2 mm 與 3 mm 之間即有 50%之不同，因此決定肉厚是設計師必須累積的經驗，通常好的設計師在決定成品厚度之前，都會有一段評估的過程，而由於塑膠工業的發展一直沒有停過，各種物性不同的材料不斷的出現，因此設計師也必須對各種材料的特點有所涉獵，例如：填充物〔玻璃纖維、雲母、Talc……等〕之添加，如此才能達到使用合適的塑料，加上合適的厚度與結構來製成合適的產品。

　　若一般的厚度已無法滿足產品特性需求時，肉厚的增加會引起產品不當縮水而在表面產生縮水痕，也會有重量太重，成本因而增加的問題，因此正確肉厚是進行射出成型產品之設計時首要斟酌設定的因素。

(一) 本體肉厚

　　依據經驗值，各種塑膠料在射出成型時，其肉厚之較佳尺寸，從最小到平均到最大厚度，如附表 2-1 所示。射出成型之產品，其最佳之肉厚應是多少，視該產品之大小比例及其耐重、耐壓、耐衝擊，以及對平整性要求而定，表 2-1 僅是就各種常用塑膠材料使用於一般產品時，加以規範出趨近之極限與平均值。

　　又因為肉厚愈厚則成型時間相對會愈久，並且也可能會導致縮水痕(Sink Mark)愈明顯，因此在設計射出成型品時，除非以低壓射出〔例如 10~12mm 厚之 PE 射出成型砧板〕，否則皆應以表列之範圍作為基本依據。如果產品設計時考慮到使用玻璃纖維之類的填充材料，則會因為物性的改變而影響到產品的強度，或者因各種塑膠料配方不同，例如防火劑、耐衝擊劑……等之添加也會改變物性，而影響到肉厚的考量。至於有些時候因為受到機構的限制而不得不增加或減少某些部位的肉厚時，則以能讓可能的縮水等成型不良的情形降到最低為原則，或者以本節所述之補強肋來改善之。

表 2-1　塑膠成型品之肉厚

常用之熱塑型塑膠	Min. (最小)mm	Aveg.(一般)mm	Max.(最大)mm
LDPE	0.5	1.5	6.5
PP	0.6	2	7.5
POM	0.4	1.5	3.0
PS	0.75	1.5	6.5
PMMA	0.6	2.5	6.5
PVC	1.0	2.5	9.0
PU	0.6	13.0	38.0
HDPE	0.9	1.5	6.5
EVA	0.5	1.5	3.5
ABS	0.75	2.5	3.0
PA	0.4	1.5	13.0
PC	1.0	2.5	9.0

(二) 平均肉厚

在設計產品的肉厚時，為了避免應力集中以及不正常縮水痕，應作平均肉厚的設計與表面緩慢的變化〔如圖 2-3 顯示產品之斷面〕。

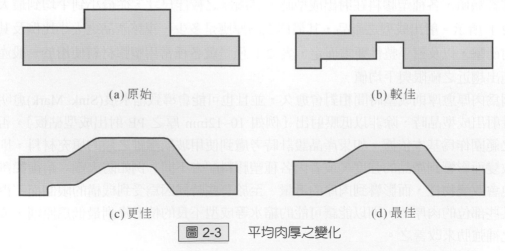

(a) 原始

(b) 較佳

(c) 更佳

(d) 最佳

圖 2-3　平均肉厚之變化

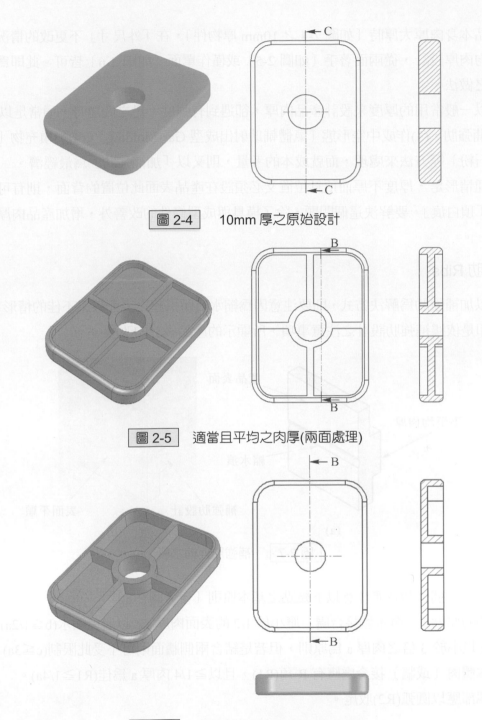

圖 2-4　　10mm 厚之原始設計

圖 2-5　　適當且平均之肉厚(兩面處理)

圖 2-6　　適當且平均之肉厚(單面處理)

當產品本身肉厚太厚時〔如圖 2-4 之 10mm 厚物件〕，在「外尺寸」不更改的情況下，應作適當之平均肉厚設計，從兩面著手〔如圖 2-5〕或僅作單面〔如圖 2-6〕皆可。此即爲鏤空〔俗稱偷料〕之做法。

若是以一般常用的厚度來設計產品肉厚，卻遇到有強度不足之問題時，通常是以(1)增加肉厚，(2)加補強肋，(3)作成中空形態〔氣體輔助射出成型 Gas-Molding〕，(4)加填充物〔例如玻璃纖維、滑石粉〕等方法來處理，而就成本的考量，則又以「加補強肋」爲最經濟。

另一種情形是，厚度不厚而頂針位置又必須設在產品表面此位置的背面，則有可能會在成型時造成「頂白痕」。要解決這個問題，除了模具與成型條件的改善外，增加產品肉厚也是改善的方法之一。

(三) 補強肋 Ribs

若是以加補強肋爲解決方式，則要注意因爲縮水痕所引起之表面效果不佳的情形，附圖 2-7 從 a 到 b 即是依據補強肋設計之注意事項，所顯示的產品設計的改變。

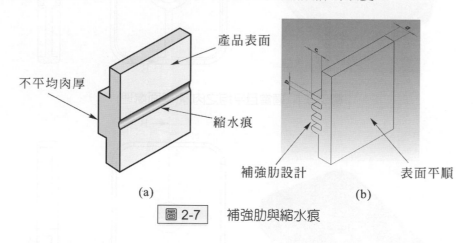

圖 2-7　補強肋與縮水痕

設計產品的補強肋時應注意以下幾點之基本原則〔參考圖 2-8〕：

1. 補強肋的厚度 b〔與本體接合處〕應小於 1/2 的表面肉厚 a，以避免縮水(b≦1/2a)。
2. 肋高 c 以小於 3 倍之肉厚 a 爲原則，但若是結合兩側牆面則可不受此限制(c≦3a)。
3. 肋與本體肉〔或牆〕接合處應有 R 角(R1)，且以 ≧1/4 肉厚 a 爲佳(R1≧1/4a)。
4. 肋的端部應以圓弧(R2)收尾。

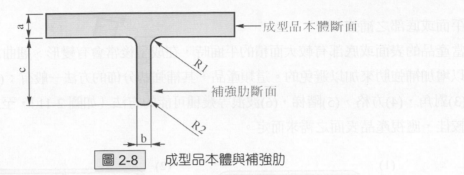

圖 2-8　成型品本體與補強肋

(四) 補強肋的位置

1. 結合兩側牆面之肋：

這是最常見的補強肋，其目的在於增加成品面的強度，也就是在成品面之背面〔如圖 2-9(a)〕或成品面的外框側加以砌牆〔如圖 2 9(b)〕以增加整個面〔或牆〕之下的「剪力」支撐，如此可改善表〔正〕面可能產生的彎曲、凹陷、變形等成型後會產生的缺點。肋與肋之間隔，應視成品面之大小與局部強度之需求而定，通常是以 1/2、1/4……增加或 1/3、1/6……增加，逐漸加強到足夠爲止，至於多少才算足夠，則需要經驗來判斷。

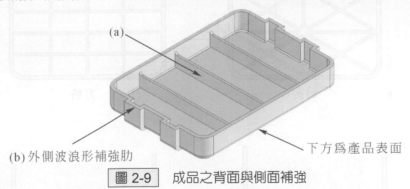

圖 2-9　成品之背面與側面補強

2. 唇緣之補強：

唇緣的補強設計可以強化本體立〔垂直〕面又可以防止框面的內凹變形，通常有下列〔如圖 2-10〕五種設計，其強度則由左至右依序增加，但仍須考慮分模面與表面效果〔後述〕，設計者可以依實際需要作選擇。

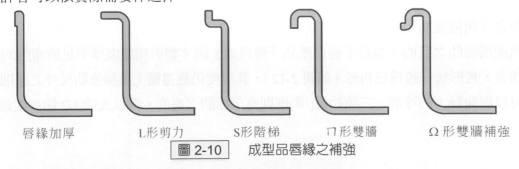

唇緣加厚　　L形剪力　　S形階梯　　ㄇ形雙牆　　Ω形雙牆補強

圖 2-10　成型品唇緣之補強

3. 平面或底部之補強：

　　當產品的表面或底部有較大面積的平面時，在成型後常會有變形、翹曲之情形，這些都是以增加補強肋來加以避免的。這類產品，其補強肋分佈的方法一般有：(1)直線，(2)同心，(3)對角，(4)方格，(5)階梯，(6)波浪等幾種可能的方法〔如圖 2-11〕，至於使用哪一種方法較佳，應視產品表面之需求而定。

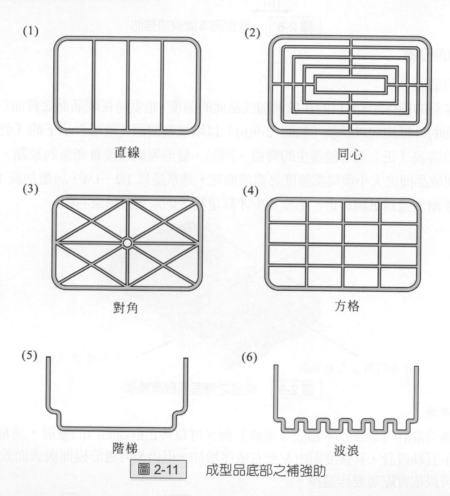

図 2-11　　成型品底部之補強肋

4. 邊角之三角補強肋：

　　邊角加補強肋之目的，是為了強化產品「轉角處」因本體與側牆肉厚不足所產生的變形或內凹者，其形狀一般為三角形〔如圖 2-12〕，其厚度仍應遵循上述補強肋尺寸之原則，但高度可以與側牆大約等高。三角肋長(深)度則應小於肋之高度，但以大於 1/2 肋高度為宜。

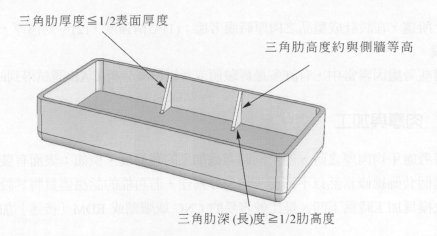

三角肋厚度 ≦1/2表面厚度

三角肋高度約與側牆等高

三角肋深(長)度 ≧1/2肋高度

圖 2-12　　邊角之三角補強肋

(五) 補強肋之高度

　　一般補強肋的高〔或深〕度，應該超過側牆高或者柱高(Boss)的 1/2，而以 2/3 ~ 3/4 為佳，太高〔深〕的話，會因拔模斜度〔後述 4-2 節〕而導致末端過於尖銳，易產生毛邊或割傷使用者的問題。至於其基本厚度〔與表面接合處〕也應與拔模斜度一併考量，以表面不會產生縮水痕為原則，另一方面也以不小於各塑膠材料之成型厚度的最小值為設計之基準〔如圖 2-13〕。

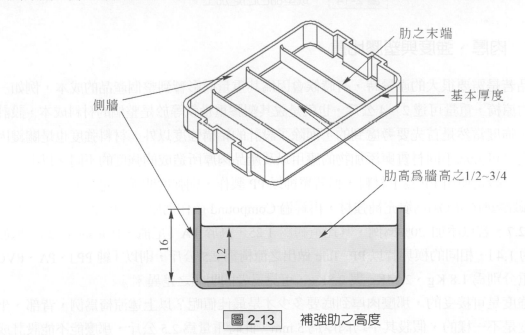

肋之末端

基本厚度

側牆

肋高為牆高之1/2~3/4

16

12

圖 2-13　　補強肋之高度

　　綜合以上所述，在設計成型品之肉厚時應考慮：(1)結構強度，(2)平均肉厚，(3)頂出脫模，(4)補強肋增減。

　　當然在這些考慮因素當中，有許多是經驗值或者經模流分析(CAE)測試得到的參考數據。

2-1-3　肉厚與加工

　　當設計者考慮平均肉厚之時，應可同時考慮加工的難易度，例如：表面有裝飾線條或花紋或文字時，這個裝飾線條當然以不影響平均肉厚為佳，若可能的話應儘量將其設計為凸出狀，因為凸出在做模具加工時為下凹，是比較容易的 CNC 或雕刻或 EDM〔後述〕加工動作〔參考圖 2-14〕。

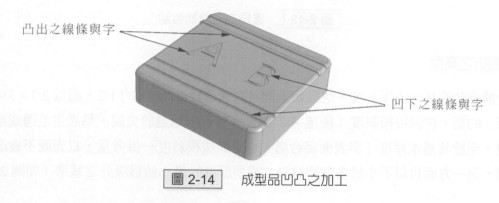

凸出之線條與字

凹下之線條與字

圖 2-14　成型品凹凸之加工

2-1-4　肉厚、強度與塑膠比重

　　塑膠製品若是需要很大的產量時，有時候會因為其重量而影響到整個產品的成本，例如一張射出成型的涼椅，重量可達 2～4 公斤，也就是說其塑膠重量就等於是整個的材料成本，設計這樣的產品，強度當然是首先要考慮到的，而除了設計的結構強度以外，材料強度也是關鍵因素，材料強度又可分為不同材質與添加物的應用以及產品肉厚所造成的強度的不同。以上述之涼椅為例，它一般是使用 PP 為主材料，但若單純以 PP 製作，則強度明顯不足，所以會添加滑石粉(Talc)或碳酸鈣($CaCO_3$)為填充補強材，再經過 Compound 後作為原料，PP 的比重約 0.9 ，Talc 比重約 2.7，若以添加 20%為例，其比重約為 1.25，高於 PA〔尼龍，比重約 1.12〕，低於PVC〔比重約 1.4〕，相同的模具若以 PP+Talc 做出之涼椅為 2.5 公斤，則以「純 PP」、PA、PVC製作之成品重分別為 1.8 Kg、2.24Kg 與 2.8Kg，可見三者間明顯之差異。

　　若材料強度是可接受的，那麼肉厚到底要多少才是最佳值呢？以上述涼椅為例，背部、坐部與腳的厚度是不一樣的，假設其平均肉厚為 5 mm，此時重量為 2.5 公斤，那麼能不能設計成平均肉厚 4.5 mm 呢？整個重量就減少 10%，材料成本也因而降低 10%不是更好嗎？答案當然是

肯定的，只是以目前塑膠工業研發來說，是不太可能找到這個所謂的最佳值，設計者只能建立如本書第十章所述之「資料庫」與「知識庫」來加以參考運用了。

2-2　R 角 Radius

R 角的設計是塑膠成型品設計中很重要的一環，因為 R 角的大小、位置皆會影響到產品的外觀、強度與分模線的位置等設計上與生產製造或模具製作上可能產生的問題。

2-2-1　外觀

就產品外觀而言，R 角的形成通常是為了修飾成型品端緣與轉折的地方，因此並沒有絕對的數據要求，只要符合造型的需要即可。但就模具的加工以及射出成型時之塑料流動順利而言，為了避免阻力與應力，R 角愈大成型效果愈佳，因此適當的 R 角是必要的，至於非幾何圖形的弧〔曲〕線也應與幾何圖形等同視之，在必要收尾修飾的地方作圓弧出來。

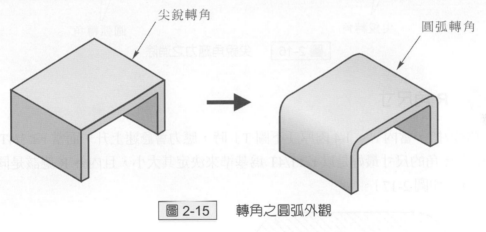

尖銳轉角　　　　　　　　　　　　圓弧轉角

圖 2-15　轉角之圓弧外觀

2-2-2　安全

產品的外型若有銳角的存在，則在操作使用時，會因為那些銳利的尖端部位割傷使用者，因此應儘量避免。塑膠射出成型時，會因不同的材質而有不同的流動性〔MI 值：Melt Flow Index 流動指數〕，使用流動性好〔MI 值大〕的膠料更易產生毛邊，因此在射出壓力沒有設定過高的情形下，產品端部或折角處最好都有 1mm 以上的 R 角以避免尖銳角之產生。

當然分模線也應避免設在尖銳角的位置，即便是模具加工時銳角比較容易加工，但為了安全的因素，多做一點工，使尖角成為圓角是必要的。

2-2-3　應力

　　尖銳部位在射出成型時較容易因為應力的產生而導致脆弱與變形，因此只要是產品的任何部位有銳角的地方，就應在產品設計時加 R 角以修飾解決。當射出成型時，若因為模具製作時稍有誤差，或模具使用久了產生了毛邊，而必須以手工消除，則此毛邊的「削除」(Trim)亦以在 R 角端緣〔圓弧轉角〕處較容易處理。

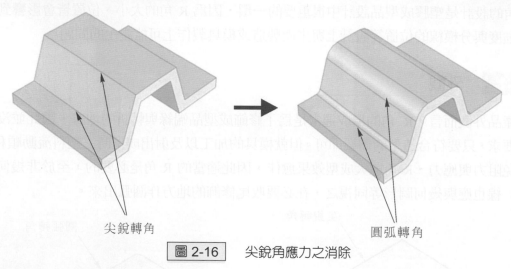

尖銳轉角　　　　　　　　　　　　　　　　　　圓弧轉角

圖 2-16　尖銳角應力之消除

2-2-4　R 角尺寸

　　根據實驗數據，當內 r < 1/4 肉厚〔下圖 T〕時，應力會急速上升，而當 r≧3/4T 時會變小許多。因此外 R 角的尺寸最好是以 r≧1/4T 為基準來決定其大小，且內外 R 應該是同心圓弧，亦即 R = r + T〔如圖 2-17〕。

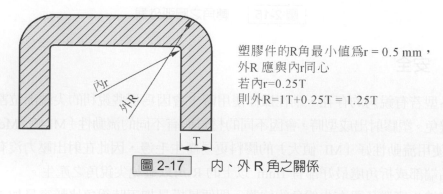

塑膠件的R角最小值為r = 0.5 mm，
外R 應與內r同心
若內r=0.25T
則外R=1T+0.25T = 1.25T

圖 2-17　內、外 R 角之關係

2-2-5　加工

　　在製作模具時,由於銑刀的 R 角〔刀具半徑〕即決定成品 R 角的大小,若加工尺寸不是在可利用的刀具之尺寸範圍內,則可能須以放電加工(EDM)或線切割處理之;早期的模具甚至是全靠模具師傅的手工以鑿子或 Grinder 研磨製作出來的。

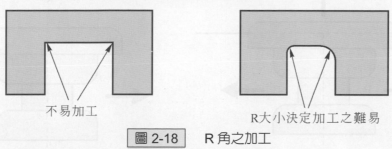

不易加工　　　　　　　　R大小決定加工之難易

圖 2-18　　R 角之加工

2-3　　分模線 Parting Line

　　爲了可以將成型品從模穴中取出,模具即必須做拆模,有了拆模的方式後,模具即成爲固定的一側與移動的一側,因此它存在於公、母模接合面〔分模面〕的成品端緣,或者是模仁之靠破與滑塊等的接合處。因爲是鋼材與鋼材相密合的地方,因此在成品面上該處就會有線痕產生,這就是 Parting Line〔分模線〕。而分模線又兼具排氣功能〔射出成型時,原先存在於模穴內的空氣被塑膠料趕出而由分模面逸出〕,因此容易產生塑膠溢出模穴的毛邊。分模線是隨著產品而變化的,可能是直線、曲線或高低落差面,在作成型品設計時,即必須針對可能的線痕、毛邊以及外觀作整體的考量。

1.　儘量避免分在平面之中段:

　　分模線若設在如圖 2-19 中之 A 處,則成品面會有明顯之分模線痕,有礙視覺之完整感,此時即應該分在端點處的 B 位置,可作到將分模線與產品線結合而幾乎看不到。另一方面,若分模線產生毛邊,則在 B 處也比較容易作 Trim 修飾的動作。

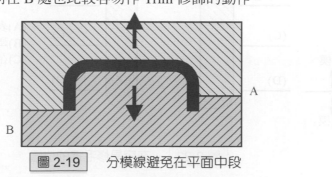

圖 2-19　　分模線避免在平面中段

2. 避免在會形成倒勾(Undercut)處：

如圖 2-20，若分模面在 A 處則 B 處會形成倒勾，此時即必須拆模成三塊，而在 B 處作滑塊解決之。

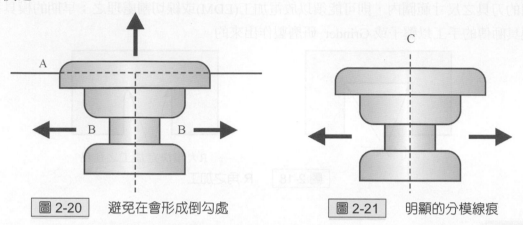

圖 2-20　避免在會形成倒勾處

圖 2-21　明顯的分模線痕

如圖 2-21，若分模面在 C 處，則只要左右分模即可，但如此做會在上方表面產生一條 Parting Line，會影響到成品的外觀。可見如何決定分模面的位置，沒有一定的限制，還是要看設計師對產品表面效果之需求而定。

3. 儘量做在可以修毛邊以整飾產品的位置：

例如前述作在 R 角與直線相接之頂點，就是個很好的位置可以修毛邊。以圖 2-22 為例，分模面作在 A、B、C、D 四處皆是選項。依據前述 1.、2.項，應以 B 或 D 處為較佳之分模面位置，若再加入下述之 4.項的條件，則 B 處因產品公模面太深〔須放電加工〕且表面會有線痕，還會有內外拔模斜度導致的不平均肉厚問題，因此應以 D 處為最佳選項。

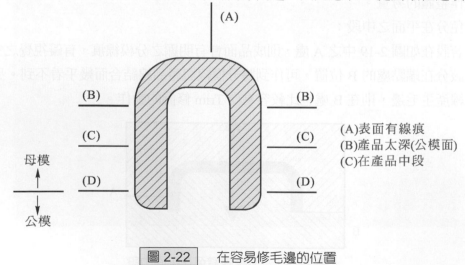

(A)表面有線痕
(B)產品太深(公模面)
(C)在產品中段

圖 2-22　在容易修毛邊的位置

4. 儘量做在模具好加工的位置：
   如圖 2-23 之產品若作在 A 處，則模具加工深度較深，較不易加工，若作在 B 處，則公、
   母模加工深度比較平均，即為較佳之分模面。

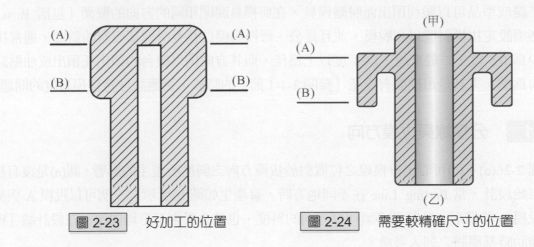

| 圖 2-23 | 好加工的位置 | | 圖 2-24 | 需要較精確尺寸的位置 |

5. 位於需要較精確尺寸的位置：
   就成型的條件而言，較靠近分模面的尺寸精確度較高。如圖 2-24 之成型品，當產品的上方
   甲面是要求較精確處，則分模線應設在 A 處，若是乙面需要較精確，則分模線應考慮設在
   B 處。此與上述 4.相違背，還是要看對產品的重要性來作取捨。

6. 避免設在尖角處：
   尖角處容易因應力關係而有各種成型缺點，例如：變形、充填不足、毛邊、燒焦等。在作
   產品設計時即應考慮避免端緣會產生尖角的情形，如圖 2-25 之 C 處，而應作成在 A 或 B
   處的設計，如不得已要設計成 C 處的形狀，也以角度愈大愈好為設計的原則。

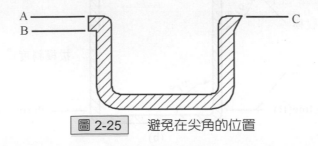

| 圖 2-25 | 避免在尖角的位置 |

2-4　拔模斜度

為了讓成型品可以順利頂出而脫離模具,在與模具開閉相同的方向的壁面〔包括 Boss 與 Rib〕,必須設定拔模斜度以利脫模,並且是公、母模與模仁甚至滑塊都要有的斜度,通常拔模斜度最少為 0.5 度,一般來說,以 1 度以上為佳,而其方向則以機台的頂出托頂出或油壓缸作動之方向為準。尤其是母模面有咬花〔參閱 3-1-1 節〕的時候,更應該注意拔模斜度的問題。

2-4-1　分模線與拔模方向

如圖 2-26(a) ~ (c)可看出分模線之位置對於拔模方向之斜度所產生的影響,圖(a)是沒有拔模斜度之原始設計,當 Parting Line 在不同地方時,會產生如圖(b)所示之一個可以脫模 A 與另一個無法脫模 B 的情形,此時即必須作反方向的斜度,也就會產生不平均肉厚,在設計牆〔肉〕厚或補強肋時都應將之列入考慮。

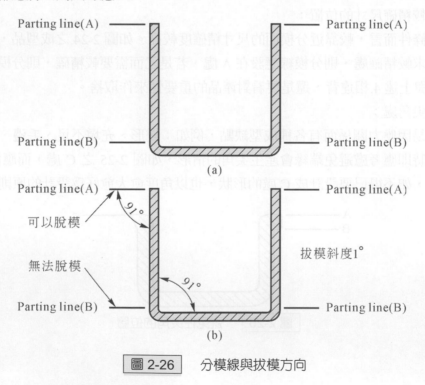

圖 2-26　分模線與拔模方向

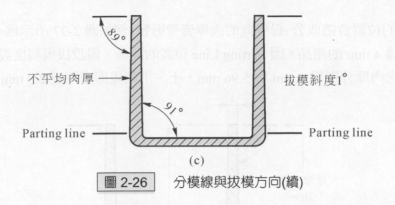

圖 2-26　分模線與拔模方向(續)

2-4-2　高〔深〕度與拔模斜度

拔模斜度愈大愈容易脫模，對於牆面較深〔高〕的產品 或產品本身即較深〔高〕的更是重要，又因為拔模斜度而產生的厚度變化是可以事先計算出來的，因此可以避免壁面肉厚太薄或太厚而導致成型不良的種種問題：

$$\tan \theta = \chi / H$$

$\theta =$ 拔模斜度
$H =$ 牆高或肋高
$\chi =$ 所減少之肉厚(或傾斜偏差量)

1. 傾斜偏差量：
   通常設計較精密的產品都會要求較小的拔模斜度，也就是在產品深〔高〕度較大時，其傾斜量 χ 能控制在一定的範圍之內，例如高 100 mm 的產品，若是要求精密的產品，則希望上下偏差量能控制在 0.5 mm 之內，得 $\tan\theta = 0.005$，$\theta \fallingdotseq 0.25°$，這樣的角度，就成型而言已是非常困難的了，但在現今成型機愈來愈精密，模具也愈精細的時代，做到這樣甚至更小的偏移也不無可能，若仍無法達到需求，則應考慮做滑塊來解決。

2. 肉厚變化：
   以圖 2-26(c)所示之分模位置與拔模角度來計算，會產生如下圖 2-27 所示之上、下不同的牆面厚度：

   若 $\theta = 1°$　　$H = 57$ mm
   因 $\tan 1° = 0.01746$
   則 $\chi = 0.995$ mm $\fallingdotseq 1.0$ mm

Parting Line 的位置會造成公、母雙向的肉厚皆受影響,例如圖 2-27 所示為一個牆高 56 mm,而原始肉厚為 4 mm 的產品,因 Parting Line 位置的關係,假設拔模斜度設計為 1°,則其上端與底部間之肉厚分別為 4 mm 與 5.96 mm,上、下相差即達將近 2.0 mm 之多。

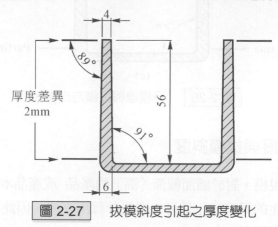

圖 2-27　拔模斜度引起之厚度變化

2-5　縮水〔收縮〕率與成型公差

　　塑膠之成型都是將原料加熱再於模具成型,而從高溫到冷卻後至常溫,即會產生成型品的收縮。模具內的成型尺寸與冷卻後常溫下的尺寸其相差的比率稱為「收縮率」,一般以 1/1000 為單位。要計算精確的收縮率,應等成型品完全冷卻,也就是在成型後 8 小時,有些材料甚至要 24 小時以上,等應力完全消除後再來作量測為佳。

　　至於所謂的成型公差是在規範成型品的標準,因此其參考值是不含塑膠料本身所設定的縮水率,而純粹以塑膠料成型品所設定尺寸所允許的誤差接受度。

2-5-1　模具與縮水率

　　模具對成型品縮水的影響主要是在進澆點的方向與位置、澆口形狀與大小。澆口位置不對,會因應力影響收縮,導致翹曲變形,澆口太小容易造成充填不足,導致收縮、下陷;澆口太大又會有應力殘留而導致變形的問題。一般而言,較大的澆口斷面(Section)比較不會造成成型之收縮。在設計產品時,除了塑膠料的縮水以外,也應一併考慮進澆點與澆口。

　　至於成型品在射出後收縮的方向,一般都是以朝向進澆點的方向作收縮,也就是說以進澆點為中心,呈反輻射狀〔與流動方向相反〕作收縮。

2-5-2　材料與成型條件的影響

如前第 1 節所述，產品肉厚會影響強度以及產生因縮水而引起之縮水痕，甚至會有氣泡的產生，愈厚愈長的產品自然愈容易因縮水導致尺寸上的誤差，然而在製造時若成型條件有異，例如料管的溫度與材料熱變形溫度有差異，或者射壓不足、射速太低、保壓時間太短等成型條件皆可能造成縮水之誤差，導致與原材料所設定的縮水率不同。

2-5-3　結合件的影響

1. 塑膠零件間之結合：
   由於塑膠成型件幾乎都有縮水的情形，因此在作產品設計時，若是兩個零件都是屬於塑膠類而又組合在一起時，則最好是使用相同的材料，以取得相同的縮水率，利於結合。若是使用不同的塑膠材料，則應以其主體件或體積較大者使用縮水率較小之材料為佳，也是計算縮水的基準。若是軟、硬質間的結合，則以硬質的零件為基準。

2. 塑膠零件與其他配件之結合：
   要精確設定塑膠件的縮水後尺寸有其實務上的困難，除非是高精密的電子類零件，否則在作尺寸的設定時，可以循一個簡單的原則，就是以零組件材料強〔硬〕度為基準，當結合件的硬度高於塑膠件時，就是以塑膠件去遷就配合該結合件尺寸，反之則是該結合件要來配合塑膠件。

3. 塑膠件之定位：
   當塑膠件有孔位、插銷、卡榫等需要定位的問題時，除非有絕對的把握，否則都以先留後路做考量，做出模具有調整空間的設計尺寸，也就是預留可以修改模具的裕度尺寸，例如孔洞，就先做大一點點或是嵌入稍大範圍的 Insert 模仁，因為圓柱或模仁可以改小，但若要變大則須補焊或重做。而這個預留裕度可等試模與組裝測試後，再作必要的修正。

2-5-4　成型公差

各主要工業國就射出成型品、押出成型、壓縮成型等都有規範成型品尺寸公差，若單就射出成型品的尺寸公差，以德國工業規格 DIN 為例，一般公差與厚度公差如表 2-2 所示，目的在於對塑膠產品有認定的標準，作為品質檢測的依據。

尺寸偏差 成型品尺寸(非肉厚者)	因模具的關係	非模具的關係
表 2-2　成型公差		
＜ 6mm	0.1mm	0.2mm
6 ~ 18 mm	0.15mm	0.2mm
18 ~ 30 mm	0.2mm	0.3mm
30 ~ 50 mm	0.25mm	0.35mm
50 ~ 80 mm	0.3mm	0.45mm
80 ~ 120 mm	0.4mm	0.6mm
120 ~ 180 mm	0.6mm	0.8mm
180 ~ 250 mm	0.8mm	1.0mm
250 ~ 315 mm	1.0mm	1.2mm
315 ~ 400 mm	1.2mm	1.5mm
400 ~ 500 mm	1.5mm	1.8mm
＞500 mm	協議	協議

　　表中所述之公差，係指上下差異合計值，也就是說最高值所容許差異的合計值，例如 40 mm 長的成型品，其公差值是 0.3 mm，此值即可以是 40 ± 0.15 或 $40^{+0.3}_{-0.0}$ 或 $40^{+0.0}_{-0.3}$ 或 $40^{+0.20}_{-0.10}$ 等皆算是公差範圍內。結晶性塑膠的縮水率一般都比非結晶性塑膠大，因此也較易產生尺寸不均的情形，尺寸公差容易有誤。

2-6　倒勾 Undercut

　　產品的設計有時候在某些機構設計的需求下，會有不利於模具開模方向的倒勾〔干涉〕產生，例如孔洞、刻字、溝槽、凸出管柱(Boss)等。而這些倒勾將直接影響到能否成型的問題，因此應該在進行產品設計的同時就必須加以考慮，並得到可能的解決方案，以利後續製造生產。

　　就成型品本體而言，其 Undercut 通常有位於產品外側與內側之分，而解決倒勾的方法很多，較常見的方法如下。

2-6-1　產品外側的倒勾

1. 滑塊+斜角銷：

產品外側的倒勾，一般皆以「滑塊」解決，在滑塊的中間適當位置以「斜角銷」〔俗稱牛角〕穿過，而在模具打開時，固定在模板〔一般為母模〕上的斜角銷會撥動滑塊往側面移動，使得該倒勾的地方〔形體做在滑塊上〕在產品被頂出前得以脫離，進而順利將產品頂出，撥動滑塊的斜角銷可以是圓形也可以是方形。

滑塊偏移量的多寡，是決定這個倒勾能否在模具打開時得以順利脫離的主要因素，這是產品設計人員所應知道之基本概念。若已確定設計的產品有倒勾，則是否有模具製作或成型之問題皆應在設計的過程中解決，也就是說無論如何都不應該出現無法脫模之問題。以下舉一個典型的使用滑塊來解決產品外側 Undercut 的例子。

產品：如圖 2-28 所示是一個塑膠射出成型，類似針車線的捲線軸狀的產品，其模具的做法：公、母模上下開模，而中間環狀部分的倒勾則以左右滑塊解決，如圖 2-29。至於模具開、閉的動作則如圖 2-30、2-31 所示。

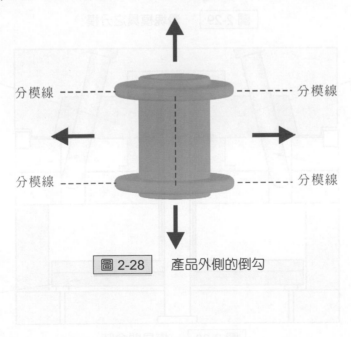

分模線 ------- ------- 分模線

分模線 ------- ------- 分模線

圖 2-28　產品外側的倒勾

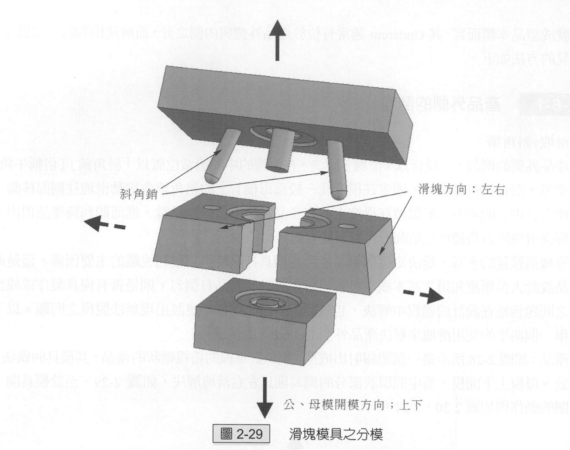

斜角銷

滑塊方向：左右

公、母模開模方向；上下

圖 2-29　　滑塊模具之分模

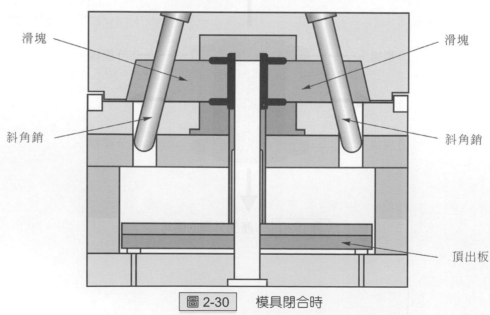

滑塊

滑塊

斜角銷

斜角銷

頂出板

圖 2-30　　模具閉合時

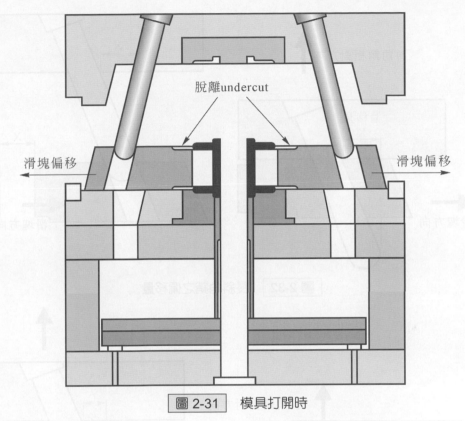

脫離undercut

滑塊偏移　　　　　　　　　　　　　　　　　　　　　　滑塊偏移

圖 2-31　模具打開時

　　倒勾干涉的距離是多少？滑塊要作多大的偏移量才夠？簡單的說「滑塊的偏移量」是指：以斜角銷通過滑塊的「起始點」到脫離滑塊之「結束點」，兩點間之距離計算之。

　　因此偏移量的決定因素有三：

(1) 斜角銷之長度：圖 2-32 與圖 2-33 顯示不同長度的斜角銷作用於滑塊上，會產生不同的偏移量。

(2) 斜角銷之角度：斜角銷的角度愈斜則偏移量愈大，由於斜角銷插入滑塊時有一縱向的剪力，當此力大於滑動的摩擦力時，就可能把斜角銷剪斷，因此斜角銷設定通常在 25° 以內。

(3) 滑塊之厚度：一般來說，滑塊的厚度當然是愈小愈容易撥動，但也應配合產品的外形而做，也就是儘量做在分模線與分模線間，至於滑塊厚度跟偏移量的關係，則是斜角銷的製作必須配合滑塊厚度〔斜角銷穿過滑塊〕，滑塊愈厚斜角銷就跟著變長，偏移量就會跟著變大。

下二圖顯示不同的「斜角銷長度」所導致的不同的偏移量。

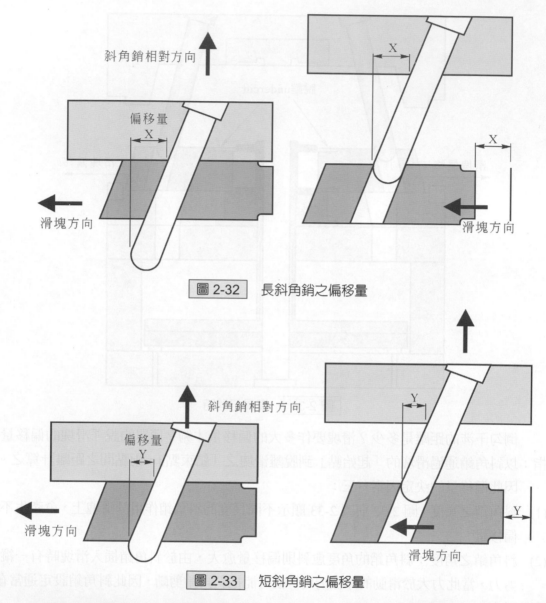

圖 2-32　長斜角銷之偏移量

圖 2-33　短斜角銷之偏移量

　　若斜角銷比滑塊短淺，則還是以斜角銷相對於直線動作的橫移量爲準，與滑塊之厚度無關。

　　舉一實例來看模具滑塊呈現的情形：這是一個射出成型的接頭，基本結構就是如圖 2-34 ~ 2-37 所示的上、下開模；左、右跑滑塊的結構。而其偏移量就是斜角銷穿過滑塊高度所撥動的移動距離。

射出成型產品

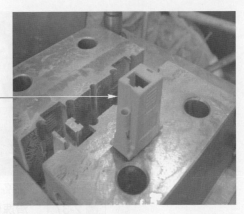

成型時會形成倒勾的地方

圖 2-34　有倒勾之成型品

斜角銷

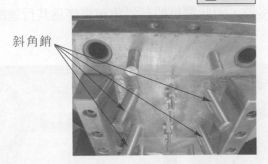
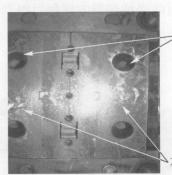

斜角銷穿入孔

左右移動之滑塊

母模側

公模側

圖 2-35　滑塊模具之公、母模側

滑塊閉合時

滑塊偏移後

圖 2-36　滑塊之閉合與偏移

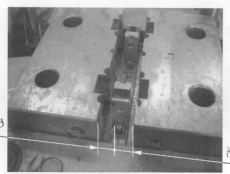

滑塊偏移量δ

滑塊偏移量δ

偏移量左、右各爲δ

圖 2-37　　滑塊偏移量

2. 滑塊+彈簧：

一種簡單的結構，使用彈簧爲輔助動力來驅動滑塊的方法，通常是使用在形體比較單純，而且滑塊偏移量相對較小的產品，例如附圖 2-38 所示之 Data Reader 的上蓋，它有方盒形外觀，所以跑四面滑塊，且要有束框，因偏移量僅有 3mm，故採用彈簧頂出滑塊，解決倒勾的問題。

要注意的是，這些滑塊是斜向移動以得到偏移量，因此還是要有斜角銷來作爲其行進的支撐軸以及方向軌道。

射出件

四面滑塊

以彈簧輔助推動滑塊

圖 2-38　　四面滑塊+彈簧

3. 油壓缸抽芯：

如圖 2-39(a)之啤酒箱〔Crate〕是以公模的兩側邊裝有兩組的油壓缸來帶動大面積的滑塊，以解決周圍皆是倒勾的產品脫模問題。圖 2-39(b)所示的三通接頭，則是單向的以油壓缸作向上抽芯以脫離倒勾的動作。此二產品的模具結構分別如圖 2-40(a)、(b)所示。

(a) 啤酒箱

(b) 三通接頭

圖 2-39　油壓缸抽芯的成型品

模具上驅動滑塊的油壓缸

模具上抽芯的油壓缸

(a) 啤酒箱模具

(b) 三通接頭模具

圖 2-40　油壓缸抽芯的模具

4. 手工〔二次加工〕：

有些產品，由於受到成型件內外空間的限制，無法在模具內解決倒勾的問題，只好將該處會形成倒勾的地方暫時不做模具成型的處理，而是先做成完整的面，等到成型後再以工具、治具或手工將該處除掉。

如圖 2-41 之成型品，滑塊與模仁互相靠破時，會因為滑塊〔或模仁〕的結構不夠堅固而產生偏移，因此在設計模具時，就故意不做出完全的靠破而留下薄薄的肉，等成型完成後，再由作業人員以手工或鑽床等工具加以去除之，如圖 2-42。

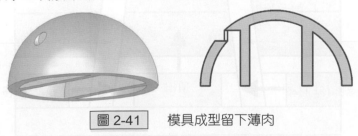
圖 2-41　模具成型留下薄肉

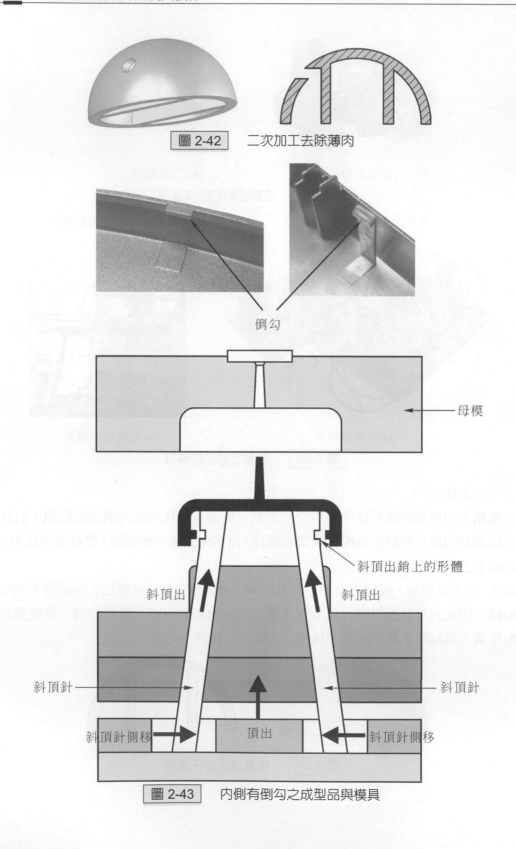

圖 2-42　二次加工去除薄肉

倒勾

母模

斜頂出銷上的形體

斜頂出　　　　斜頂出

斜頂針　　　　　　　　　　　斜頂針

斜頂針側移　　　頂出　　　斜頂針側移

圖 2-43　內側有倒勾之成型品與模具

2-6-2　產品內側的倒勾

1. 斜頂出：

斜頂出之運用是解決內側 Undercut 的主要方法之一，因為它是應用在成型品內〔裡〕側，因此內側的空間裕度是否足夠，乃是能否使用斜頂出之關鍵。如圖 2-43 即為倒勾在成型品內側，以斜頂針〔或稱斜頂銷〕作斜向頂出以脫離倒勾的情形，此頂出斜銷的頂端即是成品面內側，它是有形體的。

2. 手工取出：

成型時無法以一般頂出的方法將成品取出，而是在母模退出後，成型品有了外部空間，再藉著人工將模仁〔芯〕以手工取出，例如舊式的電話聽筒就是作中空的設計，不像現今的設計多以上、下蓋組合而成。又因為它中空的地方是曲面，所以無法以滑塊作直線運動來解決，才會有以手工處理的方法產生。

會以手工解決 Undercut 都是因為無法以結構處理，或者模具的空間不夠時才會考慮的方法。如附圖 2-44 是一個內部有倒勾的成型品，它是因為內部空間太小〔倒勾太深〕，無法作斜頂出的結構以直接脫模，因此在成型品頂出後，以人工將成品橫向推移以脫離倒勾，再將成型品取出。如果這是一個需求量大的產品，則可能要考慮改變設計，因為以人工脫模取件的生產速度，到底是無法與自動生產的模具相比較的。

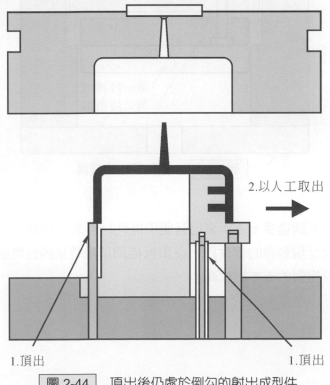

圖 2-44　頂出後仍處於倒勾的射出成型件

3. 兩段頂出：

使用在像瓶蓋之類產品，既不是強迫脫模也不用絞牙脫模〔見 2-6-4 節〕，而是利用兩組頂出板將成品頂出。成型後，模具打開時，先以頂出套筒進行第一段頂出，使成型品脫離型模〔通常是在公模〕，但是成型品仍停留在頂出套筒上，此時成型品外部已無鋼模之包覆，而得以強迫脫模之方式，再以頂針進行第二段頂出成型品的動作〔如圖 2-45 所示〕。

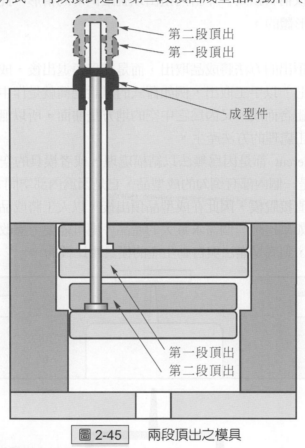

圖 2-45　　兩段頂出之模具

4. 撓性頂出：

模具所使用之材料不斷進步，近年來已有使用撓性材料來作為斜頂出的頂針者。如圖 2-46 所示，頂針的後段呈現較薄的彈性段，在頂板推動頂出時呈撓性彎曲而脫離倒勾的地方，使用非常方便，但相對的成本也較高。

Undercut Release System

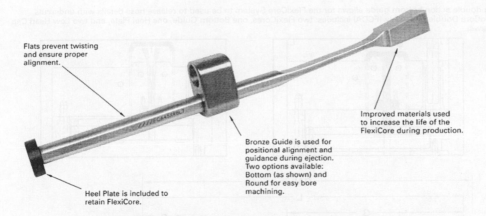

Flats prevent twisting
and ensure proper
alignment.

Improved materials used
to increase the life of the
FlexiCore during production.

Bronze Guide is used for
positional alignment and
guidance during ejection.
Two options available:
Bottom (as shown) and
Round for easy bore
machining.

Heel Plate is included to
retain FlexiCore.

FlexiCore Assembly includes: FlexiCore, Bronze Guide (Bottom or Round), Heel Plate, and Flat Head Cap Screw.

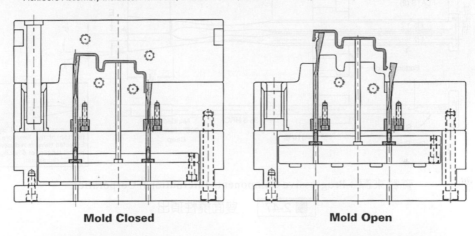

Mold Closed　　　　　　　　　　　**Mold Open**

Application Guidelines:
1. The distance from the top of the FlexiCore and the back side of the guide should be 3.375" (85mm) minimum to provide maximum guidance.
2. The FlexiCore should not completely leave the pocket at the full ejection stroke.
3. Only surface treatments applied at low temperatures such as Electroless Nickel-based or chromium deposition treatments are permitted.
4. Design and installation guidelines available at www.procomps.com. Please contact Engineering to review any designs if questions arise or if your application differs from the examples shown.

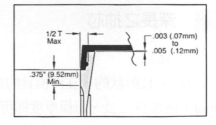

1/2 T
Max

.003 (.07mm)
to
.005 (.12mm)

.375" (9.52mm)
Min.

資料來源：Progressive Components International Corporation

圖 2-46　　撓性頂出

　　這種撓性頂出針的原理其實很簡單：就是在模具關閉的時候，讓撓性頂針沿著頂出針孔收合呈垂直狀，而當頂出時，超出頂針孔的部分〔Undercut 結構處〕因原始材料的彈性而往外張，如此即可脫離倒勾的部位。圖 2-47 是兩側皆為倒勾的使用例。

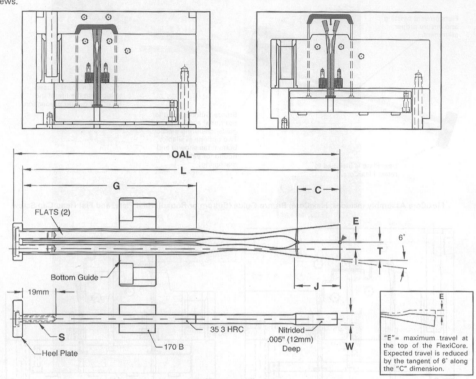

Double Actuation

The double action bottom guide allows for the FlexiCore System to be used to release boss details with undercuts. FlexiCore Double Assembly (FCDA) includes: two FlexiCores, one Bottom Guide, one Heel Plate, and two Low Head Cap Screws.

資料來源：Progressive Components International Corporation

圖 2-47　　雙面撓性頂出

2-6-3　深長之抽芯

1.　深長之中空產品：

產品若屬於深長形狀的，在作模具的設計時就必須考慮拆模的分模線位置，例如：產品長 300 mm，則模具之公、母模厚度即可能達到 500 mm，再加上頂出板與頂針則模具總厚度可達 1000 mm〔如圖 2-48〕。在成型時還要加上開模總行程〔含頂出行程〕，則此模具要在 Daylight〔射出成型機所能打開之最大空間〕可達到 2000 mm 以上的射出成型機才能作業，如圖 2-49。由於射出成型機有 Daylight 的限制，且在成本考量下又不可能使用超大型的射出機來生產，因此在設計深長型的產品時，應考慮分模的方式，將長芯作適當之方向與長度分配。一般之臥式射出成型機，會受限於前、後安全門的方向，若模具之開、閉超出夾模板太多，即必須考慮採用往上抽芯的動作而非前後〔或左右〕動作。

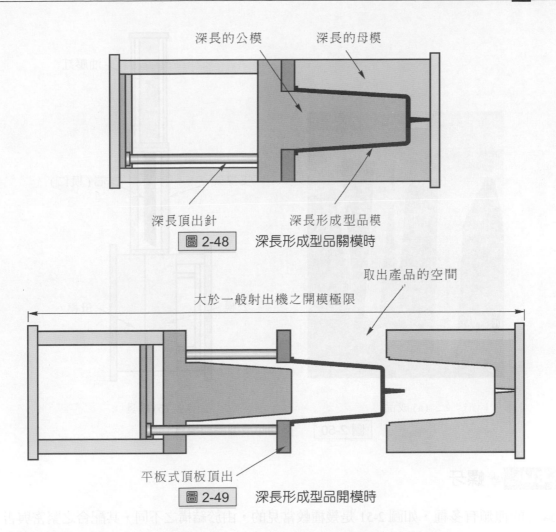

深長的公模　　深長的母模

深長頂出針　　深長形成型品模

圖 2-48　深長形成型品關模時

取出產品的空間

大於一般射出機之開模極限

平板式頂板頂出

圖 2-49　深長形成型品開模時

2. 油壓缸抽芯：

如前述，當產品射出成型必須使用油壓缸抽出長度較長的模仁〔芯〕時，通常會將抽芯的動作放在向上的移動，因為臥式射出機上方才會有足夠的空間來容納油壓缸與模仁的往上移動。長抽芯模具的結構大多是將油壓缸作在公模側，其開、關模的動作則是：先打開一點縫隙再抽芯，使模芯不會因為被公、母模夾得太緊而在抽出時拖模〔模仁在成品上拖出痕跡〕如圖 2-50 之桌腳即是一個抽芯長度達 720 mm 的成型品。

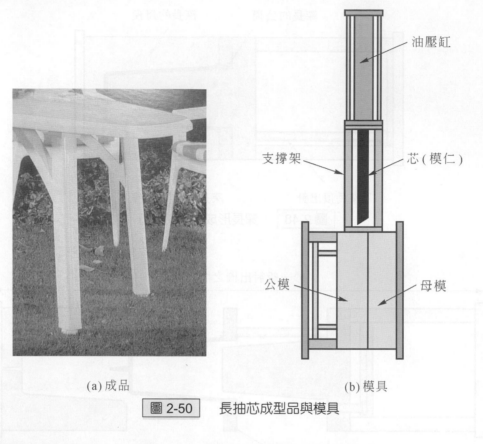

(a) 成品   (b) 模具

圖 2-50   長抽芯成型品與模具

2-6-4   螺牙

螺牙的種類有多種，如圖 2-51 是幾種較常見的，由於結構之不同，其配合之緊密與否亦有差異，因此設計師在設計使用螺牙時，可依各螺牙之特性考量應用：

(a)標準型：一般用途，組合容易，精密度中等。

(b)瓶蓋型：瓶蓋專用，牙深最淺 適強迫脫模 可大量生產。

(c)方形：類似機械用之產品，強度高，較不易鬆緊。

(d)鋸齒型：單方向強度佳，適於需單向擠壓者〔如牙膏或管塞〕。

(e)斜方形：有方形的強度又適於塑膠成型。

(f)平圓形：飲料或容器瓶外〔公〕牙用。

(g)尖齒型：公、母配合之裕度較小，摩擦力大，較不適於塑膠件使用。

(h)綜合型：結合標準型與斜方形，兼具兩者之優點。

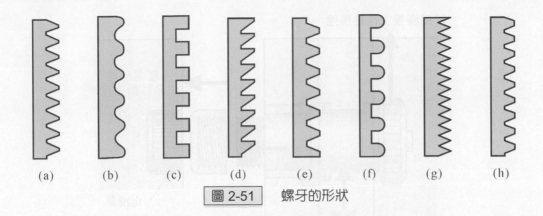

圖 2-51 螺牙的形狀

當設計的產品其內側有螺帽側的螺牙〔母牙〕時，通常有下列 5 種常用之解決方法：

(1) 模具內絞牙脫模。

(2) 成型時預埋螺帽〔母〕，例：嵌入螺帽等。

(3) 成型後攻牙。

(4) 靠破成型〔限單圈螺牙〕。

(5) 成型時強迫脫模。

(一) 絞牙

1. 鏈條帶動：

此方法是在模具內作出公牙〔螺絲側〕來，而此公牙的轉軸後端裝有齒輪，再以鏈條接到射出機上裝在動模板上的馬達。模具打開時，馬達接鏈條帶動齒輪轉動，也就帶動公牙轉動，同時以頂板推動成品使之脫模的方法。如圖 2-52。而為了防止成品在模具螺牙轉動時跟著旋轉，通常都會在成品內側或外側設有止滑部，如圖 2-53 即為產品外側設有溝槽可作為止滑用，另一例係在成品內側另外設計有凹洞來作為防止滑動用的〔如圖 2-54〕。

射出機台上的馬達

連結模具內齒輪的鏈條

圖 2-52 鏈條帶動齒輪

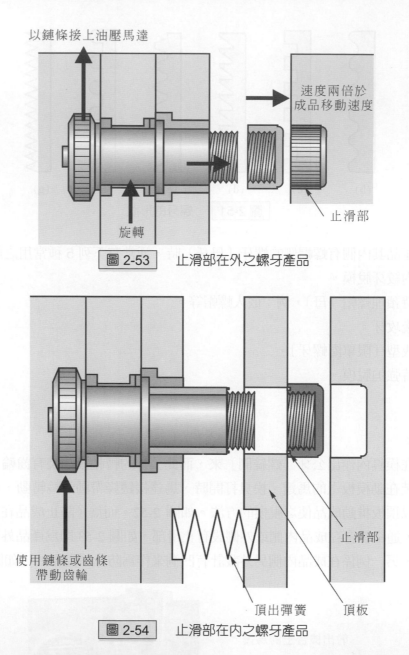

以鏈條接上油壓馬達

速度兩倍於
成品移動速度

止滑部

旋轉

圖 2-53   止滑部在外之螺牙產品

使用鏈條或齒條
帶動齒輪

止滑部

頂出彈簧   頂板

圖 2-54   止滑部在內之螺牙產品

2. 齒條〔排齒〕帶動：

   如圖 2-55，是以油壓缸帶動齒條與齒輪作進、退牙的動作，由於齒條是依一定的油壓缸長
   度作往復式運動，而非如鏈條之循環式運動，因此在定位的精確度上較精確。使用齒條以
   油壓缸來帶動齒輪者，該設備係裝在模具內，此與以鏈條傳動所使用之馬達是裝在射出機
   上的並不相同。

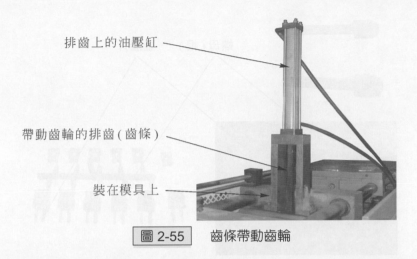

排齒上的油壓缸

帶動齒輪的排齒 (齒條)

裝在模具上

圖 2-55　　齒條帶動齒輪

絞牙可用於一模一穴、二穴、四穴、八穴 ……等等，只要設計成齒輪傳動之轉向一致即可，因此，產品尺寸較小者，其模具甚至有達 64 穴或更多的。如圖 2-56 即是一組一模 64 穴〔4 穴×16 齒輪軸〕的牙膏瓶蓋模具的部分組件。

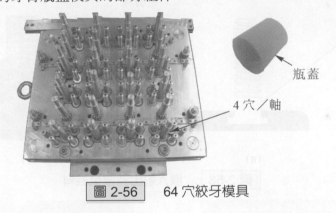

瓶蓋

4 穴／軸

圖 2-56　　64 穴絞牙模具

(二) 預埋嵌入件　Insert

　　預埋螺帽〔母〕是較常用，也是較精確的螺牙產生法。螺帽材質以銅居多，但也可以用電鍍過之螺帽，此螺帽之外緣因為要被塑膠所緊密包覆，故必須設計成凹凸形狀，如壓花、凹槽、刮痕……等方法來增加結合力，以避免產品鎖上螺絲後因鎖過緊導致螺帽鬆脫之情形〔如圖 2-57 所示〕。

　　螺牙嵌入物可為螺絲或螺帽，在嵌入物螺紋與成形的塑膠之間應有一平坦處，可避免射出成型時，塑膠料滲入螺牙內之不良情形。圖 2-58(b)即為未留平滑處而溢料的例子。

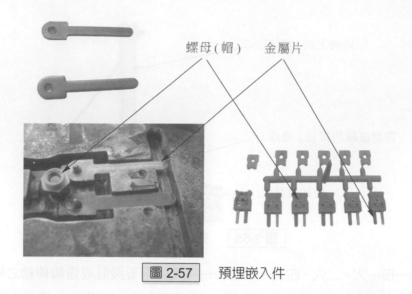

圖 2-57 預埋嵌入件

由本圖係一片一片、一次一次的置入模具後進行射出。圖所繪者以利、如圖片
圖片一塊片上成小相、按照其作者如圖 c4 大範圍多的，如圖 2-58 如圖一組一組 c4 次，c4
各×1o 按照編輯上圖因素精密造組過程中的效果。

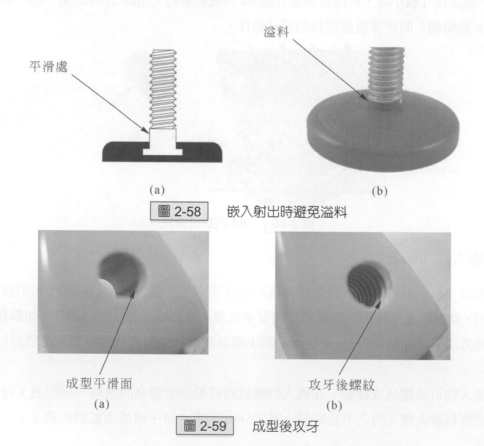

圖 2-58 嵌入射出時避免溢料

(上圖有標註：平滑處、溢料、(a)、(b)、成型平滑面、攻牙後螺紋、(a)、(b))

圖 2-59 成型後攻牙

(二) 串接射入件置入方式
由件由內件置入方式複雜，具中件置入置入由置入模具置出過程由圖 2-55 置入方
過後入之製造式，過件由置出射出連連過再置一入器進方過模圖，並圖本置置工置入 2-57
圖圖。
置件由置入置置連連件多置入模置入過圖連多連過圖圖置過本置連過過置入連置
成圖多，置圖連多入連置本中置連入不置（過中置入過置中置過連過置造置置置料置）過置。

(三) 攻牙

　　此方法是在射出成型時僅作出肉厚，而在成型後再以攻牙機攻出螺牙，如圖 2-59 所示，使用此方法在塑膠成型時較易製造，不需做預埋或絞牙的動作，因此模具製作也較簡單而便宜。缺點是必須有後續的二次加工〔攻牙〕的動作，相對於成本考量並不見得有利，也有些產品會因為受到模具設計上的限制無法做絞牙脫模而只能以此方法解決。

(四) 靠破成型

　　如果作塑膠螺牙式的調整器，其精密度要求不高者，則可以考慮做如圖 2-60(a)之螺帽側的簡易螺牙設計，由於僅是一單位的牙峰，因此在強度上相對比較弱。圖 2-60(b)所示，即是這一組用在家具桌腳的調整鈕組合。

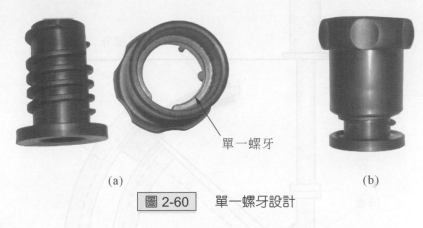

(a)　　　　　　　　　　　　　　　　　　　(b)

單一螺牙

圖 2-60　　單一螺牙設計

(五) 強迫脫模

　　強迫脫模是用在內牙之牙高較小，且牙形必須為圓形或弧形〔如螺牙種類之 B 型，非尖銳形〕者，在脫模時由於外側母模已脫離，藉著塑膠之彈性強制使之外張而順利頂出者，最常用於飲料瓶或容器之瓶蓋，如圖 2-61。

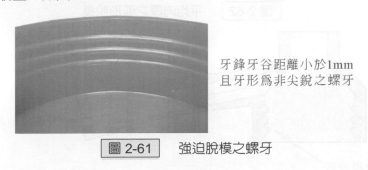

牙鋒牙谷距離小於1mm
且牙形為非尖銳之螺牙

圖 2-61　　強迫脫模之螺牙

2-6-5 曲線形管狀物

　　曲線形管狀物件〔例如洗髮精瓶之弧形噴嘴〕，若曲度不是很大，則可以利用滑塊作直線之脫模。若曲度太大，則以齒條帶動齒輪以旋轉模仁，並沿著弧形導板(Guide)作弧形運動以脫模〔如圖 2-62〕。

　　如前述，若弧度不大，則採另一種方法：在允許不平均肉厚且不影響產品成型的情形下，作直線插入的滑塊式設計，此結構就比上述的迴轉方式簡單的多，缺點是曲度無法太彎曲且表面容易有縮水痕，如圖 2-63 所示。

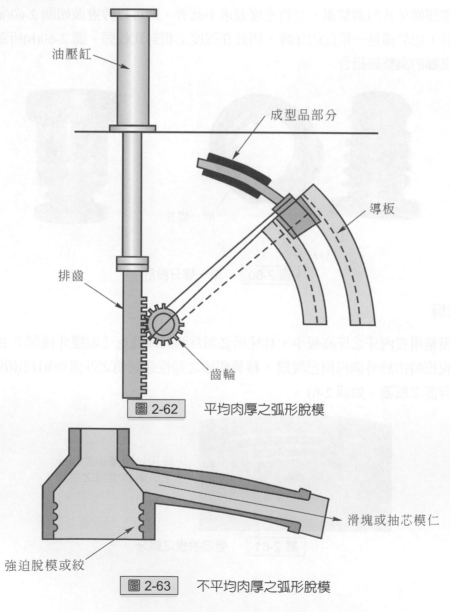

油壓缸

成型品部分

導板

排齒

齒輪

圖 2-62　平均肉厚之弧形脫模

滑塊或抽芯模仁

強迫脫模或絞

圖 2-63　不平均肉厚之弧形脫模

2-7　靠破

　　所謂靠破，就是在產品設計時遇到需要一面或多面之牆，但該面〔或多面〕牆與本體形成倒勾，卻又因為空間不足無法作斜頂出或滑塊，或者是基於成本之考量，在模具設計時，利用公、母模之凹凸面互相密接與交錯，留下未密接交錯的面以形成本體頂面或牆的做法。如圖 2-64 是靠破形成頂面與側牆面的幾種情形。

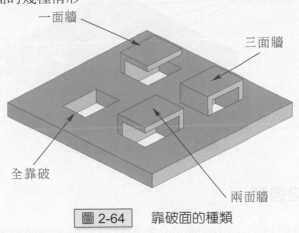

圖 2-64　　靠破面的種類

2-7-1　可接受之外觀

　　靠破面不論是把牆面做在外面還是做在裡面，都會有一個明顯的孔洞產生在主體面，因此在作產品設計時，若考慮以靠破解決倒勾的機構問題，則通常要把可能的外觀缺點〔破洞導致表面不完整〕先考慮進去，參考圖 2-65 所示。

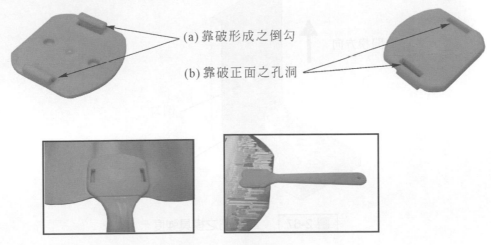

(a) 靠破形成之倒勾

(b) 靠破正面之孔洞

(c) 可接受之外觀

圖 2-65　　可接受之外觀靠破孔

2-7-2　靠破之修飾

以靠破解決 Undercut，應儘可能以形狀來美化，如上節中圖 2-64 所示之三種情形，可以考慮運用下圖 2-66 之方法加以修飾，或以另外的附件〔例如加 Cap 或貼 Sticker 〕加以掩飾或遮蓋起來。

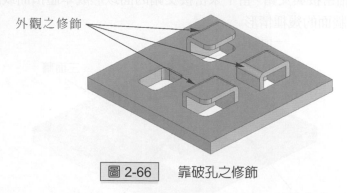

外觀之修飾

圖 2-66　靠破孔之修飾

2-7-3　靠破點之強度

靠破點的牆面，由於是以公、母兩塊凹凸的鋼材緊密配合所成型的，因此會有尖銳的邊角產生，倘若無法以圓(R)角來補強，很容易成為應力的集中點。在強度方面，也因為模具一直是處於緊密摩擦的動作，會很容易產生磨損，一旦有了磨損，在成型時即會形成毛邊，這也是在作產品設計時應注意的地方，圖 2-67 係在轉角處產生靠破的例子。

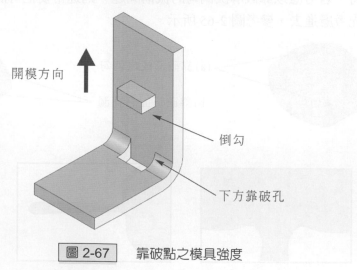

開模方向

倒勾

下方靠破孔

圖 2-67　靠破點之模具強度

2-7-4　不使用滑塊的側面孔

如圖 2-68 所示當側牆的斜度足以讓公、母模相靠破而產生成品的側向孔洞時，採用靠破的方法以降低模具的複雜性。若斜度不足，即必須以滑塊解決〔圖 2-69(a)〕，另一個方法是在不影響表面與功能時，乾脆將孔洞作成 Open 的樣子，也可解決倒勾孔的脫模問題〔圖 2-69(b)〕。

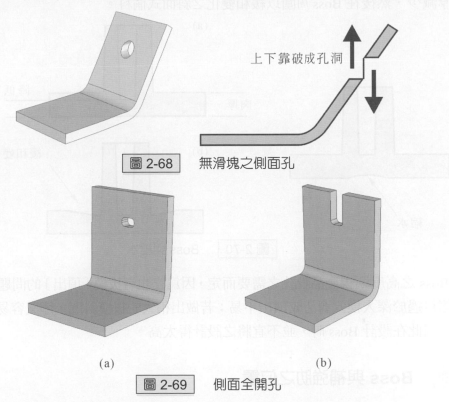

上下靠破成孔洞

圖 2-68　無滑塊之側面孔

(a)　　　　　　　　　　　　　　(b)

圖 2-69　側面全開孔

2-8　凸出管柱 Boss

凸出管柱之設計，一般是用來供螺絲〔自攻或預埋〕結合或者是供栓緊或緊密配合用的，而 Boss 之設計應儘量結合其他牆面或肋，避免單獨凸出，因為無其他支撐的單支 Boss 通常是比較脆弱易斷的。

2-8-1　Boss 之肉厚與高度

凸出管柱(Boss)之肉厚，若是供自攻螺絲用，則以可以鎖緊〔螺牙咬進塑膠內〕所需之肉厚，加上一部分的強度支撐所需之肉厚〔一般為螺牙所咬肉深之 2 倍〕，而總厚度仍以不超過本體肉

厚之 1/2 為原則〔避免表面縮水〕，例如 4 mm 的自攻螺絲，其牙深約為 0.6 mm，螺絲軸為 2.8 mm，供其鎖緊之 Boss 孔尺寸即為 2.9~3.1 mm，肉厚尺寸則為 1.2~1.8 mm，所以成型品表面之肉厚應設定在 2.4~3.6mm 為佳。若肉厚太厚，則必須想辦法減少厚度即一般俗稱之「偷料」，以避免可能因 Boss 而造成之表面縮水，其方法如圖 2-70 所示，可先將 Boss 與底部〔或表面〕接觸處的肉厚減少，然後在 Boss 周圍以緩和變化之斜面式偷料。

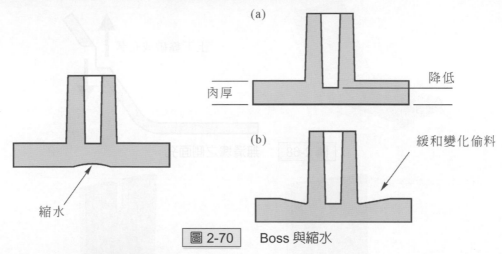

圖 2-70　Boss 與縮水

至於 Boss 之高度則視產品設計之需要而定，因為它也有拔模〔頂出〕的問題，若高度太高，成型時塑膠料過於深入模穴會造成頂出不易；若做出稍大的拔模斜度，卻又容易造成 Boss 口的肉厚不足，因此在設計 Boss 時，並不宜將之設計得太高。

2-8-2　Boss 與補強肋之位置

1. 牆角：

   Boss 若是設計在產品角落的轉角處，則以不緊靠牆面而以肋將雙邊連結為佳，如圖 2-71 之 (a)。而如圖 2-71 之(b)的設計，則很可能會在產品表面產生相當明顯的縮水痕。

(a) 邊角之Boss
　　較佳之設計

(b) 邊角之Boss
　　不佳之設計

圖 2-71　邊角之 Boss 位置

2. 牆邊之 Boss 與補強肋：
   如圖 2-72 之 B 直接砌牆與牆面結合，另側則可以 2 或 3 面之「三角補強肋」〔或稱角牆〕
   補強之。此時仍應注意牆面厚度的限制。

3. 非牆邊之 Boss：
   如圖 2-72 之 C，以四面之三角補強肋作為支撐，如圖 2-72 之 B 則是與兩牆面〔如圖之 D〕
   結合，三角補強肋之高度約為 1/2~3/4 Boss 的高，長度則以 1/3~1/1 的三角補強肋之高為佳，
   厚則仍依表面厚度而定，至於砌牆結合兩牆面者，其高度應為側牆高之 1/2~3/4 為宜。

4. Boss 與補強肋之結合：
   如圖 2-72 之 E，Boss 與補強肋之結合，和它與兩牆面間之結合相似，其高度則仍以該肋(D)
   之 3/4 以下為宜。

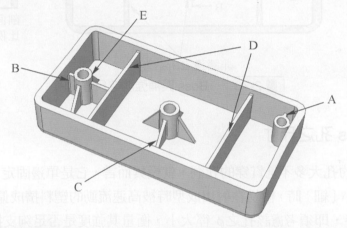

圖 2-72　不同位置之 Boss 與補強肋、側牆之關係

如果 Boss 與補強肋之間有相當的距離，當然就不要在兩者間做任何連結，應讓 Boss 獨自
存在並作單獨凸出時的四方補強〔三角補強〕，例如前述之 C 即是。而圖 2-73 則顯示各種
肋與 Boss 之尺寸相關性〔此圖違反工程圖學「肋不剖」原則，僅供讀者易於對照了解〕。
肋之尺寸基本原則：

$h1 = 1/2 \sim 3/4\ H$
$h2 = 1/2 \sim 3/4\ H$
$h3 < H$
$d1 = 1/3 \sim 1/1\ h2$

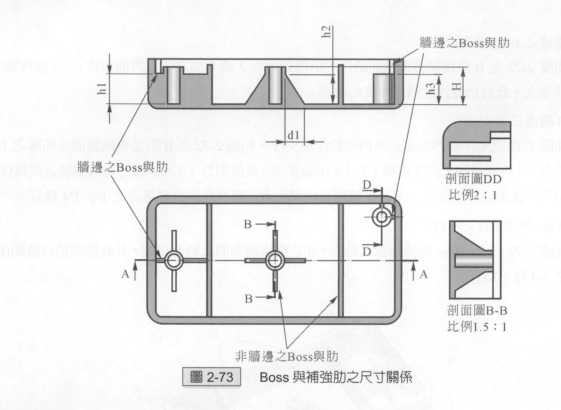

圖 2-73　Boss 與補強肋之尺寸關係

2-8-3　Boss 孔之尺寸

由於 Boss 中間的孔大多不是貫穿的孔洞，就模具而言，它是單邊固定，而另一邊則是伸出的銷，若 Boss 孔太小〔細〕時，極易在射出成型時被高速流動的塑料擠成偏心，因此若 Boss 孔的高〔深〕度太高時，即須考慮該孔之 ϕ 徑大小，衡量其強度是否足夠支撐射出成型時之射出壓力，如圖 2-74 所示。

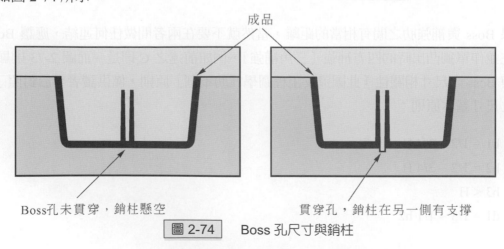

Boss孔未貫穿，銷柱懸空　　　貫穿孔，銷柱在另一側有支撐

圖 2-74　Boss 孔尺寸與銷柱

2-8-4　Boss 孔與螺絲

供鎖螺絲用之 Boss 孔，若螺絲是尖嘴自攻螺絲，則無須特別要求，若是平頭螺絲，則在設計時應考慮作導角或沙漏形斜角之設計以利螺絲之對位結合，如圖 2-75 所示。

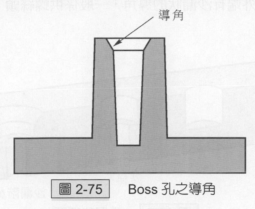

導角

圖 2-75　Boss 孔之導角

2-9　孔洞

在塑膠成型品中，經常會有孔洞的設計，由於孔洞本身在模具來說就是鋼材所占用之空間，成型時塑膠料即需繞過該處，因此在設計孔洞時，應以利於成型塑料流動之形狀為佳，也就是要避免有尖銳角的形狀或凹陷落差太大者，如圖 2-76 所示。

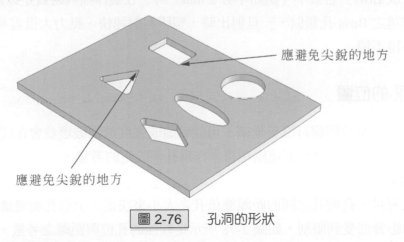

應避免尖銳的地方

應避免尖銳的地方

圖 2-76　孔洞的形狀

2-9-1　孔的分類

在射出成型品中的「孔」，大致上可分為下列幾種：

1. 貫穿孔：穿過本體之底部或牆面而讓兩側相通者。
2. 盲孔：孔身僅及肉厚之部份呈凹陷者。
3. 階梯孔：在貫穿的孔中有階梯狀呈兩層不同尺寸的孔。
4. 沙漏階梯孔：階梯孔的外端有沙漏狀的導角，一般係供螺絲頭〔沉頭螺絲〕或 Cap 蓋住孔洞修飾用。

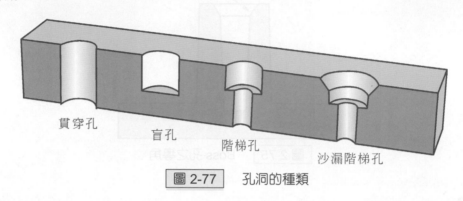

圖 2-77　　孔洞的種類

2-9-2　孔之大小

　　孔之大小，應依設計之需求而定，但是為了可能的變形或毛邊等成型不良的問題，則可依照產品的肉厚來考量孔的大小，一般以 ϕ 徑不小於肉厚的 1/2 且大於 0.8 mm 為佳，尤其是沒有貫穿的盲孔〔或 Boss〕若太小〔例如小於 2 mm〕時，在製作模具時就是以直徑很小的「銷」懸空著，這與前述之 Boss 孔類似，一旦射出時，塑膠料射速快、壓力大很容易衝擊該支「銷」而導致變形，不得不慎。

2-9-3　孔的位置

　　由於孔的存在，導致塑膠料沒有延續，可能會造成強度遭到破壞並會在成型時產生結合線的問題，因此在設計產品時應依下述兩項需求作為孔洞設定的考量。

1. 強度之考量：
   基於強度之考量，孔與孔之間的距離應依孔之大小來決定，至於孔與邊牆之距離也因為成型時流料的影響而受到限制，如圖 2-78 所示是較佳的孔位與距離之考量。
2. 結合線：
   任何孔與孔之間，在射出成型時是最容易產生結合線的，塑膠料從進澆點進入，若其行進的距離相當，則會在孔洞〔依模具而言是鋼材〕的後方交會，而由於塑膠料已跑了一段行程，溫度略降，兩路結合時即會在孔洞的另一側產生可見的結合線，如圖 2-79 所示。

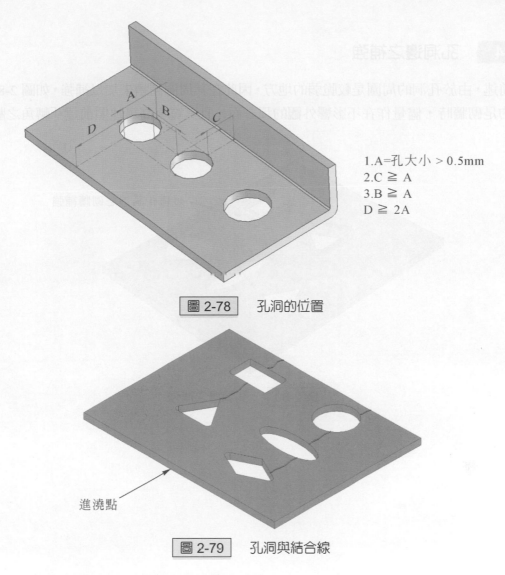

1. A=孔大小 > 0.5mm
2. C ≧ A
3. B ≧ A
   D ≧ 2A

圖 2-78　孔洞的位置

進澆點

圖 2-79　孔洞與結合線

　　常用的避免孔洞邊有明顯結合線的方法有：

(1) 表面咬花可掩飾結合線。

(2) 改變進澆點位置，使結合線移到較不明顯或肉厚較厚的位置。

(3) 進澆點小，成型時射速較快，可降低結合線之明顯程度。

(4) 在結合線的位置刻意作出美工線〔凸或凹〕修飾。

(5) 如 2-9-4 節之孔邊補強，改變肉厚以減少結合線。

(6) 後加工：若孔洞是圓洞則可在模具上作凹洞記號，俟成型後再鑽孔。

(7) 表面處理：噴漆、印刷、電鍍……等。

(8) 成型時加模溫〔使用模溫機〕，以增加塑膠的流動性。

2-9-4　孔洞邊之補強

依前述，由於孔洞的周圍是較脆弱的地方，因此在其周圍砌牆來加以補強，如圖 2-80 所示。應注意的是砌牆時，儘量作在不影響外觀的那一面。且其寬與高可比照前述「轉角之牆面」為原則。

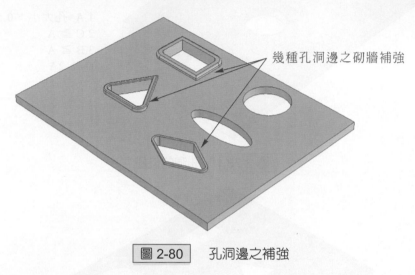

幾種孔洞邊之砌牆補強

圖 2-80　　孔洞邊之補強

第 2 章　習題

1. 何謂射出壓縮成型？其特點是什麼？

2. 當成型品的強度不足時，有何增強的辦法？

3. 補強肋的厚度與產品表面肉厚的關係為何？

4. 當補強肋無法連接兩側牆，只能做端緣之補強，則採用何種補強？

5. 產品上的凸字與凹字何者的模具較易加工

6. 塑膠件外觀的 R 角與其對應的內 r 角，應存在什麼對應關係？

7. 兩側拔模斜度皆是 1°的成型品，補強肋高 28 mm，其靠近底面的地方(根部)與肋最上端點的肉厚會相差多少？

8. 一般射出成型中常見的解決 Undercut 的方法有哪些？

9. 內螺牙以絞牙方式脫模，則模內會有何機構轉動螺牙模仁？
又帶動此機構的方法有哪些？它們的動力來源又是什麼？

10. 壓噴式洗髮精瓶的噴觜呈圓弧形，它是如何脫模的？

11. 補強肋之肉厚(t)與其對應之成品表面肉厚(T)之關係應如何才不會導致表面縮水？

12. 何謂撓性頂出？其優點是甚麼？

13. 深長抽芯其抽芯的工具是甚麼？通常是朝什麼方向抽拉？

14. 內螺牙成型的方法有哪些？

15. Boss 口應該如何處理，以使螺絲容易對位鎖上？

3

射出成型之表面處理與成型問題

3-1　產品之表面處理

　　射出成型產品，一般都是以顏料色母〔粉〕來改變其所顯現的外觀色澤，而這也僅限於顏色之不同，對於需要表面有更多的變化，或者為了掩飾成型所產生的表面不良問題，會在模具表面加以處理亦或是在成型後再加工處理，如此即可達到設計者所希望之成型品的表面呈現。表面處理的方法很多，大致上可歸納為以下幾種。

3-1-1　模具金屬蝕刻〔咬花、Etching〕

　　模具的「金屬蝕刻」，俗稱「咬花」：其原理係利用酸鹼藥水來侵蝕模具表面成為所需之紋路，在成型時塑膠料即因壓力而填滿被侵蝕的模具面，成型後成型品表面即顯現出該紋路來。

　　咬花的加工方法是：先在模具表面〔通常是在母模面〕塗上感光劑，再以上方印有設計花紋的底片感光在模面上，然後清洗掉未感光的部分，再以酸或鹼性藥水侵蝕感光的部分，如此就成為所需之花紋。至於其紋路的深度則視侵蝕之時間而定，而由於成型品的表面與模具面正好是凹凸相反，因此模具面所呈現的都是比較凸出且粗糙的面，也就是塑膠成型後的凹進去的部分。

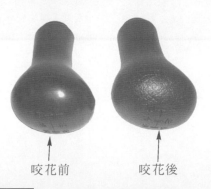

咬花前　　　　咬花後

圖 3-1　模具咬花前後其成型品之比較

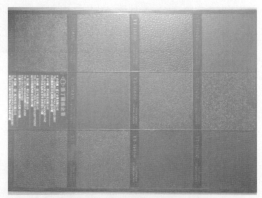

圖 3-2　咬花紋路樣板

　　如圖 3-1 中之兩個成型件即為模具表面咬花前、後之例子，圖中左件為模具咬花前所射出之試模樣品，右件則為咬花後射出之樣品。

　　咬花的紋路樣式非常多，圖 3-2 顯示一片上有數種不同咬花紋路的樣版，是由咬花工廠所提供的，每一種咬花樣上面皆顯示「最小拔模斜度」與「最大深度」供參考。

3-1-2　模具噴砂

噴砂的目的與咬花類似，只是噴砂是利用高壓噴出的硬物質〔例如：金剛砂、玻璃砂〕撞擊在模面上形成凹陷的痕跡，因此它的花紋與放電花〔後述〕一樣顯得比較單調，就好像咬花僅僅咬了淺層細花紋一樣。圖 3-3 即為一個模具經過噴砂處理的成型品表面紋路。

圖 3-3　　模具經噴砂處理之成型品

3-1-3　放電加工 EDM：Electrical Discharge Machining

當產品的表面有縮水凹痕，而不用光澤的表面處理時，可以考慮以放電加工來使模具表面產生因放電所產生的花紋，俗稱「放電花」，其效果與噴砂近似，可見放電加工不僅適用在機械加工(Milling)困難的地方，還附帶有表面處理的功能。

由於放電花也是蝕刻金屬表面的一種，因此可以把它當作一種「看起來相當不明顯的咬花」。圖 3-4 顯示模具上的放電加工後之花紋。

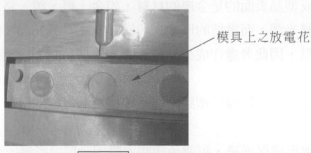

模具上之放電花

圖 3-4　　模具上之放電花

3-1-4　電鍍

電鍍加工也是常用的表面處理方法，它可用在模具上，增加模具表面剛性，也可用在成品上，兼具強化與美化產品的表面。

1. 模具電鍍：

將模具〔通常是母模面〕電鍍的目的：

(1) 增加模具面的硬度，延長模具的壽命。

(2) 抗腐蝕，可達到防銹的目的。

(3) 產品表面會更光亮。例如汽機車用之安全帽，若是以射出成型製作的，則通常會將模具電鍍，使射出品表面非常平滑光亮。

(4) 脫模容易。

　　模具在電鍍前，應先拋光到相當程度〔例如#800 以上〕才能顯出電鍍的效果，模具一般以鍍硬鉻(Chrome)為多。如圖 3-5(a)所示即為一組經過電鍍的一模四穴的瓶蓋模具。圖 3-5(b)則為有電鍍之模具所生產出來的成型品。

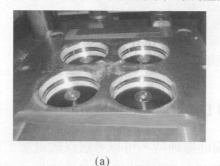 

(a)　　　　　　　　　　　　　　　　(b)

圖 3-5　　模具電鍍與成型品

2. 產品電鍍：

塑膠成型品電鍍的目的：

(1) 美觀：電鍍於成型品表面的是金屬的材質，如金、銀、鎳、鉻之類的，因此產品表面會有極佳的金屬光澤，而電鍍的厚度一般僅 0.008~0.012mm，無法掩蓋塑膠成型所產生的表面的缺點，因此考慮作成型品電鍍時，成型品的表面應是拋光平順並避免縮水痕的產生。

(2) 耐磨：金屬的表面耐磨性優於塑膠，但是要注意其電鍍的附著力，避免剝離導致不完整的外觀。

(3) 耐候：由於電鍍形成保護層，可避免塑膠本體因受環境影響所產生的老化。

(4) 抗電磁波：某些電子產品的外殼有電磁波干擾(EMI)的需求，電鍍是個解決方案之一，另一種方法是在內面噴導電漆〔見本章 3-1-6 節〕，現已較少見。

　　塑膠產品電鍍的方法一般使用下列兩種：

(1) 真空電鍍：在一個鋼製的真空槽內進行，先在工作件表面塗一層底漆〔目的在增加密著程度〕，然後將之置於真空槽內並作適度的旋轉，真空槽內置有鋁材〔或其他金屬

材〕，將鋁材加熱至 1000℃，則鋁會蒸發而附著於塑膠表面，它的厚度約為 0.1 μm。
然後將空氣灌入眞空槽後拿出工作件，再噴一層保護漆即完成。若是只作單面電鍍，
則可在加工前以膠帶遮住不要電鍍的那一面，若塑膠件是透明的，則可電鍍在裡層以
增加深度感。

(2)　電解電鍍：先將塑膠件作無電解電鍍，形成金屬皮膜而具導電性，再進行電解液電鍍。
此電鍍大多先無電解電鍍鎳或銅，再電解電鍍鉻，其厚度以鍍 15~30 μm 為多，當然
也可鍍金、鍍銀，視產品價值而定。如圖 3-6 為 ABS 塑膠電鍍的產品例。

圖 3-6　成型品電鍍

3-1-5　印刷

塑膠產品表面之局部或較小面積的處理，例如：印 Logo、Model No.、Lens〔小視窗〕……
等等，大致上都是以印刷方式處理的，印刷的處理則有網印、絹印、移印、漂浮印……等不同
之方法。如圖 3-7 所示是一個貼在冰箱上的 Logo 銘板，它是先射出成型其透明本體，再經過 3
道顏色〔依黑、藍、銀之順序〕印刷後所呈現者。

PC射出透明原件　　　　三色(黑、藍、銀)印刷

圖 3-7　成型品印刷

通常透明的印刷件會使用透明性較佳的 PC 或 PMMA，可以顯現有層次的深度感，又因為
射出成型件在成型時的內應力殘留容易過度集中，這會導致含有溶劑的印刷油墨龜裂，因而常
常要有烘烤退火的動作，以分散內應力，這是在做透明件印刷時要相當注意的地方。

　　所謂的「燙金處理」亦是移印的一種，係將印刷在薄膜上呈黃金色的顏料，經由加熱〔約130~140℃〕的轉印版轉印到成品之上，如圖 3-8 所示。

圖 3-8　燙金轉印

3-1-6　噴、烤漆

1.　噴漆：

有些塑膠產品會採用噴漆來作產品的表面處理，通常有幾個原因：

(1)　塑膠料雖經染色與 Compound，仍無法達到所要求之顏色標準〔例如金屬色〕。

(2)　產品因結構或成型條件的限制而有結合線、流痕等表面效果不佳的情形，必須加以掩飾者。

(3)　產品表面有多種顏色無法一次成型者。

若產品使用的塑膠料是 PE 或 PP，則由於 PE 與 PP 是結晶性塑膠，它們的抗化學性較好，漆料或印刷油墨較不易附著，因此若使用此類材料時，應避免作噴漆處理。若實在無法避免，則在噴漆前須有前處理的動作，讓產品表面的附著力變強，如此才能確保印刷的品質。如圖 3-9 所示左邊為一般射出原件，中間為噴漆處理，右邊為電鍍處理。

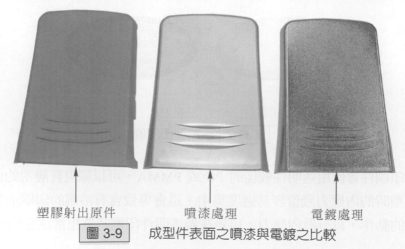

塑膠射出原件　　　　噴漆處理　　　　電鍍處理

圖 3-9　成型件表面之噴漆與電鍍之比較

當電子產品有 EMI 檢測的需要時，若不使用電鍍或者以加裝鈹銅彈片來解決電磁波的問題，就可能需要以噴「導電漆」處理，利用導電漆的導電性來阻擋電磁波，如圖 3-10 所示。

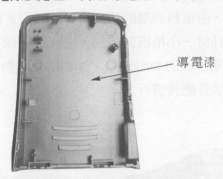

導電漆

圖 3-10　噴導電漆以干擾電磁波

2. 粉體塗裝 Powder Coating：

粉體塗裝為烤漆的一種，係將傳統之液態漆作成粉體狀，較常見於金屬件產品，而傳統以液態漆製成之木製品也都漸漸改成粉體，但較少見於塑膠類，因為粉體漆的製程需高溫烘烤以定型。而一般塑膠料的 HDT〔熱變形溫度〕常是低於該烘烤溫度的，粉體塗料本身亦是一種塑膠料。圖 3-11 與 3-12 為鐵管之粉體塗裝例。

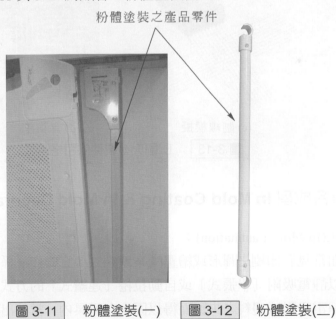

粉體塗裝之產品零件

圖 3-11　粉體塗裝(一)　　圖 3-12　粉體塗裝(二)

3. 百格測試：

經噴漆、印刷與粉體塗裝……等加工的產品，基於 ASTM、ISO 與 EN 等安規之規定，其表面須作附著力之百格測試(Cross-cut Test)：以 1 公分寬之百格刮刀在塗裝的表面前後與左右

各刮一刀以形成百格狀〔1 mm²方格〕，再以 3M#610 或# 810 膠帶黏於其上，並延伸至測體外，延伸的膠帶與成品間成 45 度，再迅速〔10 cm/s〕將膠帶扯離，檢視膠帶上是否有原先測體上的百格部分被剝離，由塗料剝離的情況來得知其附著程度。結果可分成 5 等級，最高等級的第 5 級是不能有任何一小格被剝離的，也就是 0%的剝離〔100%附著〕，第 4 級則為 20%剝離，依此類推至第 1 級的 80%剝離。塗料的剝離與否會影響到使用者，尤其是嬰幼童的安全，設計與製造者皆應謹慎行之。

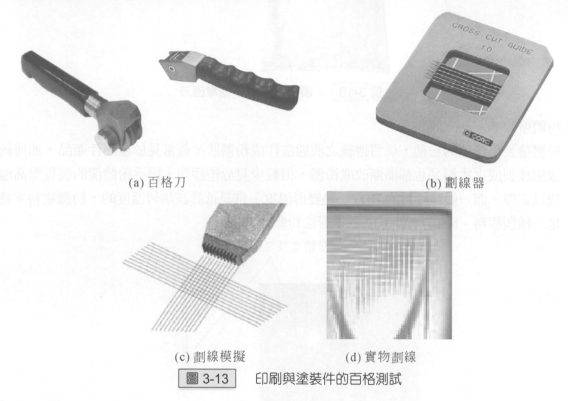

(a) 百格刀　　　　　　　　　　　　　　　　　　(b) 劃線器

(c) 劃線模擬　　　　　　(d) 實物劃線

圖 3-13　　印刷與塗裝件的百格測試

3-1-7　　複合成型 In Mold Coating & In Mold Decoration

1.　薄膜複合 IML(In Mold Lamination)：
　　塑膠製品表面常見有印刷之圖形或繪畫圖案或相片，它的作法係：先將該圖案印刷在塑膠薄膜上，再以靜電吸附〔單張式〕或自動拉捲〔連續式〕的方式置入於模具內，模具關閉時，會因為靜電吸附或邊料之夾緊而得以固定在模具內。當射出成型時，呈熔融狀態的待成型塑膠料就會與該薄膜融合在一起〔薄膜與本體應是相同或同類型材質〕，俟成型冷卻後取出，即可見該印刷面呈現在物體之表面，狀似印刷上去的，其實該圖案花紋是印在薄膜上然後再成型的。薄膜成型例：如圖 3-14 所示。這是一種較舊式的成型方法。

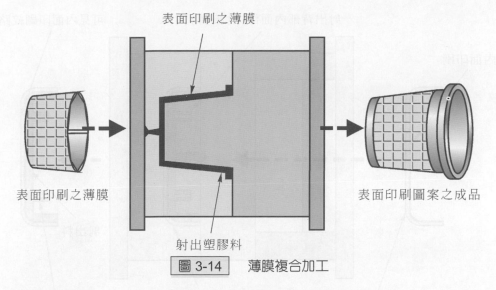

圖 3-14　薄膜複合加工

常見的小板凳就是以這種方法做成的，它的本體是 PP 材質，因此先印一張同材質的 Film 後，再放到模內射出成型。塑膠臉盆、畚箕皆是，如圖 3-15 所示。

圖 3-15　薄膜複合加工成型品

2.　成型件複合(In Mold Decoration；In Mold Foil)：

IMF 這是一種較新的複合成型方法，它是先以押出成型產生透明塑膠薄板或薄膜〔一般為 PC 或 PET〕，然後在內面印刷顏色、紋路或印刷圖案、圖形〔第一步驟 Printing〕或濺鍍或雷射雕刻。再以真空成型、熱壓成型或壓空成型……等方法成型〔第二步驟 Forming〕出有立體深度甚至具有曲面變化的表殼〔印刷面在內側而非外側〕，經沖型〔第三步驟 Trimming〕取出所要的部分，再將此預製好之成型件置於射出成型模具內，再將塑膠料射出〔第四步驟 Injection〕於其內面使成為較厚且有機構設計的底件。由於印刷是印在內面，因此成品表面即使有刮傷也不會影響印刷之圖案、圖紋等。

可見 IMF 是一種最有效率的外殼裝飾方法，免除二次作業程序及其人力工時，尤其一般在須背光、多曲面、仿金屬、髮線處理、邏輯光紋、補強肋干涉……等，使用外部印刷噴漆製程無法處理的時候，如圖 3-16 所示。

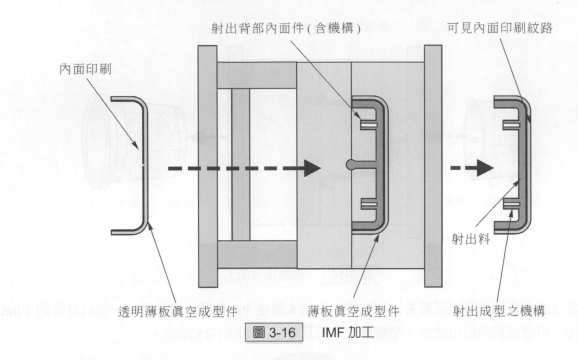

內面印刷

射出背部內面件(含機構)

可見內面印刷紋路

透明薄板真空成型件　　　　薄板真空成型件　　　　射出成型之機構

射出料

圖 3-16　　IMF 加工

IMD 成型技術可以取代許多傳統的製程，如熱轉印、噴塗、印刷、電鍍等外觀裝飾方法，尤其是需要多種色彩圖像、背光等相關產品，更是使用 IMD 製程的時機。

圖 3-17 為實品製程樣例。

(a)印刷薄膜

(b)真空成型〔尚未沖型〕

(c)射出成型件

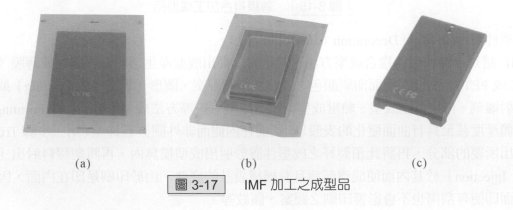

(a)　　　　　　　　　　(b)　　　　　　　　　　(c)

圖 3-17　　IMF 加工之成型品

3-1-8　雙料射出

1.　雙色射出成型機：

由於射出成型技術的進步，雙色射出機已廣為使用，甚至已有四色的成型技術了。雙色射出機，具有兩種單獨的塑化裝置和傳動裝置，一個公用的閉模裝置，兩副模具，公模放在與動模板連在一起的轉盤上，轉盤由單獨的驅動裝置驅動，並可以中心軸旋轉 180°，母模固定在定模板上。成型時，先射出第一次件後保壓，冷卻定型。打開模具，半成品留在模上，料頭自動脫落。然後轉盤帶動半成品轉至第二件模穴，完成第二種材料〔或顏色〕的射出後取出製品。

雙色射出機

雙色射出成型件

資料來源：富強鑫機械股份有限公司

圖 3-18　雙色射出成型機

如圖 3-19 即為雙色射出的製程例：

雙色射出機有雙料管，可各自射出不同顏色或者不同材質的塑膠料，模具一般做成兩穴但是呈 180°的反向並列，公模在動模板上，且可在轉盤作 180°旋轉：第一步先射出內側的部分→打開模具→公模旋轉 180°→關模→射出第二個顏色〔另一穴也同時射出第一個顏色〕→開模→頂出→公模旋轉 →射出內側部分，如此即為一個週期 Cycle。

圖 3-20 為二個雙色射出之成品例，(a)是先射出內側後射出外側，(b)則是先射出中間後射出兩側。

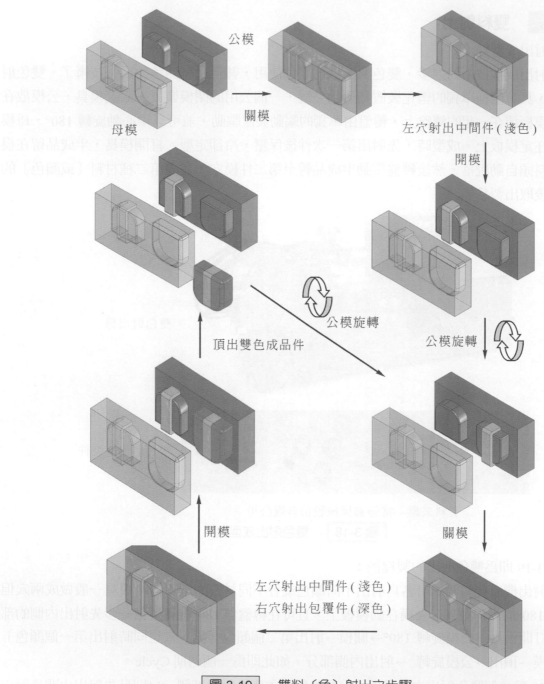

公模

母模　關模　左穴射出中間件 (淺色)

開模

公模旋轉

頂出雙色成品件　公模旋轉

開模　關模

左穴射出中間件 (淺色)
右穴射出包覆件 (深色)

圖 3-19　雙料〔色〕射出之步驟

(a) 內外之雙色射出　　　　　　　　(b) 左右之雙色射出

圖 3-20　　雙色射出成型件

2. 雙料共射〔三明治夾層〕射出：

雙料共射射出成型〔Co-Injection Molding〕，又稱三明治射出〔Sandwich Injection Molding〕或夾層射出。夾層射出成型與雙色射出類似，它是在傳統塑膠射出成型機上增加一組複合式射嘴及料管，在射出的過程中可以同時或間隔方式將兩種熔膠透過共同射嘴射入模穴中達成雙料共射，其中外層的熔膠稱為表層料，內層的熔膠稱為核心料。

夾層射出成型比起傳統的射出成型具有下列特色：

(1) 對於內、外層使用不同塑料的產品，可一次成型取代二次加工的製成。

(2) 由於不同顏色組合，可賦予舊產品〔模具〕新生命。

(3) 核心料可使用回收之邊角料、餘料或低品質原料，來降低材料成本。

(4) 表層料可採用優質具特殊表面性質或防電磁波干擾等材料，以增加產品性能。

3-1-9　雙料包射

雙料包射與雙色射出不同之處是：先射出其中之一種材質〔或顏色〕的 Part，再以此 Part 以埋入件(Insert)之方式放入模具中，然後射出第二種材質〔或顏色〕。由於埋入件須穩定在模穴內，因此包射與預埋金屬件類似，大多在立式射出成型機作業。如圖 3-21 即為先以 PP 射出黑色部分，然後包射白色 TPE 部分的一個耳機的耳掛 Part，其先後順序一般都先射出較硬材質再包以較軟材質。

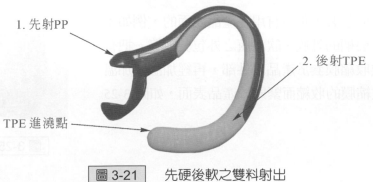

1. 先射PP

2. 後射TPE

TPE 進澆點

圖 3-21　　先硬後軟之雙料射出

　　圖 3-22 則是在 L 型射出成型機射出之 PE 砧板，先射出中間白〔原〕色部分，再包射出紅色外框部分，也就是先射中間主體再射外圈飾條。

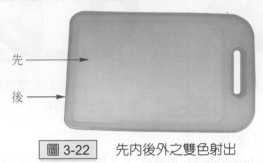

　　先 ⟶

　　後 ⟶

圖 3-22　　先內後外之雙色射出

3-1-10　標籤貼紙

　　以塑膠薄膜貼紙作處理的產品，一般都只適用於裝飾或是用在 Logo、警語或操作重點，如圖 3-23。但也有許多的產品則是利用標籤來把進澆點〔料頭去除後的痕跡〕或螺絲孔掩飾遮蓋起來，如圖 3-24。

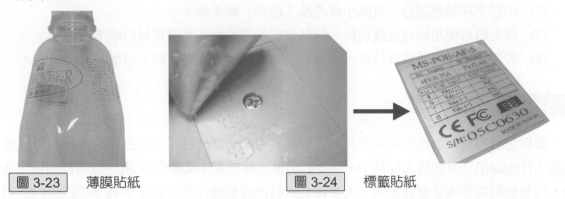

圖 3-23　　薄膜貼紙　　　　　　　　　　　　　　　　圖 3-24　　標籤貼紙

3-1-11　收縮膜

　　收縮膜多使用於包裝，但也有用在產品表面的，例如：掃帚或晾衣桿的竹製柄的外膜、飲料瓶之外包裝膜等。把有印刷或無印刷之熱收縮膜套於產品之外部，再經加溫機加溫後，即會因為熱收縮膜的收縮而緊貼於產品表面，如圖 3-25 所示。

圖 3-25　　收縮膜

3-1-12　人工著色

　　人工著色大多用在玩具人偶或 Poly〔波麗〕之類產品，係先成型素色之本體，再以人工或半機械化逐一上色，有些須經烤爐烘乾，有些則因生產線夠長而採自然風乾方式。通常會採用灌製波麗的，都是些立體形狀且有很多倒勾的產品，因此會使用軟模〔大多為 Silicone 模〕以利脫模。如圖 3-26 即是波麗製作之成品。

圖 3-26　人工著色之波麗製品

　　以波麗〔UP 不飽和聚酯〕仿製成石材的產品極多，通常只要看其底部即可分辨，它的底部一般都是切削磨成平面，因此會露出磨痕。在夜市或古董市場常見的仿翡翠製的手鐲、戒指……等亦大多是以 Poly 樹脂製成，有些需要重量感的東西則在其內填充石塊或金屬塊，至於是否為波麗產品，其檢測的方法除了使用制式的工具以外，最簡單的方法就是用火去燒它或者以熱水去燙它，容易變色或燒出煙來就可判斷是否為樹脂做成仿製品，如圖 3-27 所示。

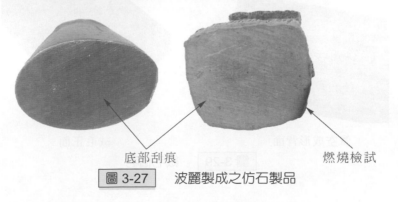

底部刮痕　　　　　　　　燃燒檢試

圖 3-27　波麗製成之仿石製品

3-1-13　浸漬包覆

一般用於鐵線製成的網狀或線型之產品，其做法類似電鍍，只是以 PE 等塑膠作為浸漬的材質；常見於浴室廚房用之掛架或曬衣架或冰箱之隔層架等，如圖 3-28 所示。

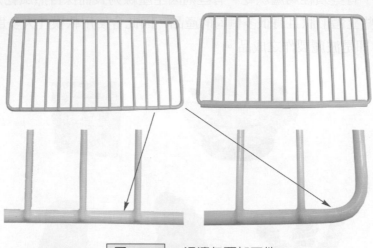

圖 3-28　浸漬包覆加工件

3-1-14　絨毛植毛

如圖 3-29 所示即為絨毛植毛的例子，它是將硬質膠布以真空成型作出外型來，再將這個產品表面噴塗薄薄一層膠，然後在絨毛機中噴塗細絨毛使之附著於表面〔有噴膠處〕即成。另一種作法是將絨毛紙〔或布〕與硬質膠布貼合後再作熱輻壓或真空成型，但成本較高。當然使用之產品並不限於真空成型的零組件，例如 Poly 的產品亦可以視需要而在要植毛的部位噴膠再作絨毛噴塗吸附即可。

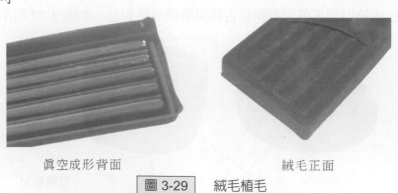

真空成形背面　　　　　　　　　　　絨毛正面

圖 3-29　絨毛植毛

3-1-15　貼皮、封邊

　　常見於需要有木紋或金屬表面的效果者，例如：轎車的內裝、桌面……等。貼皮所使用的材料有多種，軟質或發泡膠布、硬質膠布、甚至用三聚氰胺(Melamine)作的硬板皆可。貼皮的好處在於其本身可以作各種印刷紋路或圖案，便於作質感與色彩的變化。封邊材則通常是用軟〔或半硬〕質 PVC 押出成型的〔見第四章〕，主要是用來修飾貼皮所剩下的側邊未貼到的部分。

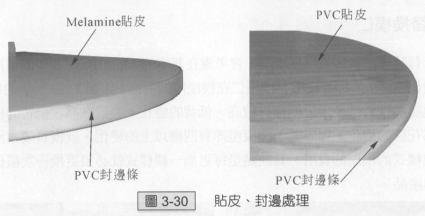

Melamine貼皮

PVC封邊條

PVC貼皮

PVC封邊條

圖 3-30　貼皮、封邊處理

3-2　特殊的設計與加工方法

3-2-1　手工刻製紋路

塑膠射出成型仿籐沙發椅

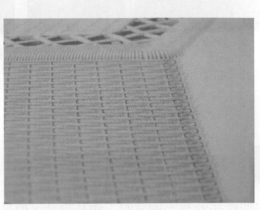

手工刻製的仿籐紋路

圖 3-31　手工刻製紋路

　　如圖 3-31 所示「仿籐製品之塑膠射出成型沙發椅」所呈現的籐編織的紋路，就是靠模具師傅拿著手持式的研磨機(Grinder)直接在模具表面作雕刻，因此所呈現出來的是很自然的狀似籐條編織的紋路，非常逼真。當然要做出這樣的效果必須有相當的立體的概念，以及穩定操作手動研磨機的經驗，非一般慣於使用機械加工者所能做到的。若使用 CNC 加工，則除了紋路較呆板外，還有些較細微的地方，受限於刀具而會有刻不到位的情形。

3-2-2　替換模仁

　　產品的設計有時候為了節省模具成本，會考慮在基本的 Mold Base 不變的情形下，做多種花紋與形狀的變化設計，亦即會使用替換模仁在模座內做更換。如圖 3-32 所示的射出涼椅，就是製作基本的模座而採背部使用替換模仁做高、低背的變化，並且在高、低背的模仁中又有不同的模仁做背部花紋的變化。因而同一個模座即有四種以上的變化，就模具成本而言自然可以節省製作每一種樣式的模座的費用。其缺點是每更換一種樣式就必須更換一次模仁且無法同時生產不同樣式的產品。

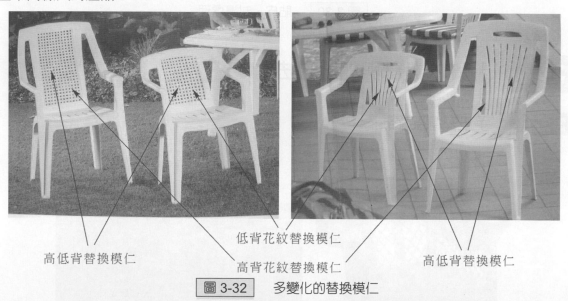

高低背替換模仁　　　低背花紋替換模仁　　　　　　　　高低背替換模仁
　　　　　　　　　　　高背花紋替換模仁

圖 3-32　　多變化的替換模仁

3-3　射出成型產生之問題

　　射出成型產品若有不適當的：產品設計、模具設計與製作、射出成型條件、塑膠原料……等情形，則在射出成型時可能會有下列之問題產生。

3-3-1　毛邊 Burr

　　毛邊的產生大多是因為材料流動性太好、模具合模不良與成型時射壓過高、鎖模力不足或射料過量的因素居多，但也有少部分是產品設計的問題，例如：產品的端緣太尖銳，又不得不把分模線設計在該處者。

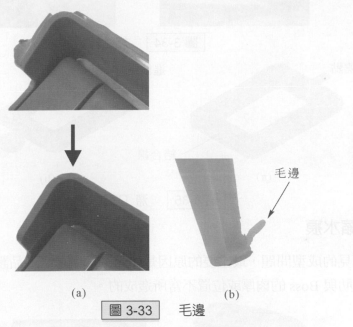

(a)　　　　　　　　(b)

圖 3-33　　毛邊

3-3-2　分模線痕 Parting Line

　　在塑膠射出成型件上是必然會有的〔公、母模分界〕，因為它也有排除空氣的功能，因而若模具製作不良，則容易因密合度不足導致在塑膠高壓射入時，塑膠料由此細縫中滲出而形成毛邊(Burr)或明顯的線痕。因此在產品設計時，為了避免該明顯線痕的產生而影響到產品的外觀，有幾個分模線位置的原則〔如第二章第 3 節所述〕是作設計時應特別注意的地方。

3-3-3　結合線 Welding Line

　　如第二章 2-9-3 節所述，由於熔融之塑膠料在模穴內流動之路徑關係，會在遇到鋼材〔成品之孔穴，相對在模具上就是鋼材〕時繞到其後方再結合在一起，此時由於塑膠本身溫度稍降且是在膠料的前端，因此當塑膠料由兩端匯聚一起時，便會因為無法完全融合在一起而形成一條不規則的線〔條紋〕，這就是結合線；如圖 3-34 與 3-35(a)所示。

　　結合線會影響外觀且是較脆弱的地方，因此要儘量消除之，其方法除了 2-9-3 節的幾項方法外，若結合線是在成型品邊緣，則可在可能的結合處設「滯料井」將結合線外引，等成型後再將滯料井削掉；如圖 3-35(b)所示。亦或者在該處合模面銑一條透氣溝，加速模穴內空氣逸出，如此也可以減小結合線。

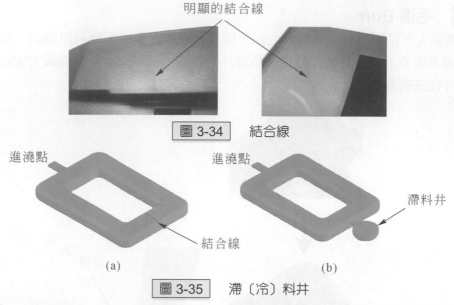

明顯的結合線

圖 3-34 結合線

進澆點

進澆點

滯料井

結合線

(a)

(b)

圖 3-35 滯〔冷〕料井

3-3-4 縮水痕

縮水痕是常見的成型問題，最主要的原因是如第二章所述之產品設計時的肉厚問題，因為肉厚太厚，補強肋與 Boss 的肉厚或位置不當所造成的。

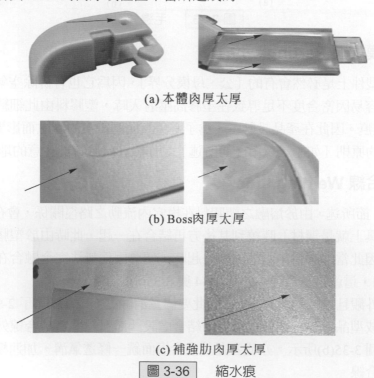

(a) 本體肉厚太厚

(b) Boss肉厚太厚

(c) 補強肋肉厚太厚

圖 3-36 縮水痕

3-3-5　澆口痕〔進澆點 Gate〕

　　由於有料頭的射出成型模具是成型後再將料頭削除，因而必然會在成品面留下痕跡，如圖 3-37 所示。至於熱澆道與三板模、小點進澆〔見 7-1-4 節〕雖不必削料頭，但在進澆點脫離時仍會有小點痕跡，因此考慮其澆口之大小與位置即變得極為重要。通常澆口是愈小愈好，但也不能小到塑料流動不順而半途凝固導致充填不足，澆口的大小一般為成品肉厚的 1/2，最小則以不小於 0.8 mm 為原則〔三板模、熱澆道除外〕。

　　至於澆口的位置，則因為是連接到產品的內面或外面，因此必須作審慎的選擇，通常會作在：

(1)　較不明顯的地方，也就是在不妨礙視覺的地方，例如在端緣處、凸出處、缺口處等。

(2)　可消除或減少結合線的地方，在塑料均勻流動的情形下考量相對之可能結合線位置，而將澆口設計在接近孔穴〔即模具之鋼材〕處以提早膠料之結合。

(3)　肉厚較厚處，較容易充滿模穴、避免縮水、且可降低包風〔見 3-3-8 節〕的機會。

(4)　塑膠料易流動的地方，避免在塑料一進入模穴就碰到阻力，且儘量在塑料可以順利擴散的位置而避免單向且狹窄的行進。

澆口痕

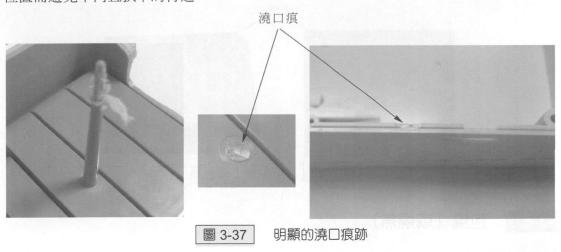

圖 3-37　明顯的澆口痕跡

3-3-6　頂出痕 Eject Pin Mark

　　頂出痕的產生原因是因為成型品被頂出時頂針的力量過大、成型品肉厚太薄，或是頂出部位有補強肋或 Undercut 會需要較大的頂出力量，導致頂出時塑膠表面因為拉扯變形而造成所謂的白化(Blushing)，尤其是深色的成型品若有頂出痕則白化現象會更明顯。

　　解決頂出痕的方法首要在模具的精良，其次在頂出點的肉厚與相對位置的選擇〔避免在平面上沒有牆面或補強肋的地方〕，當然拔模斜度也是要注意的條件之一。

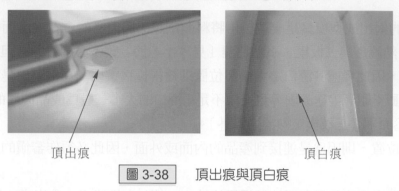

頂出痕　　　　　　　　　頂白痕

圖 3-38　　頂出痕與頂白痕

3-3-7　流痕

　　流痕就是塑膠料流動的痕跡，其形成原因是前端的塑膠料溫度稍降與後端的塑膠料形成可見的界線。改進的方法通常是在射出成型時調整成型條件來解決。就產品設計而言，則可以考慮改變進澆點與滯料井的位置來改善之。

流痕

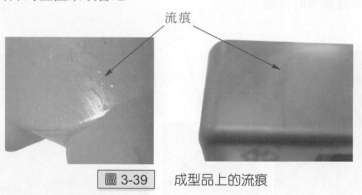

圖 3-39　　成型品上的流痕

3-3-8　包風〔或燒焦〕

　　燒焦包括成型品表面因為塑膠料過熱而導致的顏色變暗，以及補強肋、三角補強或牆面端點部位的焦黑或缺角現象，其原因是：原先在模穴內的空氣，在射出成型時受到塑膠料的擠壓卻無法排出到模具外，且被壓縮而升高溫度的塑膠料，其前端的部分被燒焦所致。即使沒有燒焦也會因為空氣佔了模穴尾端的空間而導致缺角的情形，這就是所謂的包風。解決包風的方法通常是做排氣孔〔見 7-1-7 節〕，或者以模仁的方式併塊組合產生縫隙供空氣逸出；或者在出現包風的位置增加頂針以兼具排氣的功能。

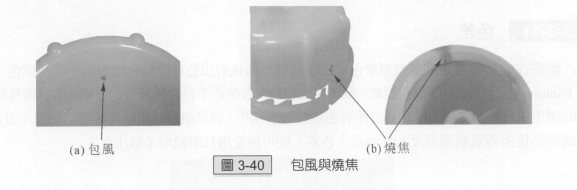

(a) 包風　　　　　　　　　　　　　　　　　(b) 燒焦

圖 3-40　　包風與燒焦

3-3-9　表面不光澤

成型品表面未如預期的具有光澤，其原因可能是：

(1) 模具表面拋光不佳。

(2) 太多的離型劑附著。

(3) 材料髒污或含有水分。

解決的方法有：模具電鍍或咬花、材料乾燥或加強模具在生產時脫模的條件。

3-3-10　填料不足〔射不飽〕

成型品充填不足不要說是在本體面了，即使是在影響不大的某些背面的 Rib 上也都是成型的瑕疵，射不飽的原因最常見的有：

(1) 原料設定量不足。

(2) 肉厚太薄，產生包風或塑膠料跑不到細縫內。

(3) 原料流動性不佳。

解決之道是增加塑膠料的溫度、加大射壓與射速、提高塑膠的流動性……等，有時甚至必須考慮增加進澆點或排氣孔等。

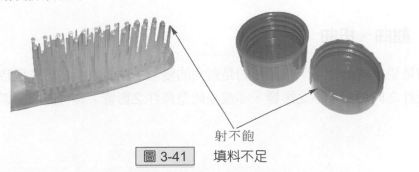

射不飽

圖 3-41　　填料不足

3-3-11　色差

塑膠在成型時通常都會有標準色,在正式射出前先射出色樣供驗收比對用,此基準色一般以 Pantone 色版為基礎作配色標準。當產品成型時,若顏色不符合設計者的要求,或者零件間彼此的顏色本應一致,卻因成型不良而有色差的情形產生,皆必須以原始射出樣版為依據來改進。若成型品是因為氣候與溫度的影響產生色差,則可能要增加耐候劑來解決之。

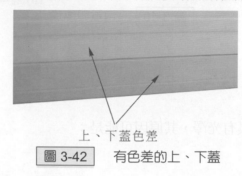

上、下蓋色差

圖 3-42　　有色差的上、下蓋

3-3-12　拉痕〔脫模不良〕

拉模〔或稱拖模〕痕跡,主要的原因也是模具製作不良的問題,但也有部分是設計的問題,例如設計的成型品其所給予的拔模斜度限制過嚴〔斜度太小〕,或者側面咬花太深或者滑塊側移量不足等都會導致可能的拉模痕跡。

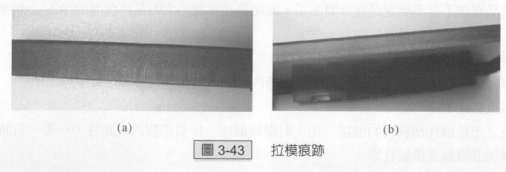

(a)　　　　　　　　　　　　　　　　(b)

圖 3-43　　拉模痕跡

3-3-13　翹曲、扭曲

翹曲指的是平行邊的變形,扭曲指的是對角的變形,主要原因在於成型時因為應力影響,或者是產品設計之肉厚與形狀之影響,亦或是成型條件之影響。其可能的因素非常多,而解決之道不外乎:

(1)　增加冷卻能力，完全冷卻再頂出，以免應力造成變形。

(2)　均勻的肉厚，收縮平均。

(3)　降低射壓、減短保壓時間、增高成型溫度、降低射速。

(4)　補強肋等結構的運用。

(5)　進澆點位置與數量的選擇。

　　某些成型品設計無法配合上述的要求，也可考慮在頂出且取出成型品後，以治具(Jig)框正到完全冷卻而應力消除為止。

　　綜合以上所述，將各種成型不良的情形及其原因加以分類如附表供參考：

1.　毛邊溢料

	原因	分類
(1)	射出壓力大	射出
(2)	射出速度快	射出
(3)	模具溫度過高	模具
(4)	閉模力過小	射出
(5)	模具合模不良	模具
(6)	射出量過大	射出
(7)	模具內異物	模具
(8)	模穴(Cavity)設計不良	產品
(9)	邊緣太細	產品
(10)	模穴投影面積過大	產品
(11)	材料流動性過高	材料

2.　分模線痕

	原因	分類
(1)	模具合模不良	模具
(2)	射出壓力大	射出
(3)	模具溫度過高	模具
(4)	閉模力過小	射出
(5)	射出量過大	射出
(6)	模穴(Cavity)設計不良	模具
(7)	邊緣太細	產品
(8)	材料流動性過高	材料

3.　縮水痕

	原因	分類
(1)	射出壓力低	射出
(2)	射出速度慢	射出
(3)	熔融溫度高	射出
(4)	模具溫度高	射出
(5)	澆口太小	模具
(6)	肉厚不均	產品
(7)	補強肋(Rib)過厚	產品
(8)	邊角 R 不平均	產品
(9)	射料不足	射出
(10)	材料縮水率過高	材料
(11)	材料流動性過高	材料

4.　澆口痕

	原因	分類
(1)	澆口痕太大	模具
(2)	澆口位置不良	模具
(3)	澆口與成品面不配合	模具、產品
(4)	射出速度快	射出

5.　結合線

	原因	分類
(1)	射出壓力低	射出
(2)	射出速度慢	射出
(3)	熔融溫度低	射出
(4)	模具溫度低	模具
(5)	流動距離長	模具
(6)	進膠口位置不良	模具、產品
(7)	排氣口不佳	模具
(8)	澆道過小	模具
(9)	材料乾燥不足	材料
(10)	材料流動性不佳	材料
(11)	材料迅速固化	材料

6. 頂出痕	原因	分類
	(1) 頂出不良	模具
	(2) 肉厚不足	產品
	(3) 材料溫度過高	射出
	(4) 冷卻不佳	模具
	(5) 頂出方式不對	模具

7. 射紋	原因	分類
	(1) 熔融溫度低	射出
	(2) 射出壓力低	射出
	(3) 射出速度慢	射出
	(4) 材料乾燥不足	材料
	(5) 模具溫度低	射出
	(6) 澆口太小	模具
	(7) 塑膠料流動性不佳	材料
	(8) 材料溫度過低	射出

8. 包風、燒焦	原因	分類
	(1) 材料過熱	材料
	(2) 射速過快	射出
	(3) 排氣不良	模具

9. 表面不亮	原因	分類
	(1) 模具拋光不足	模具
	(2) 射出溫度過高	射出
	(3) 模具溫度過低	射出
	(4) 材料乾燥不足	材料
	(5) 材料流動性不佳	材料

10. 充填不足

	原因	分類
(1)	射出壓力低	射出
(2)	射出溫度過低，太早冷卻	射出
(3)	射嘴太小	射出
(4)	射嘴堵塞	射出
(5)	射出速度慢	射出
(6)	射料不足	射出
(7)	成品肉厚太薄	模具、產品
(8)	塑膠料流動性不佳	材料

11. 色差

	原因	分類
(1)	材料溫度	射出
(2)	色母色差	材料
(3)	射出溫度不同	射出
(4)	材料流動性異常	材料
(5)	澆道長短	模具
(6)	肉厚不均	產品

12. 拉痕

	原因	分類
(1)	射出壓力過大	射出
(2)	材料流動性過佳	材料
(3)	射出料過多	射出
(4)	冷卻不佳，成品附著	模具
(5)	模溫過高	模具
(6)	進膠口過大	模具、產品
(7)	排氣口不佳	模具
(8)	斜銷不佳	模具
(9)	頂出不良	模具、產品
(10)	合模 match 不良	模具
(11)	公、母模面不確定	模具、產品
(12)	模具表面不佳	模具、產品

13. 翹曲、扭曲	原因	分類
	(1) 肉厚不平均	模具、產品
	(2) 頂出不良	模具、產品
	(3) 射出料收縮過大	材料
	(4) 冷卻不足	模具
	(5) 進澆口位置、形式不當	模具、產品
	(6) 產品結構不良	模具、產品
	(7) 補強肋不足、位置不佳	產品
	(8) 未設滯料井	模具
	(9) 產品表面不平順	模具、產品
	(10) 射壓、射速、保壓過高	射出

至於改進的對策，則大體上可以歸納爲下列七項以涵蓋所有的情況：

(1) 最佳的產品設計。

(2) 最佳的機構設計

(3) 模具的設計與製作應合適。

(4) 模具加工時加工精度的控制。

(5) 使用適當之機台。

(6) 選擇適當之材料。

(7) 成型條件應正確。

第 3 章　習題

1. 什麼是模具的 Etching，模具上做 Etching 的目的是甚麼？

2. 模具表面電鍍通常是鍍在哪一面？鍍什麼金屬材料？模具電鍍的目的為何？

3. 什麼是百格測試？

4. 什麼是 IMF？它有哪幾個製程？

5. 雙色射出的動作順序？

6. 流行的「公仔」是如何製作的？

7. 為什麼要做互換模仁的模具？

8. 成型品表面縮水的原因有哪些？

9. 成型品表面有頂白痕的原因有哪些？

10. 成型品有包風短料的原因有哪些？

4 押出成型品設計

　　押出成型(Extrusion Molding)的定義，簡單的說就是：具有一定之成型品斷面或網狀結構，而且可以無限延伸長度之成型方法。舉例來說，像塑膠水管、電線、塑膠繩、浪板、膠布、壁板、摺門、塑膠窗框、廚櫃板、封邊條、塑膠網……等等皆是。

　　押出成型品又可大致區分為：(1)薄板，(2)圓管，(3)異型，(4)發泡，(5)複合，(6)網狀等六大項。

　　圖 4-1(a)所示為押出成型機之基本結構，押出機大小規格一般係依螺桿〔單螺桿〕直徑(mm)定之，螺桿愈大相對押出量也愈大，押出量則視機台之大小，從 10 kg/hr 到 3~400 kg/hr 不等。

(a)

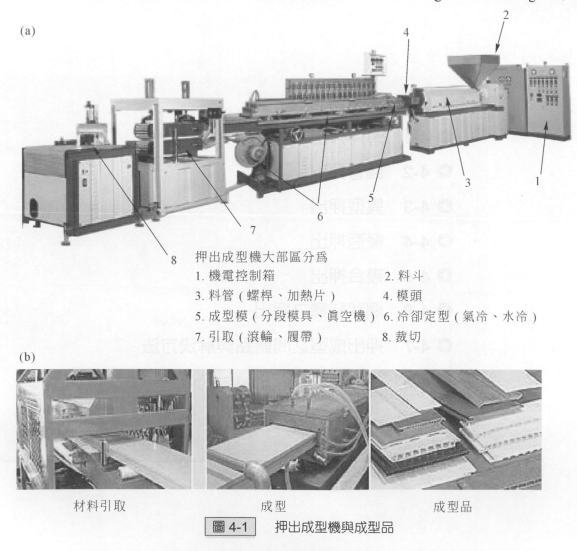

押出成型機大部區分為
1. 機電控制箱　　　　　　　　　2. 料斗
3. 料管（螺桿、加熱片）　　　　4. 模頭
5. 成型模（分段模具、真空機）　6. 冷卻定型（氣冷、水冷）
7. 引取（滾輪、履帶）　　　　　8. 裁切

(b)

材料引取　　　　　　　成型　　　　　　　成型品

圖 4-1　　押出成型機與成型品

押出成型產品很多，如前述可依其產品的特性與成型的方式，大致分類如下：

4-1　薄件押出

4-1-1　薄膜

　　如保鮮膜或工業用包裝膠膜之類的薄膜產品，經押出機押出薄柱形再將之切開成平片狀，或者以 T 形模押出平膜再經拉伸輾延成薄膜狀。另一種做法則與吹袋成型類似〔見本章 4-1-2 節〕，可以控制到極薄(0.05mm)，再將膜管狀切開並捲取。

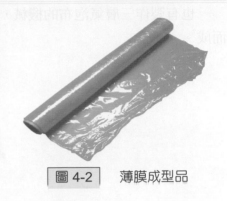

圖 4-2　薄膜成型品

4-1-2　膠袋

　　為押出成型方法中的吹袋〔膜〕成型，塑膠料經押出機押出成薄圓管柱狀，在中間吹入空氣將它吹成膜管〔依所需厚度〕，一方面吹薄一方面也在冷卻，然後經成型幕、導輪、捲輪而成為膜捲，再依長度與形狀〔例如背心式塑膠袋〕之需求，經過沖型、熔接、裁切而成；如圖 4-3 所示。

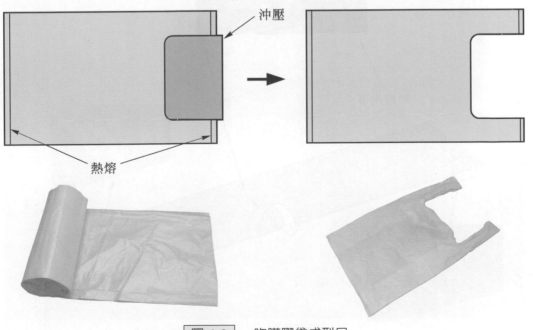

圖 4-3　吹膜膠袋成型品

　　一般常見的氣泡袋，則是在生產的過程中將兩面薄膜熱壓或靜電貼合而成的。先將其中一面，經真空吸附或正向吹氣使成為有規則而排列好的凹陷半球體薄膜，再將另一面薄膜貼上，其袋形外框線採用熱熔方式結合。

　　也有製作三層氣泡布的機械，係將三台押出設施同時作業，與上述的動作類似來貼合薄膜而成。

圖 4-4　　氣泡袋成型品

　　夾鏈袋的做法則是在押出時，於兩側各押出公、母之凸出與凹槽；也有先押出條狀之凹、凸形長條再與薄膜做熔接或貼合成所需的素材，然後加以對摺熔合上、下兩邊，使成為袋狀，如圖 4-5 所示。

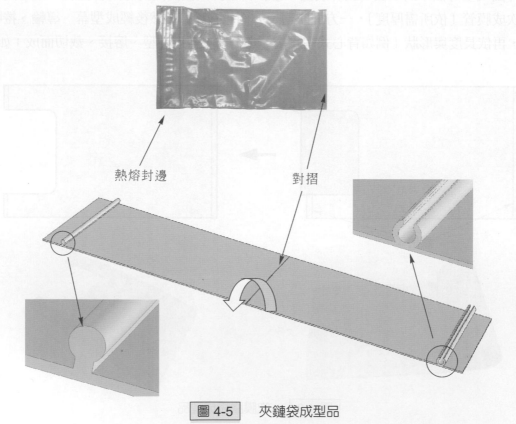

熱熔封邊　　　　　　對摺

圖 4-5　　夾鏈袋成型品

4-1-3 膠布、膠板〔平板或浪板〕

與膠膜之成型相似，只是寬度與厚度尺寸有所不同，浪板的做法則是在押出後的輾延時，以呈波浪形的滾輪在平板上下加以輾壓而成。最常見的包裝用打包帶，也是薄件押出後滾壓〔壓出紋路〕成型。而做模型常用之 ABS 板或壓克力板也是押出成型薄〔平〕板的一種，平板也有用壓縮成型的，特別是厚板，都是單件固定的尺寸〔非無限延伸〕。至於 PVC 皮、PU 皮也都是平板式押出製成的，發泡成型〔見本章第四節〕即是此類人造皮革常用到的方法。

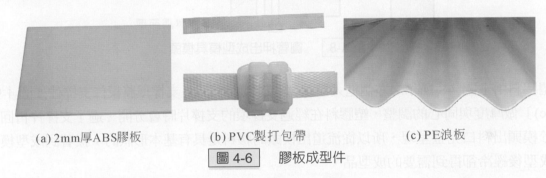

(a) 2mm厚ABS膠板　　　(b) PVC製打包帶　　　(c) PE浪板

圖 4-6　膠板成型件

常見的使用真空成型製造的產品，例如：速食店、麵攤所使用之塑膠湯匙或是飲料杯蓋以及大多數的透明包裝前殼，都是採用薄硬質膠布，先加熱再真空成型後沖型製成；如圖 4-7 所示。

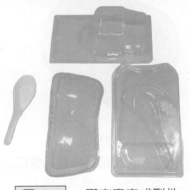

圖 4-7　膠布真空成型件

4-2 圓管押出

即一般常見呈圓形的塑膠水管與電器配線管，是押出成型的基本形狀，如圖 4-8 所示即為最基本的圓管模具結構，一般而言要控制圓管的外徑比控制內徑要容易得多，因為在模頭後段的成型模其抽真空以使塑料定型的結構較適於外部的吸附，讓材料在成型時可貼緊模具成型面。

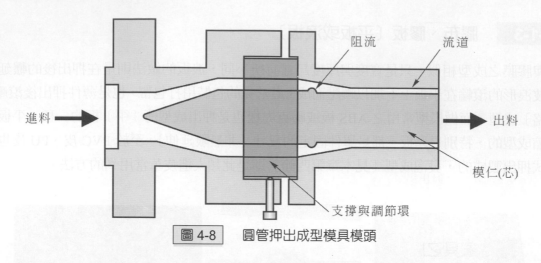

圖 4-8　圓管押出成型模具模頭

　　塑膠料由上圖 4-8 所示之左側進入模頭，經支撐與調節環〔支撐環將模仁支撐住如圖 4-9(a)、(b)、(c)〕做厚度與同心的調整，塑膠料在經過支撐環的支撐片時會分開，過了支撐片再回復熔合並於模頭出料口完整呈現，所以從流道出模頭的膠料是具有基本形狀的；接著到成型模做抽真空成型後經冷卻得到需要的成型品。

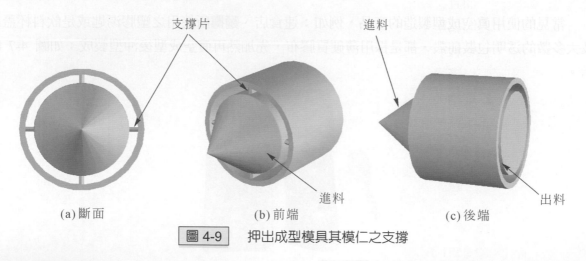

(a) 斷面　　　　　(b) 前端　　　　　(c) 後端

圖 4-9　押出成型模具其模仁之支撐

4-2-1　建材類之應用

　　以押出成型生產出來的圓管產品，通常都是作為管線使用的，例如：電線之保護管、水管等，且大多是以 PVC 為主要材質，硬質的如大小水管，半硬質的如浴室花園用澆水管，硬質的押出圓管因為作業上的需要，配合各式的射出成型接頭與端蓋來使用，即可以作各種角度的轉向。

射出機用的冷卻水管　　　　　水龍頭PVC水管

圖 4-10　圓形水管

4-2-2　家具之應用

大約在 1980 年代初期，開始有人利用押出塑膠圓形管配合射出成型接頭之組合，應用在家具的椅子、桌子、茶几上，也就是把原先專門使用在建材〔水管、電線管〕的材料應用在家具上，稱之爲 Tube(Pipe) Furniture。由於塑膠不怕水的特性，這樣做出來的家具，不僅可以放在室內也可置於室外，而且業者又改變了塑膠管與接頭的顏色，做出各種更符合家具使用色澤的管狀塑膠家具來。更因爲塑膠管可以二次加工的特性，進一步發展到做出各種彎管造型的塑膠管家具來。至於塑膠管狀家具之彎管所使用的方法則如下所述。

先裁切塑膠管得適當之尺寸後在要彎曲的部位加溫使其軟化，然後將一條外徑接近但稍小於塑膠管內徑，長度稍大於此段塑膠管的彈簧從一端插入，接著再放到以塑膠材質〔通常是用 Acrylic〕製成的彎管靠模上，以人工做類似金屬管彎管般的塑膠管作造型上需要之彎管動作，

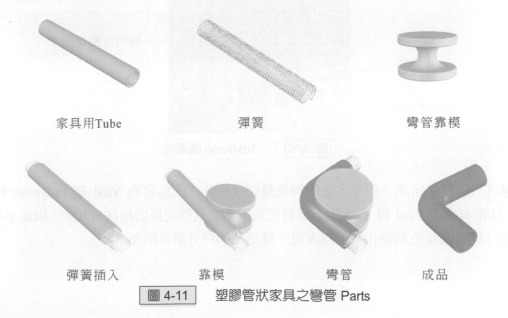

家具用Tube　　　　　　彈簧　　　　　　　彎管靠模

彈簧插入　　　　靠模　　　　　彎管　　　　成品

圖 4-11　塑膠管狀家具之彎管 Parts

然後迅速置入水槽內使其冷卻，等塑膠管冷卻定型後抽出彈簧即成彎管件。再將此 Part 作尺寸修整與鑽孔等動作可得彎管的半成品。

　　如圖 4-12 所示之家具的框架(Frame Parts)，是將直管、彎管加上接頭經過黏著、鎖接或鉚接以組成邊框或本體，再加上橫桿(Cross Bar)與支撐布(Sling)即可組成椅子與躺椅。

(a) 無彎管　　　　　　　　　　(b) 彎管

圖 4-12　　管狀家具

　　至於其所使用之 Sling 與 Cushion 的布料，也是一種塑膠材料做成的叫 Textilene 的布，這種布的作法是：

(1) 先以複合押出方式做出 Yard 材料〔將 PVC 包覆在 Polyester 外面〕。

(2) 編織成胚布型。

(3) 經過熱輾壓使 PVC 與 PVC 熔接。

PVC

Polyester

編織後熱熔固定

圖 4-13　　Textilene 編織布

　　經過這三道程序所產生的布，它的特性是強度極佳〔因為它的 Yard 是 Polyester 外面包覆 PVC〕，且布本身之 Yard 與 Yard 間不但有交叉編織而且外皮是熔接在一起的，因此不易變形，加上防水以及編織顏色的變化，可以說是一種絕佳的戶外家具用布。

4-2-3　押出後加工

　　最常見的喝飲料的吸管，是一種簡單的圓形押出成型，但是有些吸管上面有一小段蛇腹形的可以彎摺的部分，這個與前述的仿木工飾條類似，都是押出成型後再加工的。

它的作法其實很簡單：

在押出管中間插一支與吸管內徑接近但稍小的鐵芯，然後在適當的部位，以輾壓輪壓出一圈圈稍有方向性斜面的淺凹痕來，然後在一端加壓力往前擠壓，有壓痕又加上順向的壓力即會把塑膠擠出蛇腹來；簡單圖示如圖 4-14。

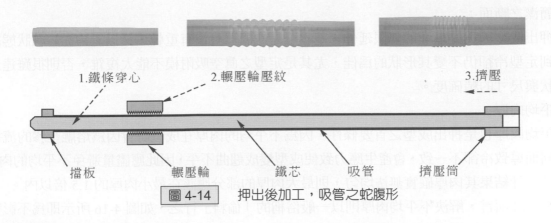

図 4-14　押出後加工，吸管之蛇腹形

4-3　異型押出

　　異型押出的素材是除了上述的薄件與圓管之外最多應用在產品設計的押出成型材料，且通常都要做二次加工，例如常見的塑膠窗框、摺門、抽屜等，基本上都要經過裁切、沖孔、鎖接、熔接……等動作才會成為正式的產品。而在成型時，平均肉厚可以說是異型押出產品之基本條件，又由於成本的考量以及塑膠流動性之關係，在設計押出成型產品時，可說是以空心(Hollow)、且較薄的肉厚為原則。其之能形成空心模具的基本原理則與圖 4-9 所示之模仁支撐類似。

異型押出成型模 (品穎機械)

圖 4-15　　異型押出模具與成型品

設計製造異型押出產品，其 Profile〔截面形狀〕設計之重點如下：

1. 簡潔之斷面：

   押出成型因為是斷面的無限延伸，基本上是愈簡單且沒有重疊，又以能夠從熔融狀態維持到定型冷卻仍不變其形狀的為佳，尤其是定型之真空吸附模不能太複雜，否則很難達到形狀與尺寸的精確度。

2. 平均肉厚：

   平均肉厚也是押出成型之首要條件，因為不平均的肉厚在成型時會因為熔融塑膠的流速不同而導致冷卻不一致，會產生應力致使成型變成翹曲不平，因此應儘量避免不平均的肉厚。若設計結果其肉厚確實無法均勻，則最大肉厚的部分應該在最小肉厚的 1.5 倍以內。

   就設計而言，解決不平均肉厚則以一般俗稱的「偷料」行之，如圖 4-16 所示即為不影響基本尺寸與使用需求的原則下所做的偷料的例子。

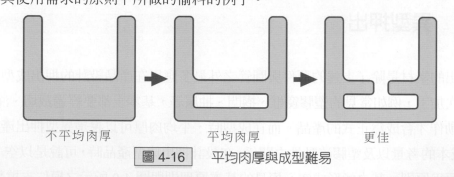

不平均肉厚　　　　　平均肉厚　　　　　　更佳

圖 4-16　　平均肉厚與成型難易

又如果 Profile 間有圓孔，而本體又呈現不平均肉厚，則成型時，這個圓孔很難呈現真圓，會因為應力而呈橢圓形。如圖 4-17 所示之兩種異型押出，其中間孔洞成型時就很容易呈橢圓形。

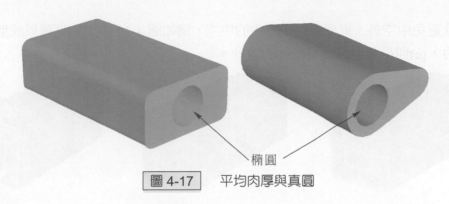

圖 4-17　平均肉厚與真圓

橢圓

3. 中空與缺口：

由於成型時的困難，Profile 能夠不要有中空的地方就儘量不要，而以可能的開口取代之；如圖 4-16 與圖 4-18 所示。

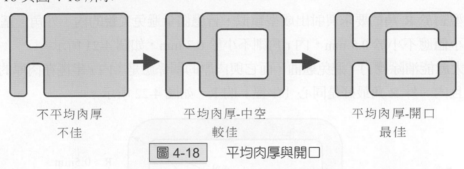

不平均肉厚
不佳

平均肉厚-中空
較佳

平均肉厚-開口
最佳

圖 4-18　平均肉厚與開口

圖 4-19 所示是 1980 年代，南亞塑膠公司爲了取代三夾板或以三夾板所製成之空心板，而開發出來的基本板材叫「舒美廚櫃」的基本形狀，有多種不同的寬度與厚度產品組合，依尺寸之大小，可以作爲廚櫃用板、門板、隔間板等用途。在謹守平均肉厚與中空的原則下，作較高難度的押出成型，由於板材表面不允許中間有缺口，因此只以補強肋連結表面，而與射出成型類似的縮水情形即會發生在成型品表面，因此肋的厚度要有後述如第 5 點之考量。

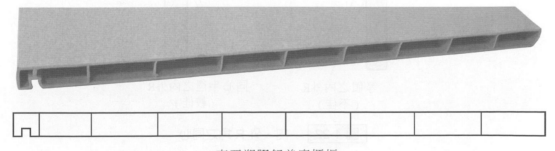

南亞塑膠舒美廚櫃板

圖 4-19　長板材結構

除了儘量避免中空外,更要避免中空內的中空,例如圖 4-20 中:(a)是難以成型的,(b)是可以接受的,(c)則是最容易成型較佳的設計。

| (a) | (b) | (c) |

圖 4-20　避免中空內的中空

4. R角:

押出成型對於 R 角的要求與射出成型類似,皆應儘量避免尖銳的內、外角。基本上其外 R 角的最小值應不小於 0.5 mm,內 r 角則不小於 0.3 mm,如圖 4-21 所示。

R 角愈大愈能消除應力,避免翹曲,而它與肉厚的關係應是:內 r 半徑在肉厚的 4/5 以上為佳,而且內、外 R 角最好是同心〔半徑〕的 R,如圖 4-22 所示。

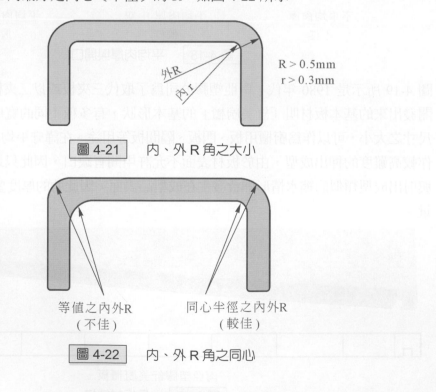

外R
內 r

R > 0.5mm
r > 0.3mm

圖 4-21　內、外 R 角之大小

等值之內外R
(不佳)

同心半徑之內外R
(較佳)

圖 4-22　內、外 R 角之同心

5. 肋與縮水：

如圖 4-23(a)，由於凸出腳〔或肋〕的關係，容易造成產品表面縮水。就產品設計而言，要解決此問題最好的方法就是在相對的表面刻意作出美工線〔凸或凹〕來加以修飾，如圖 4-23(b)所示。甚至在容許的情形下，增加幾道凹槽來達到整體修飾的效果。

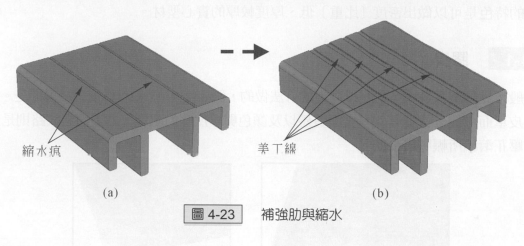

縮水痕　　　　　　　　　　　　　　美工線

(a)　　　　　　　　　　　　　(b)

圖 4-23　補強肋與縮水

6. 對稱性：

由於押出機押出的塑膠料，基本上流速是整個面都一致的，因為對稱的結構無論是流速、流量或冷卻都相等，比較不容易因為應力關係產生變形，所以遇到不對稱的產品時，常會作成一對以達到對稱的成型，等成型出來之後再將它從中間分開，如此可達到產品品質更佳，又因為兩倍的產能而降低成本的目的。

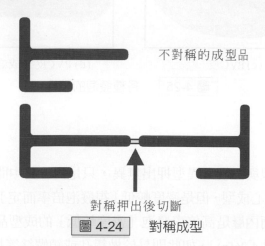

不對稱的成型品

對稱押出後切斷

圖 4-24　對稱成型

4-4　發泡押出

發泡押出是在成型塑膠裡加入發泡劑，在料管內部分分解發泡、部分在成型模內發泡而成，其最大的特色是可以做出密度〔比重〕低、厚度較厚的實心型材。

4-4-1　膠皮

一般常見的塑膠皮大多數是以發泡的方法做的，例如：PU 皮、PVC 皮……等即是。由於是仿動物皮革而做的，因此著重在表面質感以及顏色與厚度等的處理，其表面之紋路則是以表面凹凸的壓花滾輪所輾壓出來的。

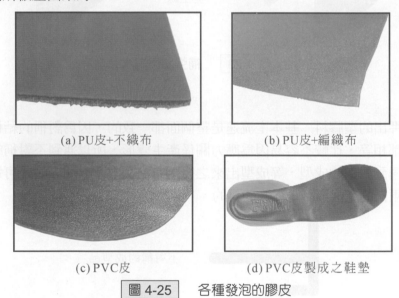

(a) PU皮+不織布　　(b) PU皮+編織布

(c) PVC皮　　(d) PVC皮製成之鞋墊

圖 4-25　各種發泡的膠皮

4-4-2　異型柱狀

就外型而言，發泡成型與一般之異型押出無異，只是由於其中間的部分成型的材料加了發泡劑而發泡，因此可以是實心成型，但是密度較低〔視發泡倍率而定〕，以現有的押出成型技術，已可做到表層硬度較高、而內層是高倍率發泡〔密度較低〕的成型品。若是仿製木頭材料，則可以變得更像是實木〔見圖 4-26(a)〕，如此則易於做鑽孔或鎖螺絲等加工，利於作產品設計的加工與結構之要求。

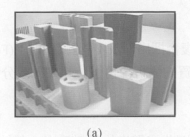 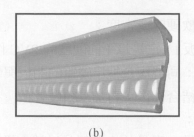

(a)　　　　　　　　　　　　　　(b)

圖 4-26　　異型發泡押出成型品

　　圖 4-26(b)所示的發泡裝飾線條板，是取代傳統以木工製作之裝飾板的代表性產品，發泡押出成型之材料即是成品使用所需要的顏色，其正面之弧形凹痕係在成型過程中，在成型後但未經過冷卻槽之前，先加上輾壓成型而製成的。

4-4-3　板狀

　　發泡板是為了改進目前異型押出板之中空而不易加工的問題所研發出來較新的產品，由於是 PVC 發泡而具有接近實心厚度的結構，因此雖然材料成本較高，但因為加工性優點的表現以及表面硬度的成型技術之改進，使得發泡板的應用產品愈來愈多。附圖 4-27 即是發泡板的成型品例，可用於門板、家具、車體、船體、隔間……等，用途廣泛。

資料來源：南亞塑膠工業股份有限公司

圖 4-27　　發泡板

4-5　複合押出

　　所謂的複合押出，是指在押出成型的過程之中，不管是以雙料管機押出不同材質的塑膠，或是以押出塑膠去包覆在其他材料外層而成型者皆是，較常見的下列幾種：

1. 同材質不同軟硬度或密度：

   例如「牆腳板」，它是以不同硬度的 PVC 作複合押出而成；「塑膠摺門」(Folding Door)的做法則有兩種：同時複合押出硬質的門板與軟質的彎折片再組裝起來，或分別押出硬質門板與軟質結合件後，再加以組裝者。

2. 三明治押出：

   主要的做法是：產品的中間部分以較次級或回收或發泡的材料為主，其外層再包覆以具表面效果的正常塑膠料者，如此可以降低成本並具「實心」的效果；塑膠抽屜的側牆即為一例。

3. 異質料之押出：

   例如窗框、電線、瓦斯管線、塑膠抽屜〔包木屑〕等，係在嵌入物〔被包覆物〕之外層以押出之塑膠料加以包覆者；如圖 4-28、4-29、4-30 等成型品皆是。

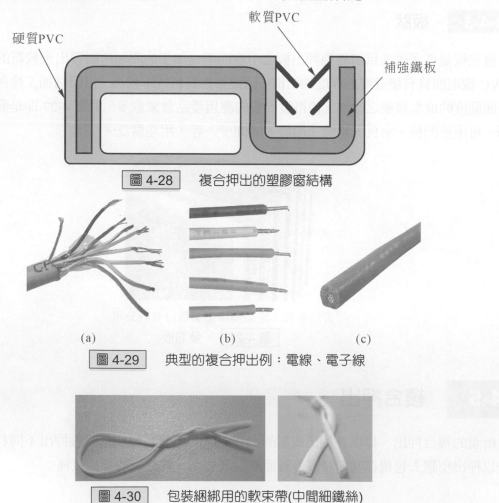

圖 4-28　　複合押出的塑膠窗結構

(a)　　　　　(b)　　　　　(c)

圖 4-29　　典型的複合押出例：電線、電子線

圖 4-30　　包裝綑綁用的軟束帶(中間細鐵絲)

複合押出最常遇到的問題是兩材料之間的相容性，若單純就熱塑性塑膠原料而言，結晶性的聚乙烯(PE)與聚丙烯(PP)較難與其他類塑膠結合，因此其採取的方法大多是使用結合鍵〔鏈〕來加以包覆。

又如圖 4-31 之螢光棒本體，係在押出時中間幾個圓柱使用螢光粉劑，以產生與外圈透明之本體不同的折射光，在夜間點亮時導光效果即非常明顯。

圖 4-31　加螢光劑押出

4-6　網狀結構之押出

塑膠網的成型也是押出成型的一種，以模具的形狀與往復式或旋轉式的模具動作來形成各押出線狀材料間的接合點，在各線狀塑膠料仍呈熔融狀時，在接合點熔合而形成網狀，其成型方式基本上可分為「模內成型」與「模外成型」。

4-6-1　模內成型

如圖 4-32 所示是一個最基本的網狀押出成型的模具結構，採上、下兩層模具，分別有半圓孔狀的押出孔的裝置，而上方的模頭會作往復式的移動，由於往復移動的速度是可調整的，因此可以改變上、下兩層的線體之間的間隔而形成不同的網目形狀。關鍵在於模具本身押出孔的間距〔左右〕，以及押出速率〔前後〕。

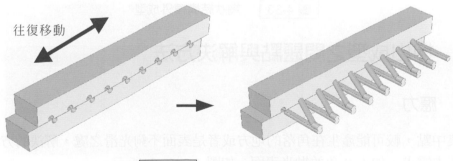

往復移動

圖 4-32　網狀結構模內成型

4-6-2　模外成型

如圖 4-33 是最基本的模外成型的模頭，縱向有十二條網線押出，橫向則呈環狀押出，其外環有一切斷環來回滑動，在一定的間隔時間將料切斷，然後阻隔、再退回讓料再押出，如此往復動作即可形成最簡單的網狀產品。

許多複雜形狀之網狀結構都是以網線間距與模具時間差加以設計完成，而其基本原理則類似。至於常見的包裝單顆水果，例如：蘋果、水梨的保護網，則是以發泡的 PE 材質作網狀押出成型的。

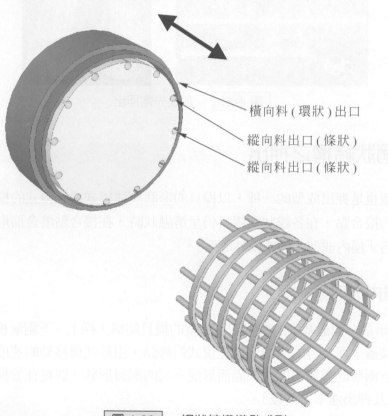

橫向料 (環狀) 出口
縱向料出口 (條狀)
縱向料出口 (條狀)

圖 4-33　網狀結構模外成型

4-7　押出成型之問題點與解決方法

4-7-1　應力

應力的集中點，較可能產生在角落的地方或者是表面不夠光滑之處，解決的方法就是把握「圓滑」的基本需求，加大 R 角並拋光表面。如圖 4-34(a)(b)所示。

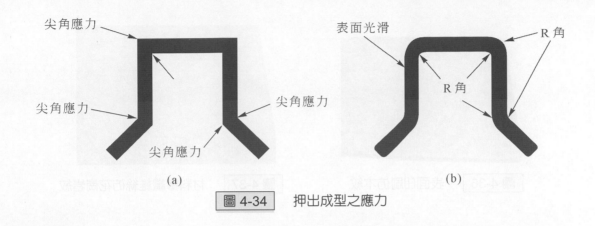

圖 4-34　押出成型之應力

4-7-2　肋

由於押出成型受到成型條件之限制以及強度的問題，會有許多補強肋的需求，肋與牆面或本體接合處即容易形成表面縮水，且在其與本體接合處也是較脆弱的地方。解決的方法即在設定好補強肋厚度以及適當的間隙。

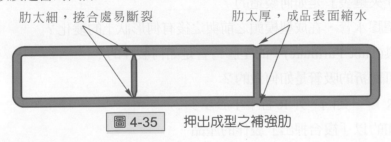

圖 4-35　押出成型之補強肋

4-8　表面處理

押出成型產品的表面處理與射出成型相仿，較常用的是印刷，亦有貼皮者，因工程與成本太高，較不具經濟價值，若是在押出時以複合的方式貼上金屬薄膜，例如鋁箔之類者，倒是有提升產品外觀之價值。

也有些押出成型品是在成型的後段，以壓花滾輪加以輾壓出表面的波浪線條或凹凸，也有做淺層的壓花紋路，類似射出成型之咬花。如圖 4-36 的南亞舒美廚櫃板是採用印刷的方式，印上各式仿木紋的處理方式。

如圖 4-37 的南亞舒美廚櫃板則是在原材料加入適量的纖維絲而產生的類似花崗岩的紋路效果。

圖 4-36　表面印刷仿木紋

圖 4-37　材料摻纖維絲仿花崗岩紋

第 4 章　習題

1. 電源延長線是如何成型的？

2. 塑膠袋中的「夾鏈袋」是如何製造的？

3. 押出成型的塑膠水管，在成型模頭之前與之後有何形狀上的變化？

4. 塑膠管狀家具(Tube Furniture)中的塑膠彎管是如何製作的？

5. 有蛇腹狀的可彎折的吸管是如何做的？

6. 異型押出的 R 角，其內、外 R 各不小於多少？

7. 試列舉你所知的以「複合押出」製作的產品。

5 中空吹氣成型品設計

　　中空吹氣成型(Blow Molding)，主要是製作塑膠成型產品其本體中間全部或部分是空的，而周圍是塑膠且為完整單一個體之產品，它的外觀我們似乎可以用「口小肚大」形容之。口就是吹氣孔或者有開口形狀的，肚就是產品本體，因此它的產品都有所謂的殼體，且肉厚較薄。至於較大型且肉厚較厚的中空產品則會以「迴轉成型」製造之，這不在本章的討論範圍。中空吹氣成型時，由押出模頭擠押出來的基本型料，我們稱它為「型胚」，一般是以圓柱狀呈現，接著以模具將型胚夾住，再由吹氣孔把空氣吹入以膨脹型胚使成為所需求的中空形體，這就是中空吹氣成型的基本流程。

5-1　肉厚

　　與射出成型或押出成型一樣，中空吹氣成型之產品，它的肉厚也是愈平均愈佳，在押出塑膠料到吹氣成型的過程中，較薄的肉厚冷卻較快，會導致產品扭曲變形，而其吹脹比〔成品與型胚間之外徑的比值〕也應在 3 之內，如圖 5-1(a)，d 為型胚的外徑，D 為成型品的外徑，兩者間的比 D：d 約為 3；又如「射吹」之 PET 瓶，瓶胚與瓶身吹脹比，如圖 5-1(b)中 R：r 之比約為 2.5。

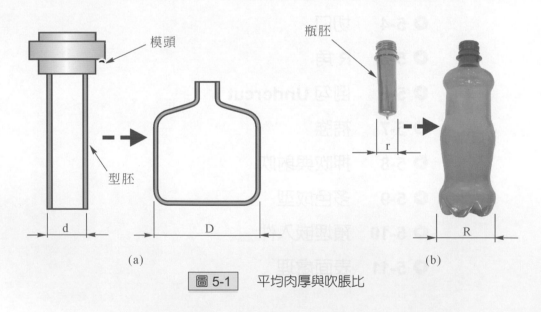

（a）　　　　　　　　　　　　　　　　　　　　（b）

圖 5-1　　平均肉厚與吹脹比

　　而中空吹氣成型所謂的「拉伸比」，係指型胚的肉厚與成型品肉厚的比，也就是如圖 5-2 所示肉厚由原始瓶胚之 1.7 mm 吹至瓶身之 0.7 mm，其拉伸比為 2.4。

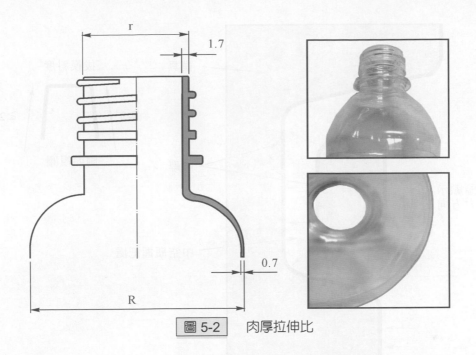

圖 5-2　肉厚拉伸比

　　至於整體肉厚如何設定呢？現今市面上的中空吹氣成型機，因為可程式控制系統的改良，已經可以做到 45 點以上的控制點來控制成型時的肉厚。因此在作產品設計時，只要計算各部位表面積再乘以該部位的肉厚，然後加總起來即可得到整體押出的塑膠料體積量。接著再算出模具的押出平均肉厚來作出押出模具，並於不同部位的肉厚變化時，再以可程式控制系統調整出料速度以控制肉厚。

5-2　應力與脫模

　　由於中空吹氣成型是將空氣從型胚的中間部位吹入，使熔融的塑膠料往外擴張膨脹而達到模具的內壁面，因此塑料的受力是由內向外呈圓弧形進行，它碰到模具的凹凸面會有先後，且因為斜度之不同，其拉伸應力也不同，先碰到模具面或斜度大的其拉伸力較小，因此相對肉厚也較厚。又由於冷卻時會縮水，塑膠在模具凸出的部位是往其上包覆、而在凹進的部位反而是往中間縮，因此在脫模的考量上，模具凸出的部位即需有較大的拔模斜度。通常在設計的要求上儘量以大於 2° 為原則；圖 5-3 係顯示中空吹氣時，瓶內壁面產生應力的情形。

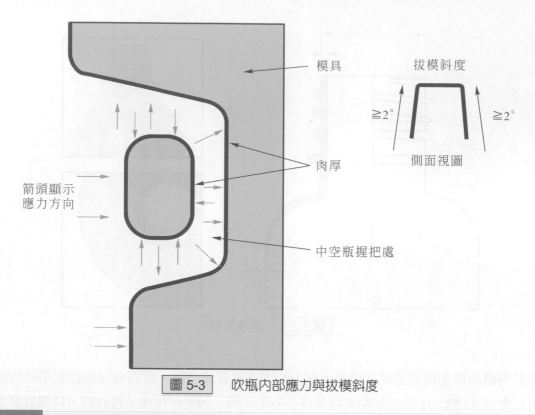

圖 5-3　吹瓶內部應力與拔模斜度

5-3　吹氣點〔孔〕

　　一般的中空吹氣成型機是由上方模頭出料而向下押出，再以下方插入吹氣管為主。但有時會因為成型位置之需要，而以中間某些特定部位進氣，也就是將吹氣針安置〔埋入〕在模具上之適當位置，且視成型品之需要而有多個吹氣孔的可能。例如圖 5-4 所示之工具箱，即是選擇以本體內最適當之點為吹氣點，且是設有 2 個吹氣孔的成型品，這兩個吹氣孔分別在盒體的上、下部位，盒體上、下蓋彼此並不貫通，因為它們是被 Hinge 隔開的。

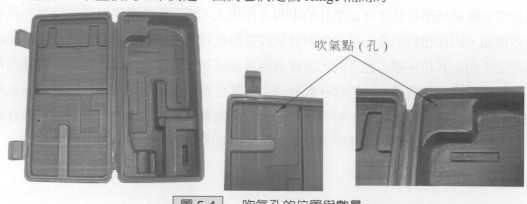

圖 5-4　吹氣孔的位置與數量

中空吹氣成型因機械結構之不同又可分為兩種方式：一種是分開式的，也就是押出料與吹氣的動作是分開的，模具先移到模頭押出料下方，將材料夾住，然後切斷料源，再移至吹氣管下方的位置插入吹氣管後吹氣，如圖 5-5(a)所示。

另一種是模具夾住押出料後直接由下方插入吹氣管，或使用預置於模具內側的吹氣管吹氣。如圖 5-5(b)所示。這種中空吹氣成型機是較新的機械，押出料速度快且出料平均；切斷料、夾取成型品都是自動的，適合製造較大型的成型品。

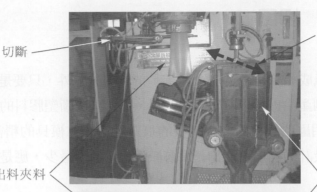

切斷　　　　　　模具移動方向

出料夾料　　　　吹氣成型

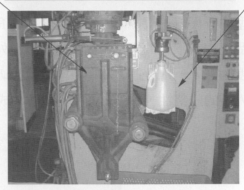

(a) 分開上方吹氣式

圖 5-5　　(a)押、吹分開之上方吹氣成型

機械上的吹氣口

(b) 下方直接吹氣

圖 5-5　　(b)押、吹一體之下方吹氣成型

5-4　切口

　　中空吹氣成型除了後述〔第 8 節〕的「射吹」外，只要是「押吹」的產品，必然會在成型品的合模線側產生夾模後所留下的餘料，而這些夾斷塑膠料的地方，就好像射出成型的合模線一樣會有很明顯的痕跡，去除這樣的痕跡就必須靠模具的精密度以及操作人員修料邊的功夫了。就產品設計的立場，能夠讓痕跡減到最小甚至最少，應是要優先考慮的，因此合模線的位置相對重要。

　　與射出成型的分模線一樣，切口的位置應在 R 角結束的端緣，但是吹氣成型的吹氣點，一般都是在成型品上端或下端的中央，因此還是以在外形面的中間且左、右平衡之位置為最佳。再加上脫模斜度的需要，常會把切口〔合模線〕的切面儘量設計作成如下圖 5-6 所示的形狀，一方面考慮到外觀的完整性，另一方面又可以解決成型後修掉切口的問題。

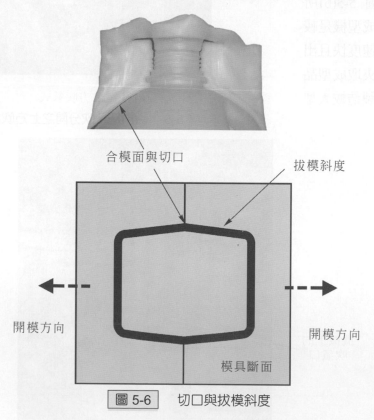

合模面與切口

拔模斜度

開模方向

開模方向

模具斷面

圖 5-6　切口與拔模斜度

5-5　R 角

　　押吹成型通常是使用軟膠〔PE 或 PP 或半硬質 PVC〕，而其吹氣之壓力〔約為 1 大氣壓〕又不如射出成型之壓力〔約為射出壓力之 1%〕，所以無法成型較尖銳的邊角或較小之 R 角。因此在產品設計時，可以不必太在意 R 角之大小。只要成型條件夠，尤其是拔模斜度要夠，即使小一點的 R 角也會稍微擴大的。有一項是不能忽略的重點：在模具的邊角端緣或凹陷處要設排氣孔，以利於吹氣進行時，原先存在於模具與押出料之間的空氣能順利排出。

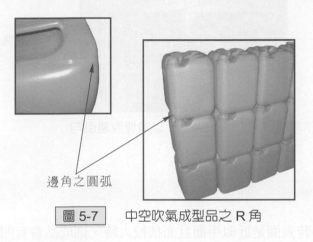

邊角之圓弧

圖 5-7　　中空吹氣成型品之 R 角

5-6　倒勾 Undercut

　　中空吹氣成型品若設計有倒勾的情形，可以強迫脫模、滑塊、抽芯或成型後二次加工解決，較常使用的方法是以油壓缸帶動滑塊解決。如圖 5-8 之塑膠容器，其底部與握把處皆有倒勾，而握把下方的倒勾深度頗深，兩者的解決辦法是不同的，容器底部較淺的倒勾可以因為模具打開時，握把的部分已先脫離而有足夠的空間可以強制打開。至於握把的倒勾則必須以油壓缸拉下滑塊的方式解決，也就是吹氣成型後，在打開模具的同時〔先打開一點〕抽離，將倒勾(Undercut)的地方抽離後再打開模具，如此即可以讓倒勾的模仁部分稍微朝斜方向脫模。

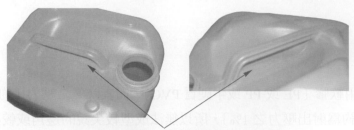

握把下方倒勾

上下滑塊之模仁

圖 5-8　以滑塊脫離倒勾

5-7　補強

　　中空吹氣成型產品若表面是近似平面且面積較大時，則成品會有凹陷且不受力的問題。解決的辦法是增加剪力，也就是縱向力〔相對於表面〕，例如常見的養樂多瓶。在不影響表面的造型或功能的原則下，應作出凹凸狀溝槽或者切穿成貫穿的洞。

安全門欄延
伸件的補強

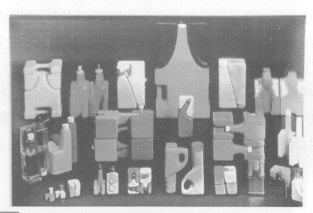

圖 5-9　平面上之凹凸補強　　　圖 5-10　中空吹氣瓶結構之幾種樣例(資料來源：Design in Plastic)

5-8　押吹與射吹

1. 押吹(Extrusion Blow)：

   把押出設備所產生的中空「型胚」塑膠料上下端夾住，隨後將空氣吹入其中使其擴脹拉伸以成型者。

2. 射吹(Injection Blow)：

   先射出成型「瓶胚」，再做中空吹氣形成瓶身的成型動作。

   此兩種不同的成型方法，在產品設計的考量上就必須了解射出成型的限制來作為成型上的選擇，也就是「射吹」較適合體積小、瓶口尺寸精密，表面要求光亮，而且必須快速成型之大量生產的成型品。「押吹」則相反，較適合肉厚較厚而生產速度較慢且表面無需光亮者。所以在產品的設計上，通常「射吹」只應用在飲料瓶上，尤其是 PET〔寶特〕瓶，因為「射吹」的瓶口精密度較高，將瓶蓋〔通常為 PP 射出成型〕鎖上後較不易產生液體溢漏的現象。而以「押吹」製成的瓶罐，則因為瓶口與螺牙尺寸精密度較差，通常都會以「封口膜」將瓶口封住，再蓋上瓶蓋以避免溢漏。

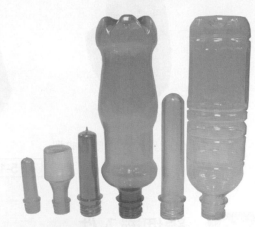

圖 5-11　瓶胚與成品的樣例

   至於要如何辨別產品是射吹還是押吹成型的呢？最簡單的方法就是看瓶子的底部，底部呈一直線的是押吹，它是因為押吹時模具將型胚夾斷所產生的；底部中間呈一圓點的是射吹，它是在射出成型瓶胚時，進澆點所留下的痕跡，且在後段吹氣成型後並未消除。

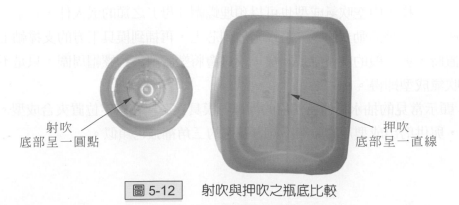

射吹
底部呈一圓點

押吹
底部呈一直線

圖 5-12　射吹與押吹之瓶底比較

5-9 多色成型

如圖 5-13 所示為中空吹氣成型之雙色成型例，在材料押出時即以雙〔多〕料管分別押出適量的塑膠料，然後在成型機的模頭之前一併匯入模頭，而由模頭出料時，即是以所需比例之顏色且在預設之位置押出型胚，如圖 5-13(a)之雙色瓶即是以比例相差甚大的黑色與半透明色押出，再經模具夾住後進行吹氣之動作即得，圖 5-13(b)的工具箱則是比例較接近的雙色押出後成型的。

做雙色成型主要在型胚的相對位置與模具間的關係，須控制精準，才能在成型時不至偏移過大造成不良。

(a) 比例差異較大之雙色成型   (b) 比例接近之雙色成型

圖 5-13　雙色成型

5-10 預埋嵌入件

與射出成型一樣，中空吹氣成型也可以預埋螺帽〔母〕之類的嵌入件，只是其置放固定螺帽〔母〕的座〔芯〕是活動式的，先將螺帽放到芯上，再插到模具下方的支撐軸上，當型胚料降到適當位置時，與一般的吹氣成型一樣，模具會將塑膠料夾到螺帽周圍，只是不超過螺帽，然後由上方吹氣成型即得。

圖 5-14 顯示常見的抽水馬桶所使用的浮球，模具與芯座在確定位置夾合成型。至於螺帽的設計與做法，與供射出成型用的並無不同，四週的三角補強也類似。

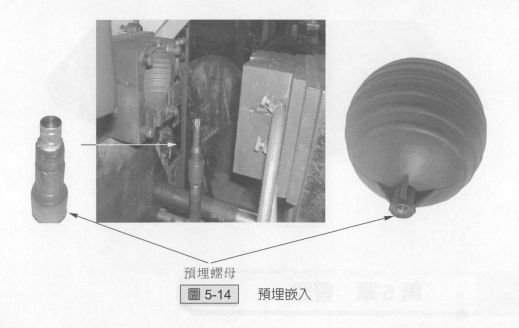

預埋螺母

母入嵌埋預

圖 5-14　　預埋嵌入

5-11　表面處理

　　中空吹氣成型模具的表面處理與射出成型模具類似，主要的方式有三：(1)拋光，(2)噴砂，(3)咬花。

　　但由於是中空吹氣成型之壓力相對較小，因此除了「射吹」的成型品外，其表面呈現的效果皆無法達到射出成型以相同的處理方式所得到的效果，也就是紋路無法非常明顯，會顯得稍微粗糙且模糊，也因此，最常見的是：如牛奶瓶、豆漿瓶的噴砂處理或是果汁瓶的咬花處理居多。

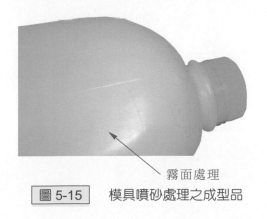

霧面處理

圖 5-15　　模具噴砂處理之成型品

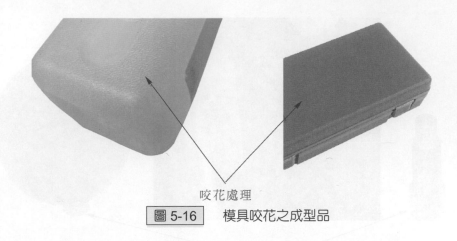

咬花處理

圖 5-16　　模具咬花之成型品

第 5 章　習題

1. 何謂中空吹氣成型的吹脹比？
2. 何謂中空吹氣成型的拉伸比？
3. 中空吹氣成型之縮水，在模具凸出的部位是往何處縮？
4. 中空吹氣成型可不可以有多個吹氣孔？
5. 中空吹氣成型若有 Undercut 如何解決脫模問題？
6. 如何分辨「押吹」與「射吹」？
7. 為什麼押吹的產品，模具表面很少是拋光的？

6 塑膠製品零組件之結合方法

設計師所設計的產品如果是由兩種〔或兩個〕以上的塑膠零件所組成，就會有所謂的「結合方法」來解決其間的強度、外觀、功能……等問題，本章主要就在列述比較常用的方法，以供設計師在作產品設計時之參考。

6-1　熔接

熔接是將塑膠零件在需要結合的部位加以熔化使成熔融狀態，再加以壓合或令其變形，冷卻後即定型，以達到接合效果的加工方式。

6-1-1　熱熔

所謂熱熔是指直接加溫在待結合的兩〔或多〕個塑膠件上，使其結合面的塑料軟化後結合在一起的方法。一般常用的方法有三種：

1. 第一種是以加熱體置於兩個待結合件之間，同時加熱欲結合位置之表面〔斷面〕，而加熱體與加工件之間，是以耐熱且不沾黏的材料如鐵弗龍之類的介質加以隔開，當兩側的塑膠端部達熔融狀態時將加熱體移開，並迅速將兩物件加點壓力使其熔融的部分結合在一起。這個方法可以處理熔接物本身硬度較高、形狀複雜、體積碩大的產品，例如：汽車車燈、門框、吸塵器、洞洞球、CD 盒等。它的主要缺點是要修整因為熔融結合而產生的毛邊。如圖 6-1(a)(b)(c)是塑膠門窗等異型押出品作 45 度裁切後再熱熔結合，以成為框形產品的方法。

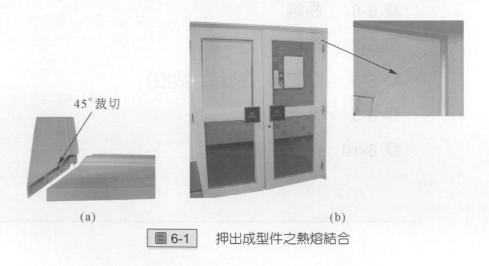

45°裁切

(a)　　　　　　　　　　　　　(b)

圖 6-1　　押出成型件之熱熔結合

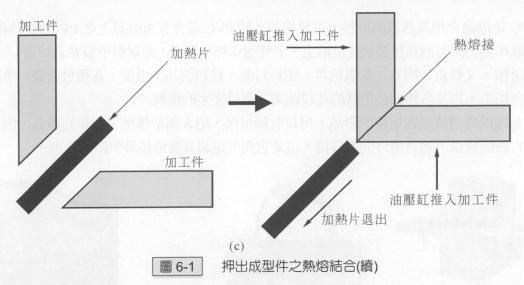

(c)

圖 6-1　押出成型件之熱熔結合(續)

2. 第二種是做出柱狀物，再經由加熱工具把凸出的部分予以熔化變形，使其端點往外加大面積而與穿在其中的物件結合；例如圖 6-2 所示。許多電子產品的導光柱即是以此方法作成的。

熱熔前　　　　　熱熔後

圖 6-2　導光柱熱熔結合

3. 第三種是直接將加熱體加熱於待結合物件上，例如：塑膠袋封口機，就是透過高溫將兩面的塑膠熔解而結合成一體，冷卻後即不易分離，如圖 6-3 所示。

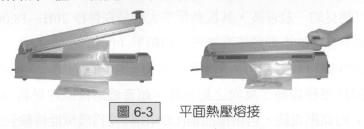

圖 6-3　平面熱壓熔接

6-1-2　高週波熔接

高週波熔接原理是由電子管振盪產生高頻電磁場，被加工塑膠件在上、下電極間的高頻電磁場作用下，使其內在分子發生極化現象而劇烈運動產生熱量，然後在模具的壓力下達到熔接定型的效果。

　　PVC 是最適合用高週波的原料，主要用於：純 PVC 或含有 30%以上之 PVC 的任何軟膠皮及眞皮或布類，如氣泡布包裝袋〔包括上、下雙泡罩熱合切邊，泡罩與平板熱合切邊〕，汽車內飾件、商標、文具盒、雨衣、吹氣玩具、塑料封面、鞋類製品、坐墊、各種包裝袋、手提軟袋等的熱合加工，以及各種凹凸形狀的花紋圖案、字母文字的壓製。

　　由上述以高週波來做熔接的產品，可以看得出來，絕大部份都是平面類的產品，因爲高週波產生的熱能較低，適合薄件間的熔接，這是它與下述超音波熔接最明顯的區別。

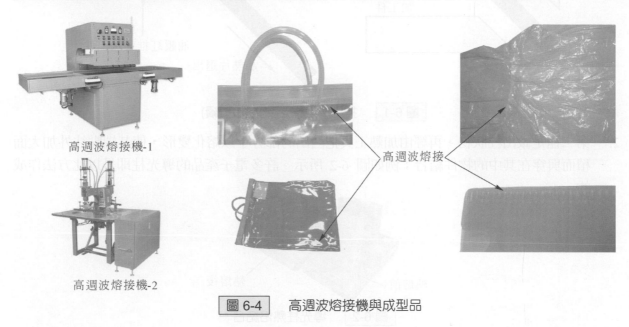

高週波熔接機-1

高週波熔接機-2

高週波熔接

圖 6-4　　高週波熔接機與成型品

6-1-3　超音波熔接

　　超音波：人耳可聽見的一般音波，其振動頻率大約是在每秒 20Hz~18,000Hz 之範圍，低於此數稱爲次音波，如果音波的振動頻率高於音波的頻率〔例如 20,000Hz〕，即稱爲「超音波」。

　　利用超音波振動頻率，「接觸摩擦」產生熱能會使塑膠熔融而結合，就叫作超音波熔接。目前較普遍使用的，即爲每秒振動二萬次之超音波。超音波熔接原理是將 50Hz 的電流轉換爲 20KHz〔或 15KHz〕的高壓電能，再由換能器(CONE)轉換爲機械能傳輸到焊頭(HORN)截面，由焊頭傳至加工物，利用工作物表面及內在分子間的高頻率磨擦，使接口的溫度升高，當溫度達到此工作物本身的熔點時，工作物接口迅速溶化，並於同時間內對它施加一定壓力，當振動停止時，工件在一定的壓力下冷卻或成形，即完成加工程序。

　　超音波熔接一般多用在呈立體狀的產品，例如上、下蓋間的結合等居多，如圖 6-5 即爲一般超音波熔接機與專用熔接機及其製品。

(a) 豪優超音波　　　　　　　　(b) 粘謹超音波與製品

圖 6-5　超音波熔接機與製品

圖 6-6(a)即是超音波熔接機的簡圖，圖 6-6(b)是以超音波熔接做成的零件例。

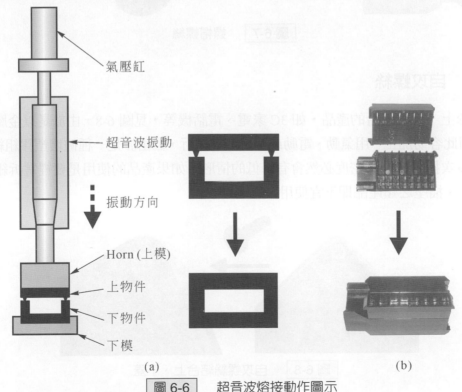

氣壓缸

超音波振動

振動方向

Horn (上模)

上物件

下物件

下模

(a)　　　　　　　　　　　　　(b)

圖 6-6　超音波熔接動作圖示

6-2　鎖接

鎖接是塑膠製品中較常見的結合方法，所使用的工具件就是各式的螺絲，可大致分述如下。

6-2-1　公、母螺牙螺絲

是一種組裝容易又有相當的牢靠度的做法，但由於螺絲頭與螺帽皆外露，因此多用於不會影響外觀的產品。若爲了產品兩側的完整性，則可以採公母對鎖式，即兩側都是螺絲頭，但一邊是螺絲身，另一邊是螺帽身。

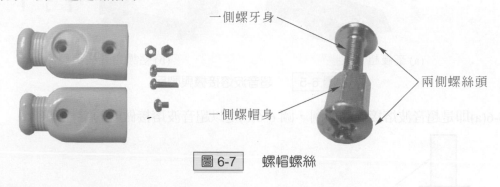

一側螺牙身　一側螺帽身　兩側螺絲頭

圖 6-7　螺帽螺絲

6-2-2　自攻螺絲

較常見於上、下蓋組合的產品，如 3C 家電、電話機等，見圖 6-8，由於是以金屬的螺牙咬進塑膠裡，因此容易加工。用氣動、電動或手工都易執行，但由於是一種破壞塑膠組織的動作，因此要考慮多次拆組後的緊密度必然會有降低的情形，如果產品的使用是要經常拆組的，如上圖 6-7 之插頭、插座之類產品即不宜使用。

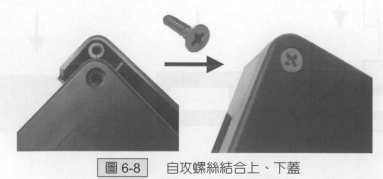

圖 6-8　自攻螺絲結合上、下蓋

6-2-3　預埋螺母〔帽〕、螺絲

　　預埋螺母兼具上述兩種方法的優點，組裝容易又牢靠，缺點是生產成本較高，因為它通常是需要手工在模具內作植入的動作，若是較大型的預埋件，如圖 6-9 之調整鈕是在臥式成型機生產的，較小的預埋件，如圖 6-10 的螺帽〔母〕則大多是在立式成型機生產。因為立式成型機的模具是上下動作，操作人員可利用在機台下方呈水平式的公模上的孔銷〔或穴〕植入預埋件，這樣即不會有在直立面上植入時預埋件容易掉落的問題。現階段也有自動捲取植入件的沖型帶可自動捲取生產，而不須以人工植入預埋件，條件是該植入件可以做成捲取帶的成型。

　　關於預埋螺帽、螺絲之相關模具製作請參閱第 7-1-10 節。

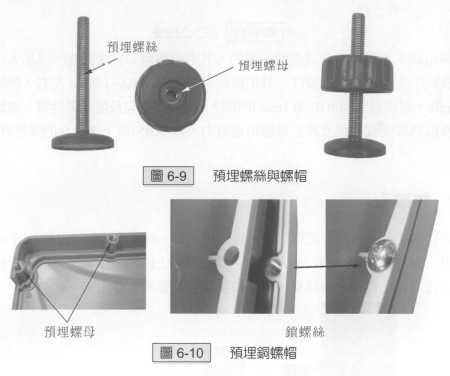

預埋螺絲

預埋螺母

圖 6-9　預埋螺絲與螺帽

預埋螺母　　　　　　　　鎖螺絲

圖 6-10　預埋銅螺帽

6-3　扣接

　　扣接是利用塑膠的彈性，將產品的零件作成有公、母或倒勾以達到接合的目的。至於產品零件要形成公母、倒勾與凹凸的方法則分為以下三種。

6-3-1　凹陷

　　如圖 6-11 所示即是一種以一邊凹陷、另一邊凸出，來達到卡扣的目的，這種方法的優點是只要將兩個零件壓合即可，缺點是壓合後若須拆開，則必須在設計之初即留有工具可插入使用之縫隙，否則即容易在拆解時傷到塑膠本體。

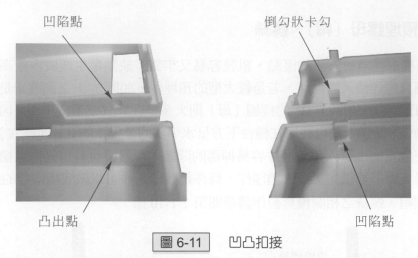

凹陷點   倒勾狀卡勾

凸出點   凹陷點

圖 6-11   凹凸扣接

常見的倒勾狀卡勾是以斜銷或滑塊成型的，其大小與倒勾之深度會因成品大小而異，一般如上述手機般大小之上、下蓋扣接件，其扣接倒勾深度約在 0.6~1.0mm 左右，凹陷的一邊深度約在 0.8~1.2mm，而兩者間留 0.05~0.1mm 的間隙。又因為卡勾長度〔彈性臂〕會影響彈力與勾扣的力量，所以只要塑膠彈性允許它是愈短愈有力，以 ABS 做上述大小的彈性臂約只有 2mm 即可。

6-3-2   靠破孔

利用靠破孔用於公、母兩邊或單一邊，以產生卡勾，最典型的例子就是如圖 6-12 所示的紙扇子柄，利用三面靠破作出有倒勾的部分，再扣到握柄上的凹槽。靠破孔形成之倒勾通常只有單面牆，因此孔之大小與牆之肉厚是決定該扣接是否夠緊的主要因素。

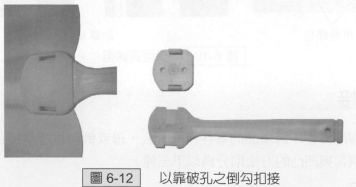

圖 6-12   以靠破孔之倒勾扣接

6-3-3   塑膠件彈性

利用塑膠件本身的彈性，在結合時，將母〔凹〕的一邊作在產品兩端外側，組裝時只要將外側件稍用力撐開，再將之扣到公〔凸〕的一邊即可。這樣的設計，應該要視產品大小來決定

公〔凸出〕的一邊軸柱的尺寸，若不是很大型產品，例如：筆盒、眼鏡盒之類的產品，通常只要有卡進約 1~2mm 都可以達到扣接的目的。此與凹凸扣接不同處在於要靠人力加上塑膠彈性去完成結合。

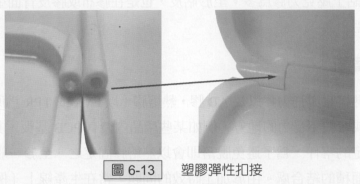

圖 6-13　　塑膠彈性扣接

6-4　黏接

　　會使用黏接法大多是零組件經組合後，即不再拆組重裝的產品，或者是組件間的空間不足，無法以螺絲鎖接或熔接的情形下使用的。

6-4-1　瞬間膠

　　就產品的物性而言，瞬間黏著劑是可以達到快速將兩物件黏著的目的，但是一般瞬間膠含有硬化劑，會導致乾燥以後產生明顯的白霧現象，影響產品表面效果，雖然現在坊間已有不會產生白霧的瞬間膠，可以解決此問題，但因為它是瞬間硬化，因此若需要修正黏著位置，則必須破壞物件，較難達成物件的完整性且成本又高，因此，較常用在異物間的黏著，非不得已應避免使用。

6-4-2　溶劑

　　常用於薄板〔片〕間結合的方法，主要用在 ABS、Acrylic 產品。因為溶劑容易腐蝕產品表面，大多是用在模型等零件的組裝，且是再做表面處理之前，或者是產品內面無關視覺的地方。材料一般以氯仿、丙酮與 MEK 為多。使用溶劑的缺點是溶劑具揮發性，所以工作場所的通風格外重要，也應避免身體直接的接觸。

6-4-3　膠合劑

　　針對特定的塑膠料，使用相同材質但分子量較高者為其膠合材料，一般常見的 PVC、壓克力膠合劑即是。常見的南亞塑膠硬質膠合膠合劑(Vinyl Adhesive)就是專門用來黏著 PVC 材質的

東西，例如塑膠水管管身與接頭之膠合，PVC 押出件與射出件之膠合，如圖 12-10；圖 12-24 之產品組合即是使用膠合劑。它是以高分子量的塑膠為原料，分子量愈高黏著力愈強，而常見的膠帶即是以 OPP 貼上壓克力膠為多。至於貼皮，也是在膠布或膠皮背面塗上膠合劑，再貼一層離形紙以方便使用。

6-4-4　　黏著劑

較常使用的是熱熔膠與強力膠以及 AB 膠，熱熔膠〔以 EVA 或 TPR 為原料〕因為黏著力較差，常用在暫時性或者較不受力的地方，例如某些產品內裝有 PCB 基板，其上方若又有銅線、絕緣片之類的非固定的零件，為了避免脫落即會以熱熔膠固定之。至於一般所謂的強力膠，則多用在平面型且大面積的結合處。由於加工時效的問題，常在生產線上〔例如鞋子〕有吹風與加壓的動作，加速成型與固定。AB 膠則是以環氧樹脂或者壓克力等為主體加上促進劑、添加物來作為黏著劑，其強度超過強力膠，使用時應注意其固後的剛〔非柔軟〕性。

6-5　　鉸鏈 Hinge

6-5-1　　塑膠鉸鏈

鉸鏈又分為兩種：一種是塑膠本身的，也就是物件本體的一部分，在成型時即是與本體一起成型，其強度則視彈性與使用率而定；如圖 6-14 之瓶蓋、工具箱盒……等即是本體鉸鏈。

一般常用的塑膠盒體若是一體成型的，大多數是以 PP 之類的軟膠製成，如眼鏡盒大小之盒體其鉸鍊處之厚度約 0.3mm。

射出成型之Hinge　　　　中空吹氣成型之Hinge

圖 6-14　本體鉸鏈

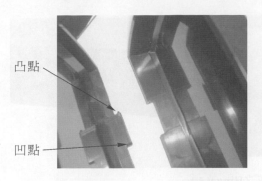

凸點

凹點

結合

圖 6-15　　結合式鉸鏈

　　另一種是兩件組合式的〔成型在物件上〕，如圖 6-15 的筆盒。上、下蓋各自作出凸點與凹點，再利用塑膠之彈性將其撐開後組裝之，此與扣接式的利用塑膠的彈性來作結合相仿，只是專指用在鉸鏈(Hinge)上，轉軸的應用，若是硬殼產品，則以使用 ABS 為多；若是軟殼，則通常使用 PP。

　　還有一種是將 Hinge 另外做成一個有彈性的零件，再組裝上去。如圖 6-16 之物件夾，上、下兩件夾片為普通成型件，組合時中間以塑膠彈性件將其夾住，充分利用塑膠之彈性作成物件夾。

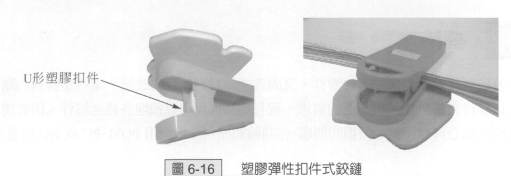

U形塑膠扣件

圖 6-16　　塑膠彈性扣件式鉸鏈

6-5-2　金屬鉸鏈

　　結合件兩側都是塑膠，而以金屬鉸鏈將兩者結合者，其優點是 Hinge 強度較佳，但因為它是獨立的個體，且物性與塑膠差異較大，設計搭配即顯重要。缺點是難單獨使用，常須輔以螺絲鎖入或作緊密配合。

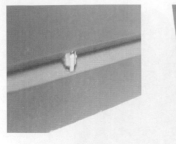

金屬製成之Hinge(A)

金屬製成之Hinge(B)

圖 6-17　金屬鉸鏈

6-6　齒輪

　　常用於玩具作為傳動與結合的零件，又因為塑膠材料物性的改進，某些塑膠料的剛性與耐磨性已足以應付大部分產品機構上的需求。況且塑膠成型可以預埋各種金屬件，因此使用金屬來作為齒輪的軸心可以不擔心磨損的問題。作齒輪的原料一般使用 POM、PC 或 PA〔尼龍〕+ Fiber Glass 居多。

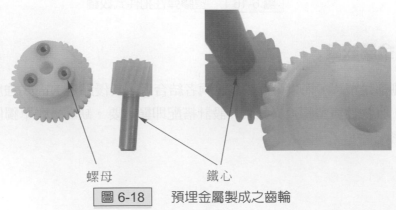

螺母　　　　　鐵心

圖 6-18　預埋金屬製成之齒輪

6-7　鉚接

6-7-1　鉚釘

鉚釘的使用是在結合件為永久固定型時，而且是貫穿產品兩頭的部位所使用的，因為鉚釘的加工是在如圖 6-19 所示的鉚釘機上作業，因此深度與高度會受到機械加工範圍的限制。

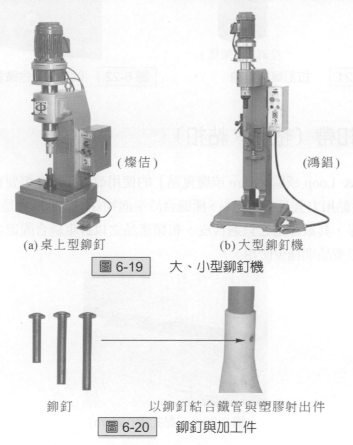

(燦佶)　　　　　　　　　(鴻鋁)

(a) 桌上型鉚釘　　　　　　　(b) 大型鉚釘機

圖 6-19　大、小型鉚釘機

鉚釘　　　　以鉚釘結合鐵管與塑膠射出件

圖 6-20　鉚釘與加工件

以鉚釘結合兩物件，因為鉚釘是金屬件，因此結合強度極佳，但是在製作的過程中，若遇到結合不良的加工件則有重做的困難，必須將其破壞，一般是使用電鑽將之鑽掉，但極易因此而損壞到產品表面或使孔徑變大，加工時應格外小心。

6-7-2　拉釘

拉釘通常使用在「單層」、「非貫穿性」物件的結合，也就是，當被結合件沒有可供沖件或鉚接的模頭去固定的支撐部位時，即必須以拉釘作單向的結合。其優點是它是一種可靠的結合與固定物件的方式，強度尚可，缺點是使用後不易拆除。

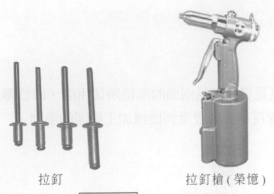
拉釘
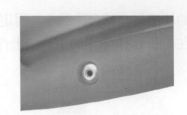
拉釘槍(榮憶)

圖 6-21　拉釘與拉釘槍

圖 6-22　以拉釘結合鐵管與塑膠射出件

6-8　黏扣帶〔毡黏、粘扣〕

　　黏扣帶〔Hook & Loop 或稱 Velcro 或魔鬼粘〕的使用改變了許多需要有強力結合性的產品需求，它最早發明時黏扣力強且拆組容易，極適合於平面物件的結合或者是須經常拆解重裝者。可取代拉鍊、鈕扣等，其缺點是它只適合皮、布類產品之以針車縫合固定者。如衣物、鞋類、皮包等。射出成型的產品則極少使用。

圖 6-23　黏扣帶(Velcro)

6-9　緊密配合

　　緊密配合也是塑膠製品常用的方法之一，利用塑膠的彈性與成型時的縮水性，再配合適當的摩擦力，即可達到效果。當產品的結合部位是不須受力且會有拆解之需要時，將公、母之內外徑作成約 0.1 mm 甚至更小之差異，或者在公〔凸出〕的一側作稍具彈性的剖斷，以形成進入母〔凹〕側可彈回撐開並抵住其內壁。

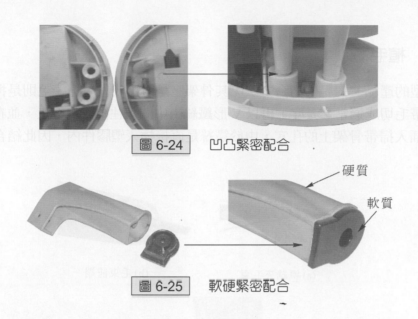

圖 6-24　凹凸緊密配合

硬質

軟質

圖 6-25　軟硬緊密配合

6-10　押出＋射出

6-10-1　押出後射出

　　電源線、電子線是最典型的產品，將複合押出的電線先結合金屬件〔若有〕，再放到射出成型機〔一般為立式射出機〕作射出成型即成；如圖 6-26 所示皆是。

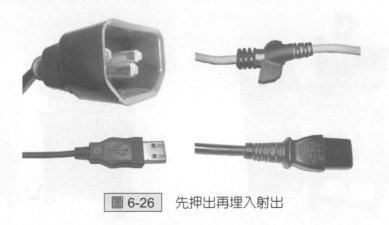

圖 6-26　先押出再埋入射出

6-10-2　植毛

　　一種最典型的產品—掃帚的結合方法：其骨架座是射出成型，掃帚毛則是押出成型，其結合方法是把掃帚毛切成適當之長度，再以 V 形鐵絲由中間夾住後成為毛束，並在植毛機上把一叢叢的毛束深插入掃帚骨架上的孔穴，由於鐵絲是直接插入塑膠件內，因此結合性極佳，不易脫落。

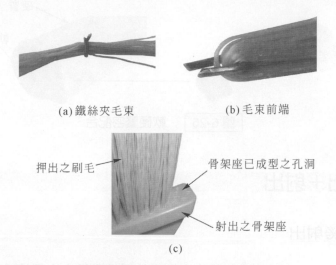

(a) 鐵絲夾毛束　　　　　　　　(b) 毛束前端

押出之刷毛 →　　　　　　← 骨架座已成型之孔洞

← 射出之骨架座

(c)

圖 6-27　　經植毛成型的產品

植毛機 (宗得企業)　　　　　　打孔植毛機 (宗得企業)

圖 6-28　　植毛機

　　至於牙刷的刷毛與刷柄之間的結合則與上述植毛類似，只是沒有用鐵絲而直接在刷毛束底端加溫並以機械植入。機械上都有治具加以必要之輔助，這些都已發展出專用機了。

圖 6-29　　牙刷植毛機(萬信牙刷機械)

第 6 章　習題

1. 塑膠件之間熔接的方法有哪些？
2. 超音波熔接的原理是什麼？
3. 高週波熔接的原理？高週波結合與超音波結合的產品有何基本型體之不同？
4. 試比較：作 Boss 以自攻螺絲鎖接，與預埋螺帽以螺牙螺絲鎖接之優缺點。
5. 盒體上、下蓋扣接，若上蓋作凸、下蓋作凹，則上蓋作何機構產生勾件？下蓋作何機構產生凹陷？
6. 膠合劑的主要成分是什麼？
7. 試比較鉚釘與拉釘加工產品之不同？

射出成型模具之設計與製作

7-1　模具設計

7-1-1　模具材料

　　射出成型較常見的是高壓射出的薄殼類產品，但也有以低壓射出肉厚較厚之產品者。它們大多數是基於有量產之需求，有些產品的生產動則以成型百萬模次計，也因此模具的材質就顯得相當重要。在模具所使用的材料中又可分為供外部結構使用的模座以及內部實體使用的模仁〔或稱心型〕，在不同的部位使用適當的材料是相當重要的，其對於模具品質與成本都有絕對的影響。要作為模具使用之材料，最基本的要求為：

1. 取得容易。
2. 加工性良好。
3. 耐磨耗、耐腐蝕。
4. 整體內部均勻。
5. 不易變形。
6. 容許焊接。

　　又為了適合各種不同用途之需求，基本上有下列數種材料可以選擇：

1. 鋁合金：

   鋁合金的優點在於質輕且容易加工，缺點是硬度較差，不耐磨耗，適於製作成型產量需求較少的模具或需要在較短時間內製作完成的快速模具。

2. 碳鋼：

   屬於廉價且較易取得之材料，從低碳鋼的 S25C 到中碳鋼 S45C 到高碳鋼 S60C 等各有不同之用途。一般來說，低碳鋼多用於承板、頂板，固定板，定位環等。中碳鋼經淬火、回火處理後是很標準的型模板材料，高碳鋼因硬度稍高可不經熱處理即使用於型板。

3. 合金鋼：

   種類繁多，成分中多含數量不等的鉻、鎢、釩、鎳、鉬……等。其中有些是要熱處理〔淬火回火或滲氮〕以增加其硬度，大部分則依其硬度而有品質使用上之適當需求。例如在模具製作中常見的 SKD 系列(SKD11、SKD61)……等，多用於「型料」或者「滑塊」。至於 SNC〔鎳、鉻〕SCM〔鉻、鉬〕SNCM〔鎳、鉻、鉬〕SACM〔鋁、鉻、鉬〕……等則是依物性而各適用於不同的「模仁」型材。

4. 調質預硬鋼：

廠商已將鋼材素材調整其質地至最適合加工的程度，包括其硬度、切削性、放電加工、研磨、焊接、咬花、拋光等之適用。

表 7-1 是目前台灣模具廠使用的較具代表性的供應商與模具材料之型號、成型品例、使用塑膠以及平均使用壽命〔以成型模次計〕。

表 7-1　常用調質預硬鋼材料表

供應商	品牌型號	硬度(HRC)	成型品	塑料	壽命
日本 日立	TDAC	36-45	錄影帶殼	ABS	100 萬模次
	HPM 2	31-35	電腦外殼	HIPS	50 萬模次
日本 大同	NAK 55	31-35	電話機殼	ABS	50 萬模次
	NAK 80	36-45	透明鏡片	PMMA	20 萬模次
	PDS 1	25	玩具	PE	15 萬模次
	PDS 3	25-30	計算機殼	ABS	20 萬模次
	PDS 5	31-35	齒輪	POM	20 萬模次
日本 神戶	KTSM21	25	機車擋板	ABS	10 萬模次
	KTSM3M	31-35	化妝品盒	PVC	30 萬模次
日本 愛知	SKD61	46-55	電錶殼	PC	20 萬模次
瑞典 ASSAB	718	31-35	電視機殼	ABS	30 萬模次
	STAVAX	50-54(需熱處理)	Lens	PC	30 萬模次
美國 FINKL	P20	31-35	塑膠涼椅	PP + Talc	30 萬模次
	P21	36-45	透明零件	PSPMMA	20 萬模次
德國 THYSSEN	2311	31-35	汽車零件	PP	30 萬模次
	2344	36-45	儀表板	PC	15 萬模次

5. 鈹銅合金：

會使用鈹銅材料來製作模具的成型品，一般是造型較複雜，如玩具之動物形狀、變形金剛……等較難以 CNC Milling 加工製作的模具。其作法是先以較硬的陶瓷材質作出原形，再以「壓力鑄造法」壓入熔點較低、且較具彈性的液態鈹銅中，俟鈹銅冷卻後加以修整即可成為模具之模仁的原材。此按壓鈹銅的作法請參考本章 7-2-3 節之介紹。

圖片來源：台新模具

圖 7-1　鈹銅合金模具

　　圖 7-2 為一個以鈹銅作為模仁的絞牙射出件，其模仁即是以鈹銅作成的。之所以會使用鈹銅的主要原因是成型產品是外牙〔凸出牙〕，相對於模具即變成內牙，且螺牙之牙紋角度又很斜，不易在車床上直接於模仁內側加工之故。

鈹銅模仁　　　　　　　　　　　　　　　塑膠射出件

圖 7-2　鈹銅模仁與成型品

6.　不鏽鋼：

　　不鏽鋼的耐腐蝕性特佳，且表面不會有因為生鏽而產生的針孔狀鏽蝕點，因此多用於射出較具腐蝕性的塑膠材料〔例如 PVC〕的模具作為模仁，但也有為了完全的品質掌控而整組模具都使用不鏽鋼材料的。目前較常用在塑膠射出成型模具的是 AISI 420，瑞典 ASSAB 廠產製的 Stavax 系列即屬此類。

7-1-2　分模線(Parting Line)與分模面

　　為了使成型品能順利自模具的模穴中取出，模具就必須分模為公、母兩側，使之可以分別夾在機台的動模板與定模板上，而這個區分的面可能在一個面上，或高高低低在數個面上，也可能是分在曲面上。分模線除了分模以外又具有排氣的功能，因此除了產品設計的考量因素〔第二章 2-3 節〕外，在模具的設計上就應該要考慮是使用一體的型材，還是用模仁與模座組合起來的組合型材。如圖 7-3 之塑膠射出涼椅之模具即為呈立體狀之分模面，而圖 7-4 之飲料瓶搬運箱模具，則為平面式。其次是考慮到模具加工之難易，塑膠涼椅是一體雕刻出來的立體形，其

校正合模的動作若有些許的偏差，都會導致分模面無法密合也就做不出良好品質的產品，而單一平面的分模面則是比較單純的做到平面的密合即可。

塑膠射出涼椅模具

圖 7-3　複雜的分模面

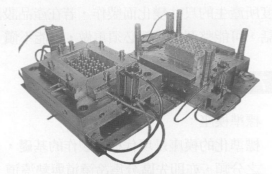

飲料 (可樂、啤酒) 搬運箱模具

圖 7-4　單純的分模面

7-1-3　拔模斜度

　　基本的產品拔模斜度的概念如第二章 2-4 節所述。就模具的設計而言，有較大的拔模斜度只是適合於成型時的脫模，其在模具的製作上則都是一樣的過程，塑膠射出的拔模斜度至少應有 1/2°，最好是 1°以上。而拔模斜度與成品之深度是有相對關係的，愈深之成型品，拔模斜度就應該愈大。其上、下尺寸〔深度〕變化關係大約如附表 7-2 所示。

表 7-2

單位：mm

深度 ＼ 斜度	1/2°	1°	2°	3°	4°
25 mm	0.2	0.4	0.8	1.2	1.8
50 mm	0.4	0.8	1.6	2.4	3.6
100 mm	0.8	1.6	3.2	4.8	7.2
150 mm	1.2	2.4	4.8	7.2	10.8
200 mm	1.6	3.2	6.4	10.8	14.4
250 mm	2.2	4.3	8.6	13.0	17.4

　　模具的拔模斜度都是在作產品設計機構時即已設定好了，也就是模具僅是配合可能因拔模斜度所產生的尺寸變化而製作，若在產品設計時未考慮周詳，等到模具製作完成時才發現誤差的話，可能整個模具都必須重做，不能不慎。

7-1-4　模具構造

1.　標準模座：

　　標準化的模座是現代模具製作的基礎，一般而言，模具的基本結構可依澆道結構來作大體之分類，亦即先區分為冷澆道與熱澆道〔Hot Runner 或稱無澆道〕，然後再依模內結構作分類，例如：兩板模、三板模、螺牙模、斜銷模……等等。

2.　兩板模：

　　是最基本的模具結構，分為公模與母模，通常母模夾在機台的固定夾模板座上，公模則在可動夾模板座上，而以公模側設頂出裝置，如剝料板、頂出針、頂出板等。標準的兩板模模座，可分為 A、B、C、D 四種型式，其主要區別在於模具承板與活動板之有無。

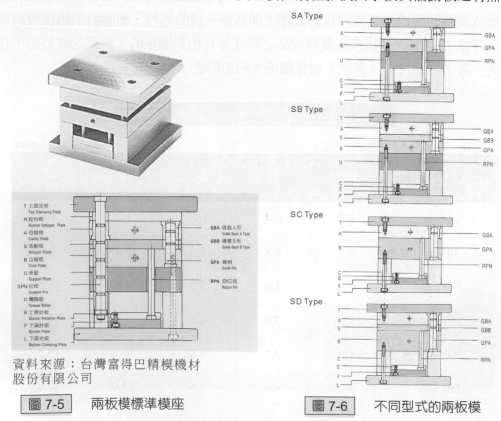

資料來源：台灣富得巴精模機材
股份有限公司

圖 7-5　　兩板模標準模座

圖 7-6　　不同型式的兩板模

圖 7-7、7-8 顯示兩板模成品在模內成型與打開之情形：

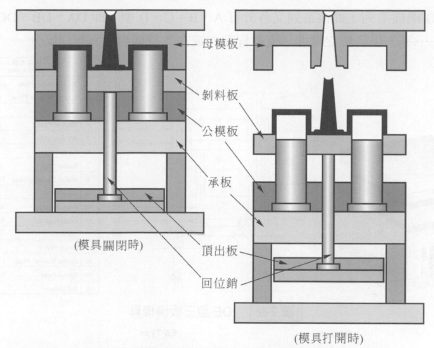

(模具關閉時)

母模板
剝料板
公模板
承板
頂出板
回位銷

(模具打開時)

圖 7-7　B 型二板模模具

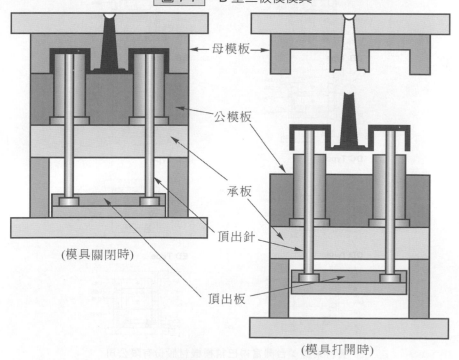

(模具關閉時)

母模板
公模板
承板
頂出針
頂出板

(模具打開時)

圖 7-8　C 型二板模模具

3. 三板模：

有 DE、FG 兩種系列，此兩系列又各分有 A、B、C、D 型，即 DA、DB、DC、DD、EA、EB、EC……等，係各板之厚度、支撐桿在內或在外及襯套之有無作區分。

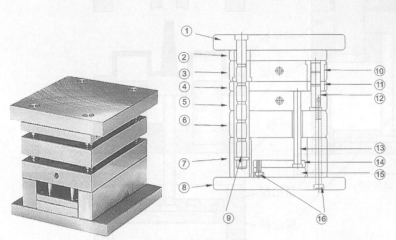

No.	部品名稱 plates & parts		材質 MATERIAL
1	Top Clamping Plate	上固定板	中碳鋼
2	Runner Stripper Plate	脫料板	中碳鋼
3	(A) Cavity Plate	母模板	中碳鋼
4	Stripper Plate	活動板	中碳鋼
5	(B)Cavity plate	公模板	中碳鋼
6	Support Plate	承板	中碳鋼
7	Spacer Block	間隔板	中碳鋼
8	Bottom Clamping Plate	下固定板	中碳鋼
9	Support Pin	拉桿	SUJ-2
10	Guide Bush(A)	A形導套	SUJ-2
11	Guide Bush(B)	B形導套	SUJ-2
12	Guide Pin	導柱	SUJ-2
13	Return Pin	回位梢	SUJ-2
14	Ejector Retainer Plate	上頂針板	中碳鋼
15	Ejector Plate	下頂針板	中碳鋼
16	Top Screws	螺絲	中碳鋼

圖 7-9　　DE 型三板模模具

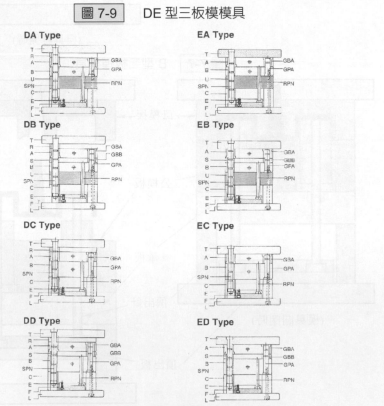

資料來源：台灣富得巴精模機材股份有限公司

圖 7-10　　各種 DE 型之三板模

FG 型與 DE 型比較，最大的不同是公、母模間活動板之有無。

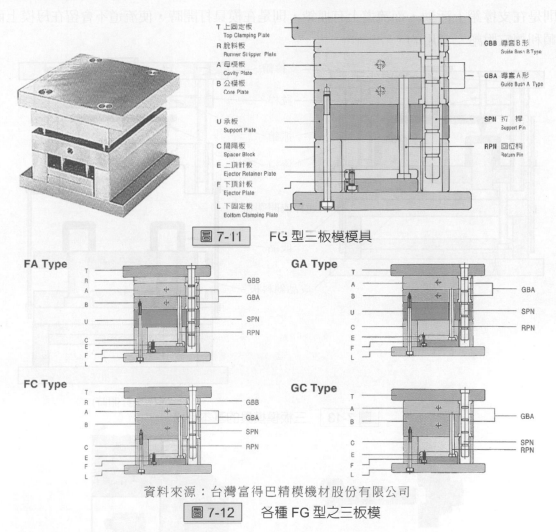

圖 7-11　FG 型三板模模具

資料來源：台灣富得巴精模機材股份有限公司

圖 7-12　各種 FG 型之三板模

之所以稱爲三板模，顧名思義就是除了公、母模外還有第三片模板，也就是因爲它多了一片澆道的剝料板的關係〔業者把三板模之定義爲：只要模具結構中有拉桿(Support Pin)者就都算是三板模(Three Plate Type)〕。這樣的設計可以在模具打開時，利用裝在公、母模間〔模內或模外〕的開閉器，因爲摩擦力的關係，會在動模板把公模拉開時，連帶把母模也一起帶開，等到母模被「拉桿」拉住，此時公模會繼續移動，當其力量超過開閉器的摩擦力時，公模就會與母模脫離，而露出成型品來，同時在母模與剝料板間的澆道塑料〔料頭〕也會外露，兩邊各使用剝料板或頂出針即可將料頭與成型品分別頂出。如此可省下修剪料頭的時間，也就可以自動化生產，至於料頭與成品大多以機械手臂夾取或吸取。而其成型品因爲是小點進澆而有較佳的外觀品質。

上述之拉桿是裝置於模具〔通常為母模〕內，在模具打開時用來拉住母模的，澆道剝料板
則是在支撐銷上活動，而流道上有抓銷，則是在模具打開時，使流道不會留在母模上而能
順利讓它脫離二者用的。

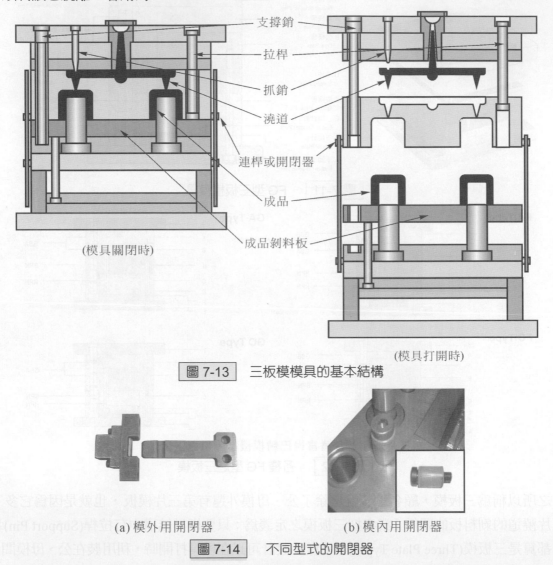

支撐銷
拉桿
抓銷
澆道
連桿或開閉器
成品
成品剝料板

(模具關閉時)

(模具打開時)

圖 7-13   三板模模具的基本結構

(a) 模外用開閉器   (b) 模內用開閉器

圖 7-14   不同型式的開閉器

模外用開閉器一般是以金屬做成的，如圖 7-14(a)所示，靠公模側之凹溝卡住母模側的栓來
作拉動與脫離，模內用之開閉器則是以塑膠製成的，如圖 7-14(b)所示，再以螺絲鎖到公模
內，母模側則是鑽一與塑膠外徑約等值的圓孔，靠塑膠的摩擦力將母模帶出，當母模被拉
桿拉住時，摩擦力小於開模力，開閉器即脫離。當模內開閉器磨損過度而摩擦力不足時，
只要將螺絲稍為鎖緊即可擴大塑膠的外徑而繼續使用。

連桿的形狀如圖 7-15 所示，中間以螺絲鎖在模板上固定，其開閉之移動範圍即被限制於此框內。

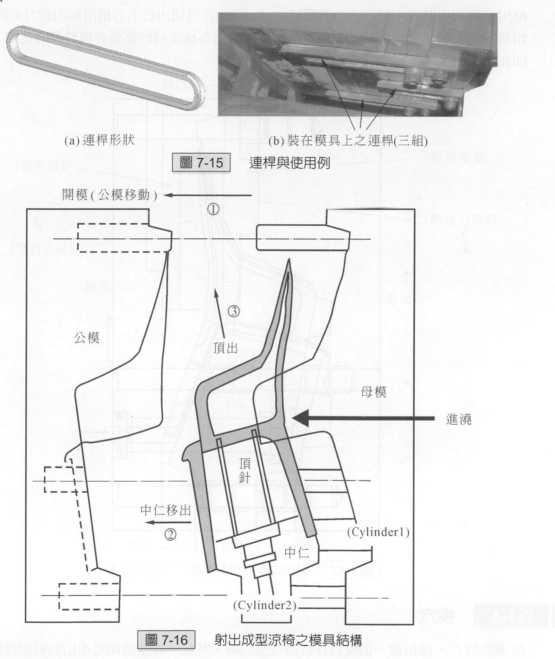

(a) 連桿形狀　　　　　　　　　(b) 裝在模具上之連桿(三組)

圖 7-15　連桿與使用例

開模 (公模移動)　①

公模

③

頂出

母模

進澆

頂針

中仁移出
②

(Cylinder1)

中仁

(Cylinder2)

圖 7-16　射出成型涼椅之模具結構

4. 特殊結構：

在射出成型的成品中，有些是無法以標準模座來製作的，尤其是大型的模具，例如：汽車保險桿、儀表板、冷氣座、洗衣機筒身、射出涼椅……等等。以射出成型涼椅為例，它的

結構就很特殊，如圖 7-16 所示，進澆點在母模面，公模面反倒成為表面，也就是要拋光的面，而頂出則是設計在坐部下方的中模仁，先以中模仁後方的油壓缸(Cylinder 1)將中模仁推出，再利用裝在中模仁內的油壓缸(Cylinder 2)作為頂出針下方頂出板的動力來源。

如前所述，射出成型涼椅的模仁替換，可以做出各種不同的高低背與背部的花紋，其結構即如圖 7-17 中所示。

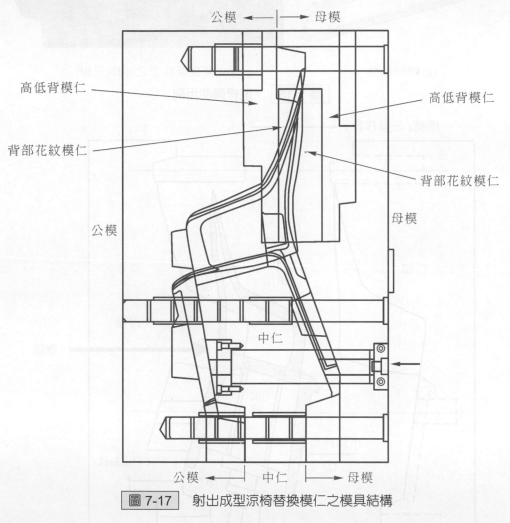

公模 ←——｜——→ 母模

高低背模仁

背部花紋模仁

公模

高低背模仁

背部花紋模仁

母模

中仁

公模 ←—— 中仁 ｜——→ 母模

圖 7-17　射出成型涼椅替換模仁之模具結構

7-1-5　模穴

　　所謂的模穴，係指單一個模具在製造成型品時，其每一成型週期可產出的射出件數量，它有可能是同一個產品〔或零件〕，也有可能是不同產品在同一模具內生產，例如一般常見的上、下蓋組裝產品或塑膠餐具組〔刀、叉、匙〕或組合模型玩具……等，都是在一個模具內產出不同的 Parts 或成品。

　　決定模穴數之多少，除了考慮產品之大小〔模具大小，例如射出成型涼椅，見圖 7-18〕與模具結構的限制外〔例如製作 Crate 模具需 4 面滑塊，見圖 7-19〕，應是取決於欲生產的產品數量之多寡。例如圖 7-20 所示之瓶蓋模具，因需求量大而做了一個 64 穴的模具，每天可產出十幾萬個成型品。

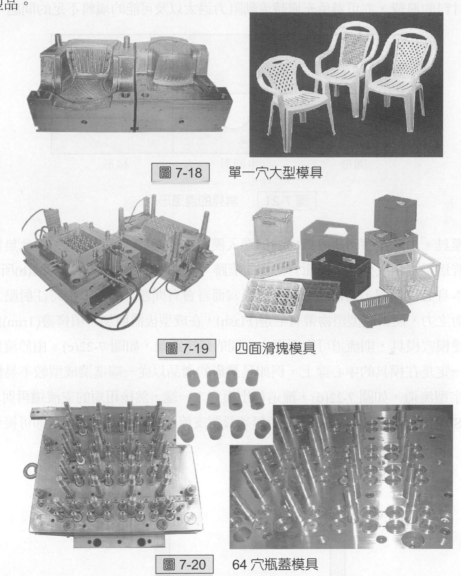

圖 7-18　單一穴大型模具

圖 7-19　四面滑塊模具

圖 7-20　64 穴瓶蓋模具

7-1-6　澆道〔流道、Runner〕與澆口(Gate)

1. 澆道：

　　係塑膠料從注道流向成型品的通道，因此它的大小須依塑膠之流動性與成型品之大小來決定，它的斷面形狀則有圓形、半圓(U)形與梯形等。圓形澆道須在合模面的兩邊都加工，但

因澆道體積大而接觸面小,利於塑膠料之流動,故廣為應用,梯形則僅須單邊加工,在不影響塑料之流動時亦常被應用,尤其是三板模結構者。由於冷澆道在塑膠成型後即成為餘、次料,因此在設計澆道的大小、形狀與長度〔路徑〕時,應該要謹慎且適當的衡量,不但能減少材料的浪費,亦可避免充填時流動阻力過大以及可能的填料不足的問題。

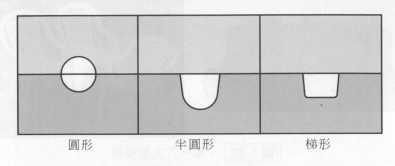

圓形　　　　　　半圓形　　　　　　梯形

圖 7-21　　常見的澆道形狀

單穴型模具,由於塑膠料是直接由澆口進入模穴,也就是只有豎澆道,因此無需設置流道系統,若為了防止成型品之表面有注澆口痕跡,可採用如圖 7-22(a)或 7-22(b)所示之流道,但模穴本身必須偏置,這樣做,對大型模穴而言會有問題,因為射出時注射壓力會產生一個不平衡之力,使得成型塑物帶有毛邊(Flash),在成型後需增加一項修邊(Trim)的動作。若設計為雙模穴模具,則流道可取兩模穴之間的最短距離,如圖 7-22(c)。由於澆口的最適當位置不一定是在模具的中心線上,例如呈長形的產品以從一端進澆成型較不易變形,此時可用 T 字型流道,如圖 7-22(d),流道伸出模穴之一端,然後用短的支流道再與澆口相連;或採用 S 型流道,如圖 7-22(e),此時無須設置支流道,S 型主流道本身即可接至兩模穴的澆口。

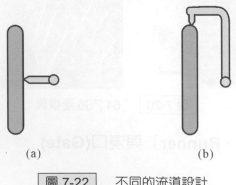

(a)　　　　　　　　　　(b)

圖 7-22　　不同的流道設計

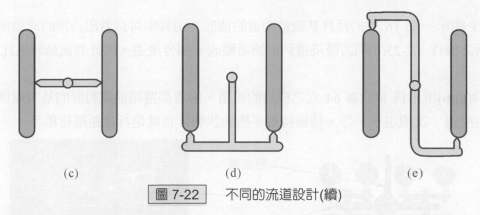

(c)　　　　　　　　(d)　　　　　　　　(e)

圖 7-22　　不同的流道設計(續)

流道之佈局取決於以下幾個因素：

(1) 模穴數。

(2) 塑物的形狀。

(3) 模具為兩板式模具亦或是多層模具。

(4) 澆口之類型。

而流道的安排，最重要的原則是「平衡」，也就是不論前後、左右都應以對稱且平均為原則，從豎澆道進入主澆道最好是分成左右兩道，然後再進入次澆道也是分成左右兩道……依此類推，如此從進澆之始再行進到每一模穴的距離均是一致。

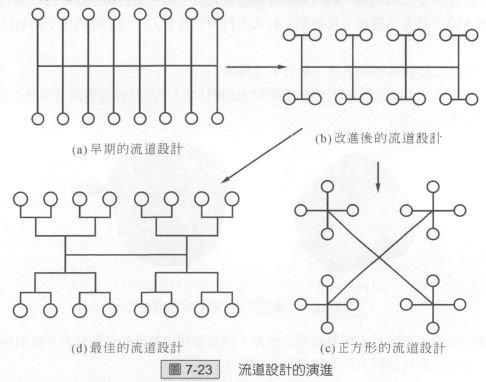

(a) 早期的流道設計

(b) 改進後的流道設計

(d) 最佳的流道設計

(c) 正方形的流道設計

圖 7-23　　流道設計的演進

圖 7-23 顯示一個 16 穴的模具其流道演進的情形,由其中可以看出合理的流道所具備的符合平衡之條件。7-23(c)則因豎澆道到主澆道變成 4 個分流道,因此其流動效果比 7-23(d)稍差。

圖 7-24(a)(b)所示為 8 穴與 64 穴之模具的流道,兩者都遵循流道設計的基本原則,從豎澆道、主澆道、次澆道……等,皆維持最平衡的狀態,也就是行進距離皆相等。

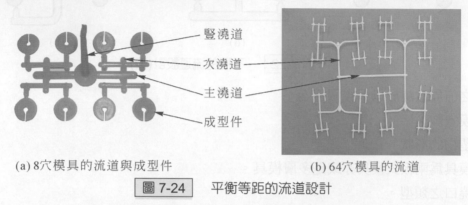

豎澆道
次澆道
主澆道
成型件

(a) 8穴模具的流道與成型件　　　　　　　(b) 64穴模具的流道

圖 7-24　平衡等距的流道設計

2. 澆口:

或稱進澆點,它是位於澆道與成品間的通道,澆口的形狀、尺寸、位置……等在射出成型時都會影響成型品的品質,澆口過小容易造成充填不足、結合線明顯以及可能的縮水……等問題,澆口過大易變形,且要削除較大的料頭亦較費力,而削除後留下的痕跡更會影響外觀。

澆口的形狀設計與進澆的方式一般有下述幾種:

(1) 直接進澆:注道直接到豎澆道再到澆口成椎柱狀,等於是僅有豎澆道而無需其他流道,如圖 7-25(a)所示。

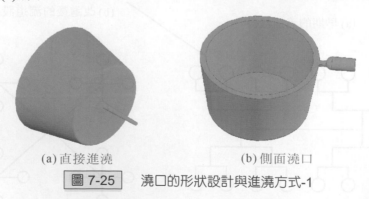

(a) 直接進澆　　　　　　　　　　(b) 側面澆口

圖 7-25　澆口的形狀設計與進澆方式-1

(2) 側面澆口:有容易剝離與修齊之優點,但須使用流動性較佳的膠料才能射飽至澆口另一端〔或對角位置〕的本體部分,如圖 7-25(b)所示。

(3) 凸形澆口：可減輕澆口附近的縮水現象，但會有因厚度太厚而導致澆口不易削除的問題，如圖 7-25(c)所示。

(c)凸形澆口　　　　　　　　　　(d)扇形澆口

圖 7-25　　澆口的形狀設計與進澆方式-2

(4) 扇形澆口：多用於平面或面積較大的產品，面積較大得以充分充填成型，例如前述之射出成型涼椅即用此種澆口，如圖 7-25(d)所示。

(5) 潛伏澆口：亦稱隧道式澆口，是一種小點進澆的較佳方法，表面不易看出痕跡，但成型時需較大之壓力，且模具加工較麻煩，如圖 7-25(e)所示。

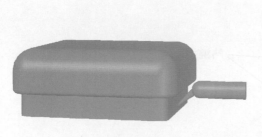
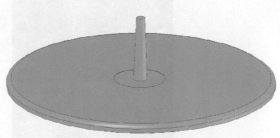

(e)潛伏澆口　　　　　　　　　　　　　(f)圓形澆口

圖 7-25　　澆口的形狀設計與進澆方式-3

(6) 圓形澆口：圓筒〔柱〕狀成型品，例如塑膠射出成型之戶外用桌面，其中間有一圓孔〔供插陽傘用〕即是澆口位置，也就是澆口呈圓形薄片，在成型後再把該圓片切除〔削〕掉，如圖 7-25(f)所示。

(7) 針點澆口：就是三板模所使用的，可使用多點進澆而且痕跡很小，適合大部分之成型品，缺點是因為模具結構較複雜，所以製作加工相對麻煩，且成型時需要較大的射出壓力，因此容易造成毛邊，如圖 7-25(g)所示。

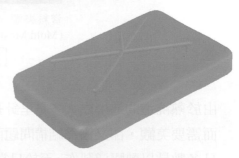

(g)針點澆口

圖 7-25　　澆口的形狀設計與進澆方式-4

3. 熱澆道 Hot Runner：

熱澆道，或稱「無澆道」，結構與三板模類似，但無可動之剝料板，兩者間最大差異點在於其澆道(Runner)注道(Sprue)皆以加熱設備包圍住，並維持在與料管相近之溫度確保塑膠料在模具澆道內仍呈熔融狀態，而進澆點採針狀，因此射出成型後只需將成品取出，沒有注道與澆道等餘、廢料頭的產生。熱澆道的優點是：沒有料頭，所以成型後不需剪料頭，也沒有廢料，因此生產速度較快，且澆口呈小點狀，較不影響外觀，又可以設計多點進澆而易於成型較薄的產品。缺點是其結構較複雜，製作成本相對高出許多。例如合乎 DME 標準之熱澆道一支動則數千到數萬元新台幣。

在模具結構上，因為熱澆道也是澆道，卻是看不見的，因此清洗上有其稍為困難的地方，也因而有成型品要變換顏色時會浪費較多清洗料的問題，有時甚至會因為小顆粒深色塑膠卡在澆道內而有清不乾淨的問題，導致無法變更生產較淺顏色的產品，此時即必須拆下模具清洗熱澆道。所以一般來說熱澆道較適合生產不須經常更換塑膠料的成型品。

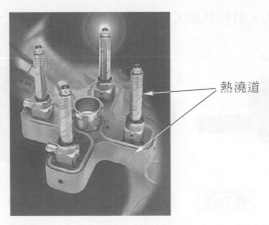

熱澆道

資料來源
(Mold Master Hot Runner)

圖 7-26　　熱澆道組件

由於熱澆道的進澆點大多是呈針孔般的小點，因此在成品上的澆口較不明顯，故常用於表面需要美觀，卻又因為結構問題而必須將進澆點設在表面的產品。現有的電子產品，其模具多數是以熱膠道製作，至於日常生活用品中，最常見的則以飲料瓶之瓶蓋為代表性產品。

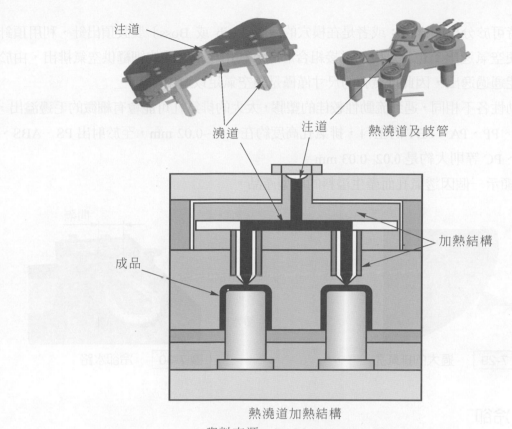

注道

澆道

注道

熱澆道及歧管

加熱結構

成品

熱澆道加熱結構

資料來源：(INCOE Hot Runner)

圖 7-27　　熱澆道模具結構

圖 7-28　　以熱澆道製作之成品與模具

7-1-7　排氣孔

　　當模具閉合時，模穴中是充滿空氣的，在呈熔融狀態的塑膠料進入時即必須將空氣排出，否則會因空氣與高溫的塑膠接觸燃燒而造成燒焦或因空氣無出路而擋住了塑膠的路徑導致塑膠成型件有缺口的「包風」現象，因此在製作模具時會在分模面銑一層或一小縫的排氣孔，讓空

氣在塑膠進入時可於分模面排出；或者是在模穴的底端〔Rib 或 Boss〕裝設頂出針，利用頂針與孔間的間隙使空氣逸出；也有以模仁併接組合形成，利用模仁之間的細縫供空氣排出，由於空氣是有縫就能通過逸出，因此排氣孔的尺寸僅僅是讓空氣足以逸出即可。

塑膠的流動性各不相同，遇到流動性較佳的塑膠，太大的排氣孔可能會有細微的毛邊溢出，因此射出如 PE、PP、PA、PBT 的塑料，排氣孔高度約在 0.01~0.02 mm，至於射出 PS、ABS、PMMA、POM、PC 等則大約是 0.02~0.03 mm。

如圖 7-29 顯示一個因透氣孔而產生溢料的成型產品。

| 圖 7-29 | 過大的排氣孔 | 圖 7-30 | 冷卻水路 |

7-1-8 冷卻

從料管中呈熔融狀的塑膠料(150℃~300℃)射入模穴，自然會使模具溫度提高，而成型的目的是在取得塑膠冷卻後的成型件，且基於產能的需求，射出件的冷卻時間是愈短愈好，因此在射出的塑膠充滿模穴後是需要加以迅速冷卻的。但也有些塑膠料〔例如 PPS、PC〕反而要有適當的模具溫度以加速其流動。大面積的成型品，因為流速與面積的關係不能讓模具太急速冷卻，否則會有進入模穴後在前端的塑膠料太早冷卻無法繼續流動而導致充填不足的現象。因此要如何適當的控制模具溫度是模具設計時一項令設計師極費心的部分。

為了提高成型效率，模穴周圍的冷卻管路相對變得重要，不論是管路〔一進一出〕的數目、管徑大小、分佈密度……等，皆須考慮周到。

冷卻水路設計的原則是：

(1) 冷卻水路的大小〔φ徑〕，視模具大小而定，也就是要吸〔帶〕走多少的熱量，配合水流量以及熱傳導效率，算出其在模具內的最適量平衡值來決定大小。

(2) 管路的間隔與管路口徑的比約為 5：1 或更小，也就是：若管徑是 2 分(1/4″)管，則間隔以不大於 1-1/4″為原則。

(3)　管路與成品間的距離則最大不超過管徑的 3 倍。

(4)　冷卻水應從模具較高溫處開始進入。

(5)　水路非必要應儘量避免彎折，以走直線路徑為佳。

(6)　一般水冷卻溫度約 20~24℃，冷凍水則約 6~8℃。

7-1-9　頂出

1.　頂出方法：

頂出是將成品從模穴中推出〔或脫離〕模具的動作，一般而言，模具的母模是夾〔固定〕在機台的定模板上，公模則夾在動模板上，因此當射料後完成冷卻，模具打開時，成型品應該會留在公模〔粗糙〕面上，除非有特別的情況會卡在母模上，也就是頂出的動作是在動模板側進行。

頂出的方法有多種，若就動力來源作區分則可分為：

(1)　用機台的頂出托〔後方有油壓缸〕。

(2)　用風壓頂出。

(3)　外加油壓缸於模具上。

(4)　頂出板接彈簧。

(1)　**用機台的頂出托**：就使用率而言，還是以利用機台的頂出托佔最大的比例，頂出托頂到模具的頂板，而安裝在頂板上的頂出針〔銷〕再把產品頂出。頂出針的形狀可因產品的結構與形狀而改變，也就是它可以是圓形、方形、梯形……等，當產品的分模面與牆面〔本體〕有相當的距離，或者頂出面呈環狀時，則可以用整面頂出的剝料板的方式作整面或環之脫模。

(2)　**用風壓頂出**：常見於深長形的產品，例如垃圾桶，因為成型後塑膠把公模面包得緊緊的，若用頂針頂出，成型品會有頂白痕或有頂破之虞，因此在頂出面設一個〔或多個〕氣閥，將空氣吹入使塑膠與公模稍微脫離，即容易做後續取出的動作了。

(3)　**外加油壓缸**：有時候模具的設計會因為頂出方向的關係，無法做到使用機台的頂出托來做頂出的動作，此時就必須在適當的地方加裝油壓缸以取代頂出托來頂出頂針，例如前述之塑膠射出成型涼椅即是。

(4) **使用彈簧頂出**：當模具的設計其頂出方向剛好與頂出托〔非動模板側〕不同向，又無法加裝油壓缸時，就以彈簧壓縮後鬆開反彈回來的力量來頂出頂板以脫模。使用此法應注意彈簧的品質，容易有因為彈簧彈性疲乏時彈力不足而導致產品未適當頂出的問題。

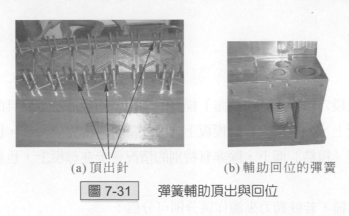

(a) 頂出針　　　　　　　　　　(b) 輔助回位的彈簧

圖 7-31　　彈簧輔助頂出與回位

2. 斜頂針：

斜頂針係用在成型品內側有倒勾時脫離死角的工具，其功能主要在作倒勾的脫離而不是成型品的頂出，由於它的動作是結合在頂出板上，因此與一般的頂出針是同步的，只是行進方向是斜向以產生側移脫離倒勾。如圖 7-32 之成型品其內部有倒勾的地方，此時即必須以斜頂出的方式解決，因此設計成兩件一組〔左右脫離〕之斜頂針，其結構如圖 7-33 所示。

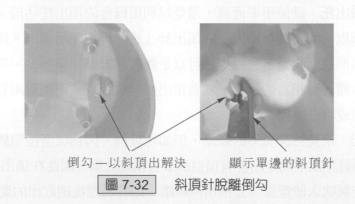

倒勾—以斜頂出解決　　　　　顯示單邊的斜頂針

圖 7-32　　斜頂針脫離倒勾

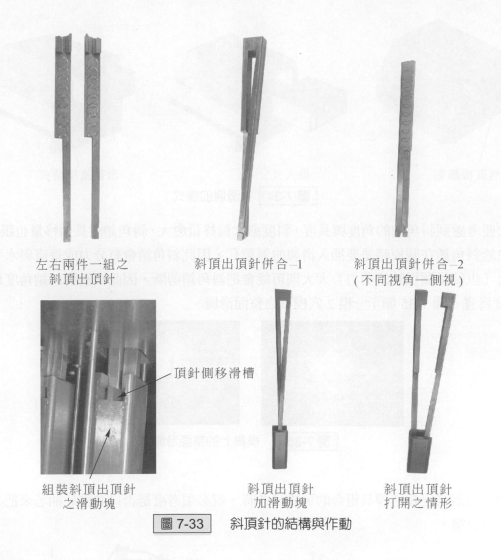

左右兩件一組之　　　　斜頂出頂針併合—1　　　　斜頂出頂針併合—2
斜頂出頂針　　　　　　　　　　　　　　　　　　　(不同視角—側視)

頂針側移滑槽

組裝斜頂出頂針　　　　　　斜頂出頂針　　　　　　斜頂出頂針
之滑動塊　　　　　　　　　加滑動塊　　　　　　　打開之情形

圖 7-33　斜頂針的結構與作動

7-1-10　倒勾

倒勾的解決方法，除了前述之斜頂出是用頂出的方法解決外，其他都是以模具結構解決：

1. 滑塊：

如本書第二章 2-6 節所述，當成型品外側有倒勾時其解決的方法以做滑塊側移脫離倒勾之偏移量為較常見。

首先要取得倒勾部位的詳細尺寸，也就是倒勾的位置：與產品本體肉、牆面、肋、孔……等的相關位置以及尺寸：深、寬、高等，做出側向型體(Slide Core)。基本的側向型體作法有：(1)自然直接雕刻，(2)嵌入式，(3)滑動軌組裝式等三種；如圖 7-34 所示。

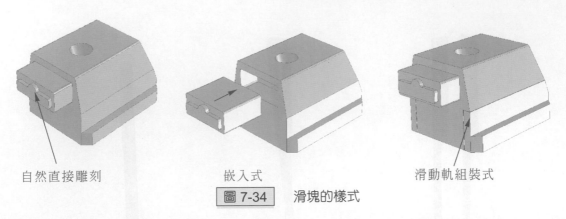

自然直接雕刻　　　　　　嵌入式　　　　　　滑動軌組裝式

圖 7-34　　滑塊的樣式

其次要考慮到斜角銷的角度與長度，斜度愈大偏移量愈大，斜角銷愈長偏移量也跟著變大。又由於斜角銷在關模時是要插入滑塊的斜銷孔，因此斜角銷會有分力成垂直與水平，若水平力〔也就是關模時的剪力〕太大則可能會把斜角銷剪斷，因此一般斜角銷角度以不超過25 度為宜。圖 7-35 顯示一模 2 穴模具之整面滑塊。

圖 7-35　　模具上的整面滑塊

2. 抽芯：

當倒勾的距離已超過模具組合的可能尺寸時，就必須考慮是否以油壓缸抽芯來把該倒勾的部位作脫離。

(a)　　　　　　　　　　　　　　　　(b)

圖 7-36　　油壓缸驅動滑塊或抽芯

抽芯所用之油壓缸必然是要大於倒勾的距離，而又因為機台的限制，油壓缸若太長就必須裝在模具的上端，往上動作才可能有足夠的空間。例如圖 7-36 所示都是利用油壓缸解決倒勾問題的例子，只是 7-36(a) 是驅動滑塊，而 7-36(b) 則是長抽芯。至於射出中空的深長產品則必然是使用長抽芯的，如第二章之圖 2-50 即是。

3. 絞牙：

絞牙，一般多用在瓶蓋類的產品，至於有結構性，需要用到螺牙產品的，應該以預埋螺帽或攻牙解決。而絞牙的產品都是以齒輪旋轉「螺牙模仁」以退出產品的倒勾為多，而帶動齒輪的方法大致上又可分為「鏈條」與「排齒」兩種。模穴數則以 2 穴、4 穴、16 穴或 64 穴為多，這是為了方便齒輪旋轉方向一致之故，參閱圖 2-52~2-56。

絞牙的模具一般設計成三板模或熱澆道模為多，因此幾乎看不到進澆點，生產速度又快。圖 7-37 是一個使用絞牙而非使用預埋螺母的汽車排檔桿握把，跟女全瓶蓋類似既要絞牙又要跑兩側滑塊。

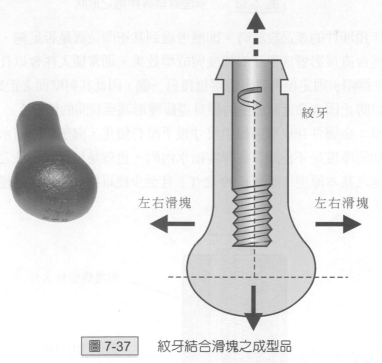

絞牙

左右滑塊　　　　　　左右滑塊

圖 7-37　絞牙結合滑塊之成型品

4. 預埋嵌入：

有些倒勾的設計是作預埋的嵌入件如螺絲與螺帽等，一般供包覆塑膠用之預埋件都是金屬製品，例如鐵、銅或鋁，如果是鐵的話即應做較佳的表面電鍍以防鏽蝕。設計預埋件的模具應注意下列幾項重點：

(1) 形狀大小：埋入件通常是由沖型件或自動車床所製造的，在其要埋入塑膠的部位應該要去角以利塑膠流動，又其表面最好有凹凸之壓紋，以避免成型件在塑膠包覆後經結合施力後的脫離，如圖 7-38 為常見之螺絲、螺帽預埋件。

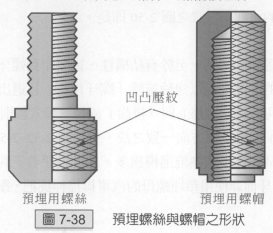

凹凸壓紋

預埋用螺絲　　　　　　　　　　　預埋用螺帽

圖 7-38　　預埋螺絲與螺帽之形狀

(2) 位置：作預埋件的產品設計時，即應考慮到其空間位置是否足夠，尤其是嵌入件的長度與直徑會直接影響成型品的強度與成型效果。通常插入件會以孔洞〔供螺絲〕或凸出銷〔供螺帽〕固定後再射出塑膠包覆另一側，因此其與壁面之距離至少皆應有 5 mm以上，以防止因太靠近而產生的模具邊緣變形甚至裂開的情形。

(3) 包覆肉厚：金屬件在成型過程中尺寸幾乎沒有變化，與塑膠的縮水率相比，因為嵌入件所增加的厚度是不能計算在厚度縮水內的，也就是包覆嵌入件之塑膠應保持產品設計時所述之基本厚度〔如圖 6-39 之 T〕且至少應維持在預埋件直徑〔圖 7-39 之 D 處〕的 1/2 以上。

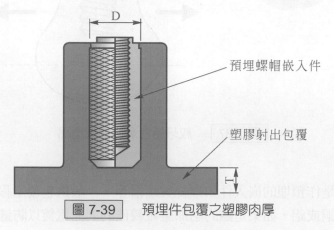

D

預埋螺帽嵌入件

塑膠射出包覆

T

圖 7-39　　預埋件包覆之塑膠肉厚

7-1-11　夾模板之吊桿〔大柱〕內距

射出機台的吊桿是維持動模板平衡移動的主要結構，而模具是夾住在動、定模板上的，所以就模具的尺寸而言，即會受到這個夾模板與大柱空間的限制。在選擇射出機台時，除了射出量與夾模力外，最重要的就是確定模具長寬尺寸能否安裝在夾模板的大柱內的空間，它可能是正方形，也有可能是長方形的夾模板。如圖 7-40 所示之 1400×1400 即是大柱內距，若模具長、寬皆大於 1400 mm 即無法夾在夾模板內，若是單邊尺寸大於 1400 mm，則可考慮將模具旋轉 90度作橫向或直向的繫模。至於有油壓缸設備的模具，則要考慮油壓缸往兩側動作時，是否會碰到機台前後的安全門，往下動作則會受機台基架限制，無法延伸太長，若往上方動作則有較大空間……等等，來作較佳動作方向的考量。

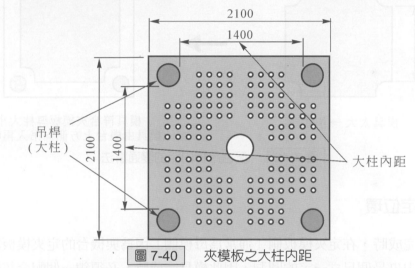

圖 7-40　夾模板之大柱內距

圖 7-41 所示之射出機，其機台的夾模板〔定夾模板、動夾模板〕尺寸為 2100×2100 mm，但因為吊桿〔大柱〕佔掉了四個角落，因此內距僅剩 1400×1400mm 空間可供夾模使用，也就是說模具之長、寬以不超過 2100×1400 mm〔橫擺〕或 1400×2100 mm〔直擺〕之夾模面為佳。有時因為模具呈長方形而超出夾模板面，但其產品重量又遠低於機台的最大射出量，基於成本考量，常常會勉強以夾模面積較小的機台〔讓模具稍微超出夾模板〕來成型。另一方面也須視成型件之面積而定，面積愈大其射出時末端愈容易因模具超出夾模板而產生毛邊。

當射出件的重量符合射出機的大小，可是模具卻大於導柱內距時，在兩者差距不大的情形下，可以考慮將模具的四個角落削掉，以期能夠夾在夾模板內，如此做則又必須考慮到削掉四個角落是否會影響到模具上的導銷(Leader-pin)而必須移動其位置的問題。

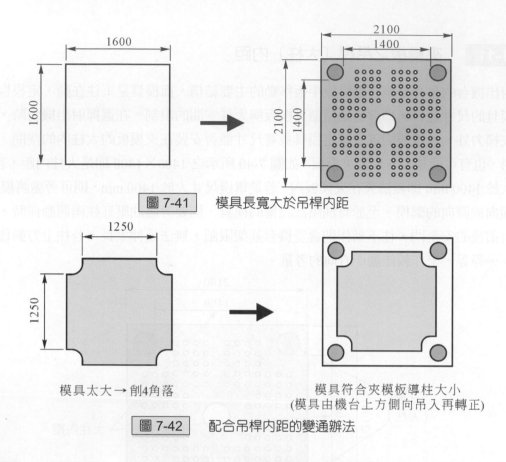

圖 7-41　模具長寬大於吊桿內距

模具太大→削4角落

模具符合夾模板導柱大小
(模具由機台上方側向吊入再轉正)

圖 7-42　配合吊桿內距的變通辦法

7-1-12　定位環

　　當整組模具完成時，在定夾模板側〔通常為母模側〕因為與機台的定夾模板貼合夾住，而機台的定夾模板中央是個尺寸一定的圓洞，因此模具完成時，必須鎖一個配合該圓洞的環以確定中央點或進澆點的位置不會在夾模時有所偏移，讓料管前端的噴嘴(Nozzle)可以順利定位，且此定位中心與噴嘴接觸的地方為一凹弧，亦必須配合機台噴嘴的弧度，以避免高壓射出時不當的溢料。

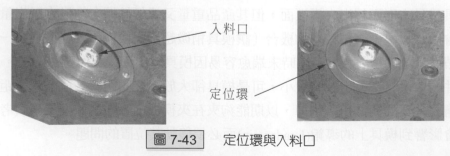

入料口

定位環

圖 7-43　定位環與入料口

7-1-13　機台行程

1. 夾模板行程：

    當模具被夾到動、定兩夾〔繫〕模板之間時，受到機台設計的關係有其最小厚度的限制，
    比如說機台兩夾模板間之最大距離(Daylight)為 D，而動夾模板的最大行程為 d，則模厚 T
    必須大於 D−d，否則即無法達到合模的動作，也就是說只要計算模具厚度加上開模總行程
    是否合於機台之 Daylight 即可，當模具的厚度不足時，一般解決的辦法是墊上一塊該不足
    厚度尺寸的墊塊，但正常的作法是模具設計之初即應知道這個限制而將整個模座厚度做足。
    反之，當模具太厚時，開模行程不足會導致沒有辦法做完整頂出的動作或取件的空間不足，
    則必須換更大的或行程夠的機台來生產。

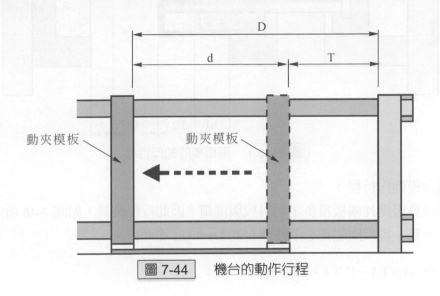

圖 7-44　機台的動作行程

2. 兩板模開合模動作行程：

    兩模模具結構單純如圖 7-45 所示，當模具打開時計算成品高度(h1)加上頂出距離〔h2 約等
    於成品高度〕澆道高出成品部份的深度(g)以及些許的空隙(s)即是，所以兩板模的總行程為：
    h1+h2+g+s。

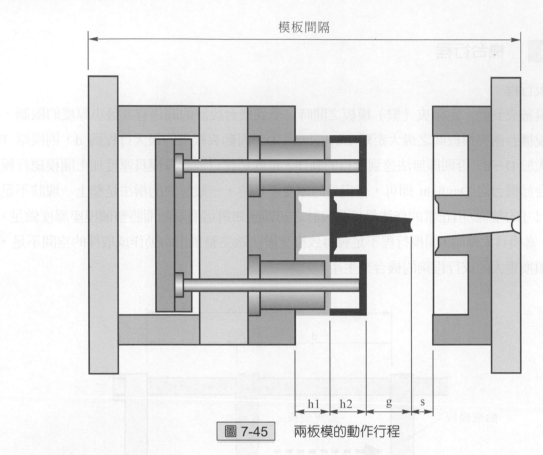

圖 7-45　兩板模的動作行程

3. 三板模開合模動作行程：

三板模的模具因為比兩板模多了剝料板與澆道，因此行程較長，如圖 7-46 所示即是三板模的總行程計算。模板間隔則必須在機台的 Daylight 範圍內。

總行程　$D = E3 + H + s + E2 + E1$

E3：頂出行程

E2：料頭〔豎澆道+橫澆道〕

E1：剝料板移動距離

s：預留空隙

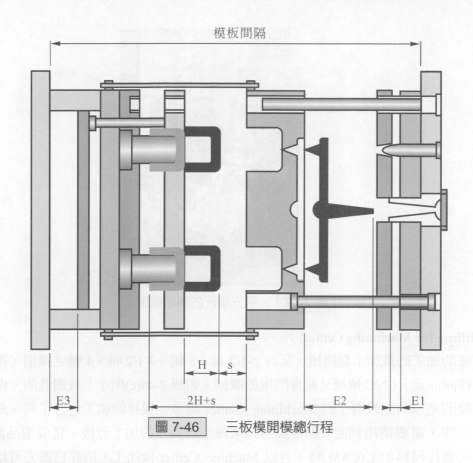

圖 7-46　　三板模開模總行程

7-2　模具加工

7-2-1　機械加工

1. 鉋床 Plan Shaving(Shaping)：
   用在切削鋼材「平面」的設備，有牛頭、龍門、立式……等形式的鉋床，牛頭鉋床是工件不動，衝錘動，龍門鉋床則是工件往復動作，刀具只作上下左右進取的動作。它是模具材料加工步驟的第一道動作，尤其是大型的模具，把大塊鍛鑄材料切削為所需大小時，因其表面是凹凸不平的，要把它加工成模座時，就非得有龍門鉋床類的設備不可。

2. 銑床(Milling)：
   Milling 就是所謂的銑床加工，它可以做切削、銑除、鑽孔……等加工動作，是模具廠必備也是使用最多的機具。將工作件夾在床台上，可以作 X、Y、Z 軸的加工。且可視機械之大小設定加工之範圍，也可因材料硬度不同而調整轉速，一般的銑床都附有光學尺以作精密調整，其精密度可以達到 1 個 μ(0.001mm)。

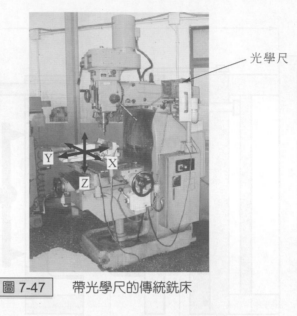

光學尺

圖 7-47　帶光學尺的傳統銑床

3. CNC Milling (or Machining Center)：

「電腦輔助加工的銑床」類機械，又有 2-1/2 軸、3 軸、3-1/2 軸、4 軸之區別，視機械本身加工的轉向而定，CNC 機械又有專門用於雕刻〔如圖 7-48(c)所示〕或鑽孔的。做模具所使用的一般則是以功能較齊全的 Machining Center 為多，模具的加工包含了刻、銑、鑽……等多種步驟，需要使用到能自動更換刀具來做不同動作的加工母機。當成型品設計(CAD)完成以後進行模具加工(CAM)時，若以 Machine Center 做加工，則等它做完可以做的加工動作後，通常僅剩放電加工〔或線切割〕、咬花與些許銑床精修工作需要在其他機械來完成。

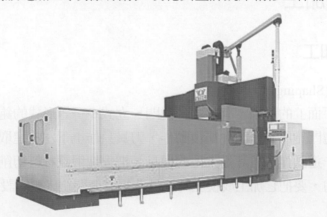

(a) 龍門式立式加工機(喬崴)

圖 7-48　CNC 加工機

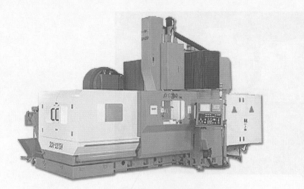 

(b) Machine Center (新穎)　　　　　　(c) CNC雕刻機 (聯盟)

圖 7-48　CNC 加工機(續)

4. 仿雕機(Copy Milling)：

仿雕：顧名思義就是用來複製產品的工具，一般的做法是先做出一個木型，確認後再就該木型去做拆模〔分模面〕，然後灌製成石膏〔樹脂〕模。此石膏模即為仿雕的原版，將此原版置於仿雕機上作為「靠模」，此時探針會在其上作 XZ 軸與 YZ 軸的探測，在機械的另一頭則有銑刀在工作件上做同步的雕刻。仿雕的樹脂靠模雖然是表面很細的母型，但因為模具材料經常是呈一大塊的，因此通常會有粗銑、中銑、細銑、精修等步驟來完成作業，粗銑就是先削出最基本的粗樣，然後再朝精細面作切削，工作時間長且繁複。在現今的模具作業上，因為 CNC-Milling 的功能發展完善，導致仿雕已漸漸減少了，又因為仿雕的機械佔的空間也大，因此大多用在無法以 3D Modeling 建立起來的產品，或沒有把握產品是否合乎所求而必須先做木型來確認的產品，或模具太大，已超出 CNC 的加工空間的產品。

圖 7-49 即為 Copy Milling Machine 的機械與模具例。圖 7-50(a)即是以 Copy Milling 的方法做出來的一組射出成型涼椅的模具，從削〔刻〕木型、灌石膏〔樹脂〕、仿雕，再到銑、鑽、刨、合模、拋光等動作，完成費時約 90~100 天，其中光用在 Copy Milling 即需 25~30 天。圖 7-50(b)則是一組以 Copy Milling 製作之汽車保險桿模具的實例。

5. 鑽孔(Drill)：

(1) 一般孔洞：一般模具上的孔洞，皆是在鑽孔機、銑床或者線切割機進行的，也就是孔的深度視可以在何種加工機械的工作範圍達成即可。至於鑽孔洞所使用的成型工具中一鑽頭，受材料與加工性的影響不適合作太大的尺寸加工，因此較大的孔洞會以銑刀進行，線切割則適用於包括非圓形的任何形狀的孔洞，若尺寸大於規格刀具的範圍，且無法接受以線切割的慢動作來進行時，則可以考慮以車床來加工。

加工件(模具鋼材)　　　靠模件(石膏模)

圖 7-49　　仿雕機加工

(a)　　　　　　　　　　　　(b)

圖 7-50　　仿雕加工的模具

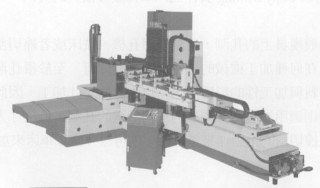

圖 7-51　　深長加工用之深孔機(竑基精機廠)

(2) 深孔加工〔冷卻水孔〕：大型的模具深度常常達數百甚至上千 mm，一般的鑽、銑床受到加工範圍與刀具的限制根本達不到需要的尺寸，此時即必須使用鑽深孔專用的機械。如圖 7-51 所示之機械，即爲專門作深長加工用之深孔機，其加工深度可達 2 米。圖 7-50 中的兩組模具，其深長的冷卻水孔皆是以此類機械作加工達成的。

6.　車床 Lathe：

車床較常使用的地方是一般的孔洞、供導柱通過的孔以及圓柱狀的零件或模仁，例如導柱、回位銷、頂出針等。也就是只要合於機台加工範圍〔夾具與長度〕皆可用車床加工，包括模具外側與內側，又常見需要錐度的工件也都是以車床來製作的。車床加工更多使用在有螺牙的地方，只要成型品是包含有螺牙的地方即是以專用的車牙車床來做加工，不論它是絞牙、兩段脫模或強迫脫模皆是。精密車床則有用來打光與車製鏡面的功能，一般鏡面要用人工打磨拋光是很難達到需求的，大多以精密車床作 NC 式加工附帶以打磨膏做拋光。

図 7-52　　幾種傳統車床與精密車床(立仲機械)

7.　研磨 Grinding：

磨床是磨除工作件多餘料以得到較精密尺寸與工作面所使用的機械，它可以磨除模具組件塊上多餘或未達尺寸標準的地方，尤其是已經熱處理的工件要作切削是很困難的，因此應考慮以研磨方式處理。傳統的平面研磨機，只是置工作件在床台上讓其作往復動作，而研磨沙輪則不斷轉動，床台再以微小的進取量調整尺寸 1~1.5 μ m〔高度〕以達到沙輪研磨工作件之細微尺寸的要求。

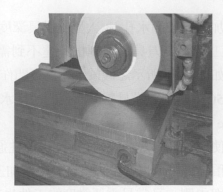

圖 7-53　傳統平面磨床

7-2-2　金屬逸散加工

1. 放電加工 EDM(Electrical Discharge Machining)：

放電加工主要原理是利用電極與加工件間因絕緣破壞而放電產生火花以侵蝕加工件，也就是以侵蝕的方式來達到類似銑或刻的效果，其電極通常用導電性佳且易加工的材料，如銅、鎢、石墨之類的材料。放電加工多用於銑床或 CNC 機加工不到的地方，它的加工精密度較高，但是因為火花侵蝕的表面並不光滑，所以對於有表面光滑需求的產品，就必須有後續拋光處理的動作，現階段亦有一些較精密的放電加工機可以做到接近鏡面的放電加工，但是真正要達到鏡面的效果顯然還是要後續的人工配合手〔或電動〕工具去完成。放電加工的速度並不快，視機台的大小〔機台大小一般以電流安培數計算〕，每次進取量約在 5~10 μm，如果要加工 10 mm 的深度則可能要有 1000~2000 次的動作，如圖 7-54 所示。

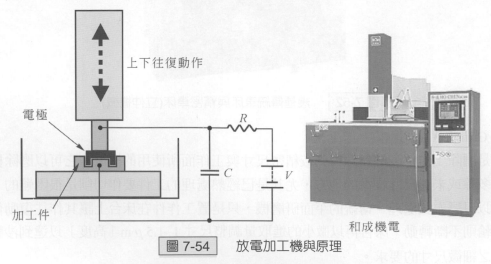

圖 7-54　放電加工機與原理

如圖 7-55 所示即是用銅為電極，而在放電加工機上加工模仁表面的情形。

放電用銅極

被加工物

圖 7-55　電極與加工件

2. 線切割 Wire Cutting〔或稱 Wire EDM〕：

線切割原理與放電加工類似，只是電極呈線狀，就模具製作而言，線切割用的機會頗常見，因為只要是模具有嵌入模仁的設計，通常在模座側即會以線切割方式切割出模仁所需的空間來，再把已加工好的模仁嵌入裝上。

線切割的誤差度很小，精密者可以達到 1μm，幾乎可以符合任何精密電子產品的零件精確度要求，至於表面粗糙度則平均可達 0.25μm。

如圖 7-56(b)所示是以日本 SODICK 線切割機所割出來的加工件，其精度為 2μm。

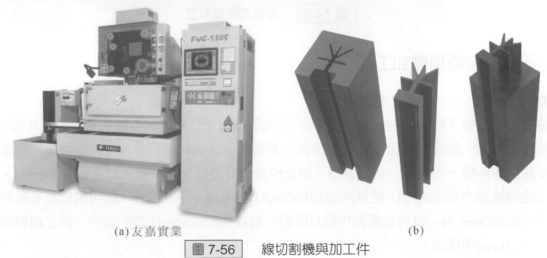

(a) 友嘉實業　　　　　　　　　　　　　　　(b)

圖 7-56　線切割機與加工件

3. 金屬蝕刻〔Etching 咬花〕：

金屬蝕刻(Etching)俗稱「咬花」，它的加工程序為：先在欲咬花表面〔通常是母模面〕塗上感光劑，再以各種經過設計之形狀、花紋、紋路製成之底片貼於其上，經光線照射使之感光後移除底片，洗去未感光的部分〔感光部分不溶於水〕，然後再以酸性或鹼性藥水侵蝕有感光的部分，依侵蝕的時間與藥劑的強度不同，即會在母模面上產生深淺之花紋或紋路或經設計之形狀、圖形……等。由於咬花是在母模面的蝕刻，且成型品的表面效果與模具咬花表面的凹凸剛好相反，因此其蝕刻的深度會影響到成型品表面的粗細程度。

另一方面，咬花深度跟拔模斜度有著相當重要的關係，因為模具的拔模斜度若很小，則成型品側面的咬花即受到深度的限制，有時會無法咬出明顯且符合需求之紋路。而作咬花加工之工廠，都會提供各種咬花紋路之樣式、深度以及拔模斜度之限制，以免成型品因拔模斜度不足而造成脫模時之拉痕。

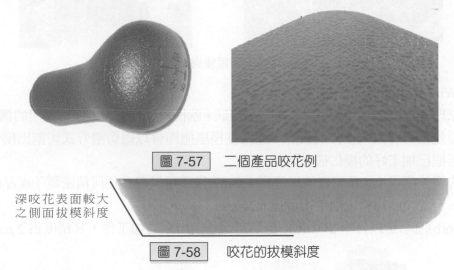

圖 7-57　　二個產品咬花例

深咬花表面較大
之側面拔模斜度

圖 7-58　　咬花的拔模斜度

7-2-3　金屬型體加工

1. 鈹銅(BeCu)加工之〔壓力鑄造法〕：

鈹銅加工俗稱「壓」〔或按〕鈹銅，因為它的製造方法係經過壓力鑄造而成的。其製程為：首先要刻製一個成品的公〔或母〕模面，刻製的方法與材料很多，可以是金屬、陶瓷、石膏甚至翻沙模，然後作一個鑄造槽，將此原模修好邊框尺寸後置入鑄造槽中(Step 1)，倒入熔融的鈹銅溶液(Step 2)，經過活塞加壓(Step 3)後凝固，等其冷卻，即可將此以原形翻製的模仁取出(Step 4)。接著依循製作模具時對於製成模仁(Insert)所做的動作，將它組裝到模座(Mold Base)中即成。

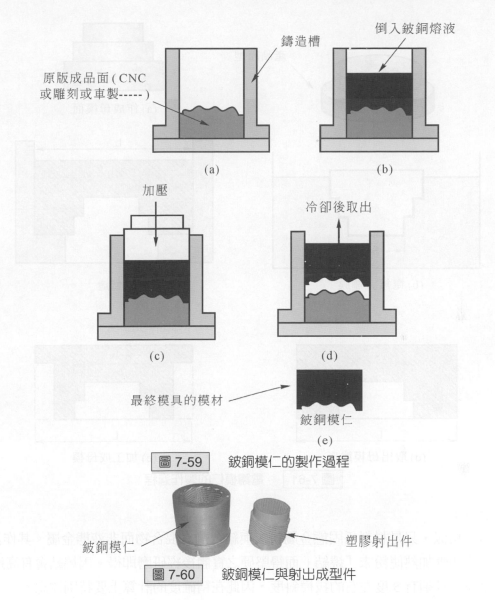

圖 7-59　鈹銅模仁的製作過程

圖 7-60　鈹銅模仁與射出成型件

2. 電鑄：

電鑄加工是結合電鍍與鑄造加工而成，其製作方法是：先在原型〔銅、鋁、石膏、塑膠、硬木等材料刻製〕之母模面鍍上一層 $1\sim3\,\mu\mathrm{m}$ 的金屬膜層〔若是原型為非導電材，則須先塗上一層金屬粉末來電鍍銅膜層〕，以此有電鍍膜之原型作為母模原型，再經壓力鑄造即成模具之母模面〔參閱鈹銅加工〕，若原型之材質不夠硬，則在鍍膜後將其與原型脫離，再於其後方以較硬之材料填充後，即可進行鑄造的動作；圖 7-61 即為電鑄的製程。

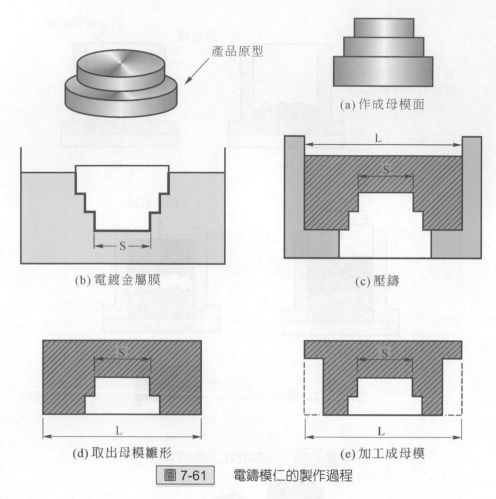

(a) 作成母模面

(b) 電鍍金屬膜

(c) 壓鑄

(d) 取出母模雛形

(e) 加工成母模

圖 7-61   電鑄模仁的製作過程

3. 粉末冶金：

    與壓鑄法類似，只是材料係固態金屬粉末與結合劑之混合物而非液態金屬。其作法是在倒入粉末後加壓加熱使粉末「燒結」而得堅硬之實體後經研磨即得。因燒結會有高達 20%的尺寸差異，且須有 5 度左右的拔模斜度，因此在精確度的計算上要特別注意。

7-2-4   表面處理

1. 拋光研磨(Polishing)：

    模具的拋光，在機械加工所做不到的地方，如 Undercut 處，主要是靠人工，也就是以手工拿銼刀與砂石、砂布等慢慢磨〔推〕出來的，因此老師傅的手工「巧不巧」，影響表面光澤頗大。以前模具廠的一般學徒，剛開始除了打掃與搬運的工作外，最常見的就是所謂的「推模仔」，因為那時的加工機械較不精密，所以需要大部分的人工來做收尾的工作。現代則有

手持式電動研磨工具〔超音波研磨器、振動研磨器〕，再加上拋光的媒介如磨石、水砂布、砂紙以及拋光劑如青土、鑽石膏等的運用，已能達到模具表面光澤的需求。至於如鏡面般的產品，一般都以精密車床、精密放電與精密研磨等 NC 機械來處理，最後才加上部分的手工精修。

圖 7-62　手工研磨拋光

2. 熱處理：

模具使用之鋼材經過適當的熱處理是可以增加硬度、強度與耐磨度的，一般的模具材料會依所使用的部件需要而做不同之硬度處理，硬度的單位以洛氏硬度 HR 使用最多。而模仁使用之材料大多是使用預硬的材質，也就是廠商已將材料調質到最適合使用的硬度，通常是介於 25~45 度 HRC〔洛氏硬度 C 級〕。若是中碳鋼等材質則只有 15~20 度而已，因此若有必要增加鋼材之硬度，則以淬火熱處理為之，但鋼材經淬火後變硬且組織不安定，因此還要有回火的動作以消除應力。

另外也有只做模具〔模仁〕表面熱處理者，常用之表面淬火方法有：(1)滲碳〔約表面 2mm〕、(2)高週波，(3)火焰，(4)氮化〔約表面 0.7mm〕……等方法，其目的都是在增加表面硬度與強度，使做出來的模具更耐用。

註：HRC 測硬度計的使用方法是：將錐形頭針垂直置於模具表面，並以 150 公斤的力量敲打刺入鋼材表面，再由其上之指針讀出硬度之大小度數。

3. 電鍍：

模具表面的電鍍是：不將模具的表面作熱處理，改以金屬層包覆來增加表面的硬度、亮度與耐腐蝕〔防鏽〕。電鍍的材料一般都是鍍硬鉻(Chrome Plating)。其方法是將欲電鍍的面〔通常是母模面〕置入鉻酸溶液作為陰極，另一頭則是接鉛或鐵當陽極，當通電後，電解液會分離出「鉻」而形成電鍍層於母模面上，電鍍的速度約為 $1\,\mu$m/hr，視所使用電解液之濃度而定。鍍鉻後的模具有下列之優點：

(1)　表面會很光亮，射出成型的塑膠料表面亦會相對光亮。

(2)　耐磨損不易刮傷，使用壽命長。

(3)　耐化學性〔腐蝕〕。

(4)　容易脫模，增加生產效益。

而其缺點則是：

電鍍的模具由於僅僅是一層 10~30μm 的表面厚度而已，因此模具本身若拋光不良則射出成型件會更顯現出本身的缺點。另外則是電鍍面若有破損即無法修補，必須退掉電鍍層重新再電鍍。

母模模穴電鍍的模具

圖 7-63　　母模模穴電鍍的模具

7-2-5　合模(Matching)

　　合模在電腦與機械設備尚未精密成熟的時代，是模具師父展現其功力的時機，尤其是大型的模具，經常因公、母模分開加工，而在組合時產生了誤差，也就是應該完全貼合的分模面部位，因為加工精確度的問題而無法順利做到完全 Matching，此時即必須在公模上「有公、母合模面」的地方，噴上紅丹漆〔合模劑〕，再以敲打的方式加壓撞擊，做合模的動作，公、母模若沒有在合模面上完全 Match，則會在母模側留下合模劑的印痕，該印痕即是要研磨修掉的地方，此時再以人工或機械〔手持式研磨機〕加以修整，直到合模面完全且平均 Match，此可由合模劑印痕是否全部印出來作確認。

　　較具規模的模具廠都有合模機，如圖 7-64 所示。將公、母模鎖在夾模板上，合模機的上部夾模板是以油壓缸作上下的壓合，如此可模擬射出機的開、關模動作，它又可以作 90 度旋轉上翻以供作業人員在上面做修整的動作。

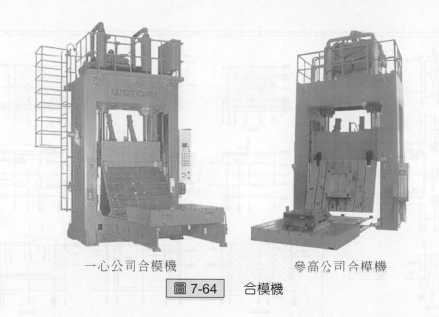

一心公司合模機　　　　　參高公司合樟機

圖 7-64　合模機

7-3　模具設計圖

　　模具設計首先會做拆模的構思，也就是先建出成型品的 3D 尺寸後再拆解成各部的模具加工零件來，每一個零件都有其尺寸以及裕度，當然也包括錐度、拔模斜度、塑膠縮水率等尺寸的預先計算，再依此作加工圖的設計繪製，例如模座、模仁、Pin、銷、孔等，然後再畫出各個加工件的加工圖，又例如放電加工的電極就要畫出製作該電極的尺寸圖以供 CNC 加工廠製作，再配合零件加工圖於放電加工機上做出該零件的放電加工部位。

　　模具製作師傅依設計圖上標示之尺寸進行加工，各個零件分開進行，完成後再依相關部位作區域的組合，最後再一一組裝組合件成一完整模具。由於塑膠射出成型已是一成熟的工業，也就有許多模具設計的套裝軟體供模具設計人員應用，不需再一一畫出機械圖來。

　　圖 7-65 是以 Data Reader 為例之模具設計加工圖(2D)。

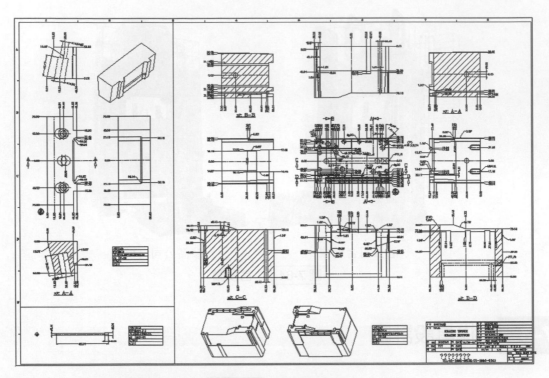

圖 7-65　　模具設計圖

模具設計完成後即進入模具加工程序，以 3D 及上 5軸同時銑削各面的同時完工的方式，並一部分需有車床，刀具分具有固定 頭、旋轉頭或多軸刀具 （刀）及 3軸的加工機，再加以 磨削加工；模具組立模座需配置，如圖 7-1 圖二 塑膠的模穴，圓的倒角、鑽孔、和等、孔等。然後再需固定 再上件後上開，名圖之整體需出型件修附加工之 CNC 加工滑開工作，有需有需件加工上工作圖，加完成，檢修即即可成組立。

模仁及作圖件組立加工各面加工之相對位置，詳見7-1程工。

上圖 6絵圖片，一斷各件的各之角度，尤其長度，由形主各線圖片是一寸的工業。

由圖 7-65 之 6 各分組的之圖件，可見加工設入人圖組用，不需再，不需再 再整體檔案。

圖 7-65 為以 Data Reader 設計 之之件具總括加工圖(2D)。

圖 7-66 為一般模具設計之 3D 加工圖供參考：

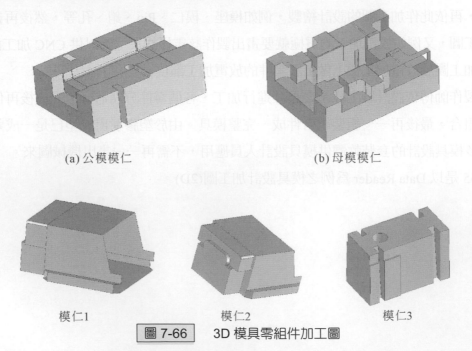

(a) 公模模仁　　　　　　　　　　　　　　(b) 母模模仁

模仁1　　　　　　　　模仁2　　　　　　　　模仁3

圖 7-66　　3D 模具零組件加工圖

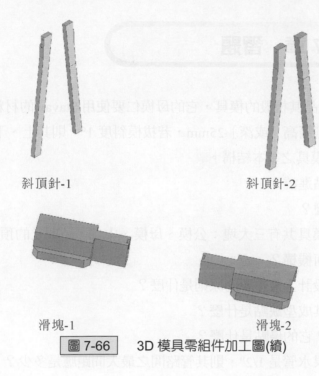

斜頂針-1　　　　　　　　　斜頂針-2

滑塊-1　　　　　　　　　滑塊-2

圖 7-66　　3D 模具零組件加工圖(續)

第 7 章　習題

1. 為什麼有許多 3C 產品其機殼的模具，它的母模仁要使用 Stavax 的材料？

2. 盒形的成型品，其側牆高〔或深〕25mm，若拔模斜度 1°，則其上、下尺寸相差多少？

3. 試畫出 C 型二板模模具之基本結構。

4. 三板模為何可以小點進澆？

5. 開閉器的作用是什麼？

6. 塑膠射出成型涼椅模具共有三大塊：公模、母模、中仁，請問它的頂出系統在哪一塊上？其頂出動力來自於何機構？

7. 多模穴模具的流道設計，最重要的原則是什麼？

8. 何謂潛伏式澆口？其成型缺點是什麼？

9. 什麼是 Hot Runner？它的優點是什麼？

10. 在冷卻水路中，如果水管是 1/2"，則其管路間之最大間距應是多少？

11. 射出機台上有何設備來作為頂出板的動力來源？

12. 斜頂出的斜銷頂針上會有卡勾，目的是什麼？

8

押出成型與中空吹氣
成型模具製作與加工

8-1　押出成型模具

　　將製作押出成型的模具與射出成型模具拿來作比較，押出成型的模具相對要簡單的多，製作一個押出成型模具的費用也比較低，當然得視產品的形狀與大小而定，有些較小的異型押出件可說是極其簡單的，甚至可以不用成型模模具，而由模頭直接到冷卻即可。

　　押出成型的模具製作，以產品設計的 Profile〔斷面〕複雜度與成型品要求的精密度來決定成本的高低；一般的模具製作方式如下。

8-1-1　使用鋼材

　　押出成型所使用之鋼材大致與射出成型類似，但因為押出成型時並沒有像射出般的高壓，因此也就比較不需要硬度太高的材料，若是用於熱固性產品，如 Melamine、Epoxy……時，則因為是「冷」料管、「熱」模頭，所以要使用較耐熱與耐磨的鋼材。

8-1-2　模具加工

1. 模頭：

　　押出成型的模具，依據成品斷面的需求大多是使用線切割的方式切割出其斷面來，然後在進出料處稍加研磨出斜面，以利塑料之行進。用在熱塑型的塑膠時，模頭尺寸大多會比實際產品尺寸多 20~50%的量，這是因為塑膠的膨脹值的關係。但是線切割出來的尺寸，在實際試模時大多無法一次到位，常會有修修改改的情形，因此在作模具模頭的加工時，通常都是設計成組裝式的〔如圖 8-1〕，以利拆組後作尺寸之修正，這樣的組裝式拆組並不會造成品質問題。

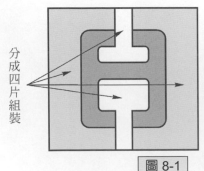

分成四片組裝

圖 8-1　組裝式模頭

異型押出之模具因為押出之前端多為圓形狀,然後在模頭內依形狀之需求,漸變成為所需之斷面,如圖 8-2 所示即為一個簡單的從圓變化到方型槽的情形。

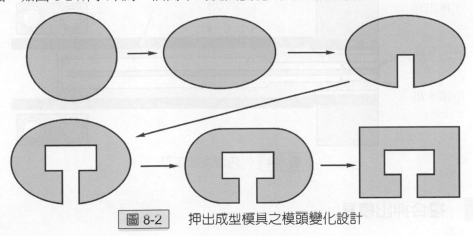

圖 8-2　押出成型模具之模頭變化設計

2. 成型模:

押出成型在原料出了模頭之後,即已呈現基本之雛形甚至接近成品尺寸,此時若是對於外尺寸並不嚴格要求的成品,則可以使用簡單之成型模約束其尺寸,並及時冷卻以完成所作的成型,若是表面要求為完整平〔曲〕面時,則成型模就顯得重要。

常見的成型模是以吸真空的方式為之,在原料出了模頭後,接著有 1~4 段或更多的成型模段,把塑膠成品與成型模間的空氣抽掉,抽到塑膠料與模壁貼合,且牽引設備仍能將之往前引取的情況即可,如圖 8-3 所示。

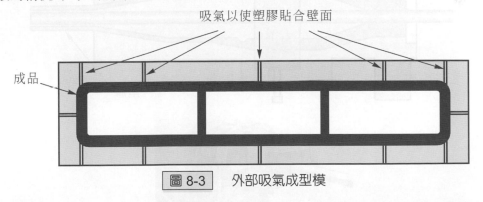

圖 8-3　外部吸氣成型模

成型模之製作也是以線切割為主,而其分段也是以漸進的方式來達到成型準確之目的。

3. 內面定型:

有時候異型押出產品會要求內面的尺寸甚於外部尺寸,此類產品即可考慮以內面定型的方式製作模具,如圖 8-4 所示,在成型品內面有一定型模,其中間有冷卻水進出,以加速冷卻,並達到內面尺寸穩定的目的,一般而言,內面定型需要較大的押出與引取的力道。

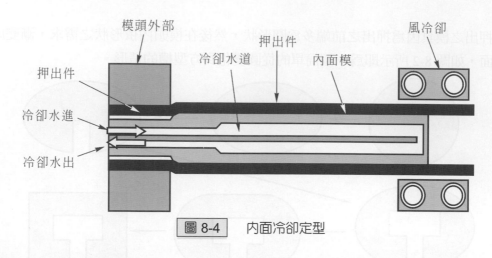

模頭外部　　　押出件　　　風冷卻
押出件　　　冷卻水道　　　內面模
冷卻水進
冷卻水出

圖 8-4　內面冷卻定型

8-1-3　複合押出模具

複合押出之模具視產品之不同而有差異，例如電線之複合押出，主要是將銅線所佔之空間，取代原先應是中空的部分，又由於銅線 Coil 會與生產線之中心重合，因此塑膠的模具是從側向進料的，也就是模頭的前端具有供兩種材料進入之孔洞，而模頭內的魚雷中則鑽有孔讓銅線經過，而塑膠料在銅線出模頭時即已將之包覆。

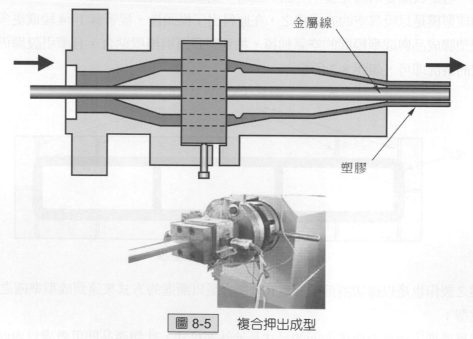

金屬線

塑膠

圖 8-5　複合押出成型

8-1-4　表面處理

因為押出成型模具在生產時是不斷的與塑膠料摩擦，因此模具內的表面處理即應特別注意硬化的需要，要有足夠的耐摩擦力。至於成型模則牽涉到表面光澤，通常以拋光、電鍍等方法來處理。

押出成型只能在模具上作斷面產生的紋路，它是無法咬花的。如圖 8-6 所示之發泡押出飾板，則是在塑膠押出模頭後，再以熱壓滾輪模具壓出與斷面垂直的紋路。

圖 8-6　押出成型之側面壓紋

8-2　中空吹氣成型模具

8-2-1　模具材料與設計

1.　模具材料：

中空吹氣成型的模具製作的重點是使用的材料與加工的方法，模具的材料一般以中碳鋼為多，也有使用鋁材的，因為以鋁材製造成模具較容易加工，之所以較少使用類似射出成型用之高硬度鋼材，是因為中空吹氣成型並不需要很大的夾模力與壓力，主要的受力點在切嘴的位置，因此模具常在生產一段時間後就必須整修切嘴處。如果要提高模具的壽命與成型品的品質，當然是使用較佳的模材並能達到下列之需求為佳：

(1)　較佳的熱傳導性，縮短成型時間。

(2)　輕量化：降低機械之負荷。

(3)　耐久性：如抗拉、表面硬度、耐腐蝕等。

(4)　價格便宜：易加工。

綜合上述之需求來選擇模具材料，可能會有下列適合之金屬材：(1)鋁合金，(2)鋅合金，(3)不鏽鋼，(4)中碳鋼，(5)鑄鐵。

至於要使用高價格的不鏽鋼或低價格的鑄鐵，就看業者對於模具品質與壽命的需求了。

2. 分模線〔面〕設計：

中空吹氣模具之分模線較射出成型單純，因爲它的形狀變化較少，若是瓶類的產品，則是作在中間分兩半的地方，因此它可能在四個面的一個面上，或是四個角落的弧線中間上。現在很常見的，以塑膠本身的雙層肉在成型時壓靠在一起形成所謂的 Hinge 的情形則是「非中空」分模線的極佳應用，如圖 8-7 是一個設計爲單一成型的工具箱，其模具構造如圖 8-8 所示，是一種充分運用中空吹氣成型的成型加工例，重點是在每一個隔絕的氣室上面都要有一個吹氣孔〔點〕。

3. 排氣：

吹氣成型與射出成型一樣，在成型的過程中必須將模穴中的空氣完全排出。所以以模具的基本構造而言，跟大部分的射出成型一樣，就是合模線的位置即是讓空氣排出的最基本的選擇點。但是有些產品，其模穴較深入的地方〔例如邊角和凹陷處〕，經常會有空氣在吹脹的過程中來不及順利排出的情形，因此在模具設計製作時，會在這些地方作排氣孔以溢出空氣，其大小約在 0.1~0.3 mm ϕ。

前章曾經提過：模具表面拋光並沒有達到眞正使產品表面光亮的效果，因此一般並不會特別將模面拋光，而是採用噴砂或咬花處理。至於因爲咬花而產生的脫模的問題，就是要做到足夠的拔模斜度，以及切口位置應準確且平順。

分模面 ⟶

圖 8-7　　中空吹氣成型之分模面

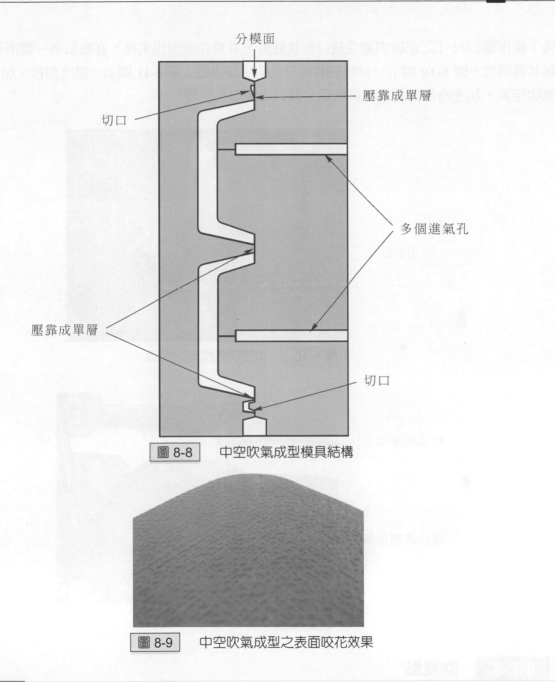

分模面

壓靠成單層

切口

多個進氣孔

壓靠成單層

切口

圖 8-8　中空吹氣成型模具結構

圖 8-9　中空吹氣成型之表面咬花效果

8-2-2　冷卻

　　中空吹氣與任何熱塑型射出一樣都是在高溫下成型，為了縮短成型週期，都會儘可能將成型時的冷卻作好，也就是在模具靠近成品面的地方裝置較多的冷卻水路。有些較大型的產品冷卻較慢，因此必須在成型取出後，再將空氣灌入中空體內以加速其冷卻。而有些瓶罐類的產品

為了確保瓶口尺寸之正確與避免瓶口形狀變形，常會在成型出來後，在瓶口塞一圓形治具以控制其真圓度。圖 8-10 顯示一個吹瓶的模具上的冷卻水路。圖 8-11 顯示一個成型後，加治具(Jig)並吹空氣，加速冷卻的情形，同時固定瓶口之圓形免於變形。

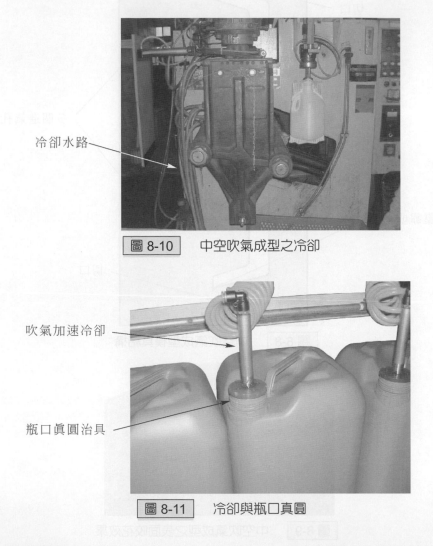

冷卻水路

| 圖 8-10 | 中空吹氣成型之冷卻 |

吹氣加速冷卻

瓶口真圓治具

| 圖 8-11 | 冷卻與瓶口真圓 |

8-2-3　吹氣點

　　一般中空吹氣成型之瓶罐類，較常見的吹氣孔都是由上方〔兩段式機械〕如圖 8-12，或下方〔一段式機械〕吹氣，如圖 8-13。現今中空吹氣產品的設計應用愈來愈多樣化，各種造形變化都有，例如前面所說的工具箱或幼兒玩具的組合城堡、溜滑梯，甚至於組合家具、汽車擾流板……等造型各異的產品，即無法以單一進氣點解決，也因此會有非常多的成型品是改從側面

作多點的進氣，如圖 8-14 的工具箱即是。

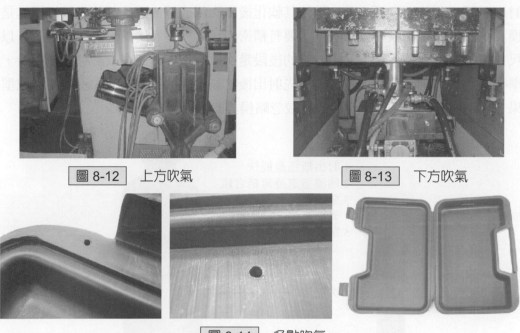

圖 8-12　上方吹氣　　　　　　圖 8-13　下方吹氣

圖 8-14　多點吹氣

　　吹氣點的選擇，除了配合產品的形狀外，也要考慮對產品外觀的影響，所以常見的吹氣點都是設計在較靠近產品邊緣而不影響外觀視覺的地方，同時也要注意吹氣範圍的均勻度，以免因應力不平均而造成成型不良。

8-2-4　押吹與射吹

　　射吹主要是針對那些「需要精密的瓶口尺寸」的容器所使用的成型方法，押吹則泛指一般的押出料後直接成型之中空吹氣成型，因此就模具而言，兩者的動作是不一樣的，而由於射吹是結合射出成型與中空吹氣成型兩種方式，因此成本自然要高出非常之多。

1.　押吹：

　　中空吹氣成型機的前段本身即是押出成型，只是到了模頭的地方作 90 度的轉向，由水平變成垂直出料，接著再做吹氣的動作，因此模具的設計與製作，通常就是以銑床、CNC、仿雕、車床、放電加工等，直接加工在模具材料上，模板尺寸相對要比射出成型薄很多，而且一般的押吹式中空吹氣模，大多只有左右兩片以自然刻出形體的模板，很少看到有嵌入模仁的模具。

2. 射吹：

先射出瓶胚，再將瓶身那一段加熱使其軟化後作吹氣成型，因此其前半段的模具是射出成型模具，而這個射出成型模具，爲了要有精密的尺寸大多使用熱澆道小點進澆，以確保瓶口尺寸精確並可大量生產。又由於它的後段是吹氣成型，因此在設計製作模具時，即必須算準吹脹比，控制好肉厚，也因爲是先射出後吹氣，因此其表面效果就是射出成型的表面效果，而不像一般的押吹那樣可以比較忽略模具的表面處理。

1. 射出瓶胚產能快
2. 熱澆道進澆無結合線
3. 瓶口尺寸精確
4. 表面光澤
5. 瓶身厚度均勻

吹漲比 →

圖 8-15　射吹之瓶胚與成型品

第 8 章　習題

1. 爲什麼押出成型的模具要分成數塊模仁來組裝？
2. 押出成型的成型模會以什麼方法達到塑膠料與壁面貼合？
3. 押出成型模之內部如何冷卻定型？
4. 爲什麼押出成型無法像射出成型一樣做母模表面咬花？
5. 中空吹氣成型，在成型時原先在模穴內的空氣如何逸出？
6. 如何加速中空吹氣成型時的產品冷卻？
7. 射吹瓶與押吹瓶之表面效果何者較佳？爲什麼？

9 產品設計與模具製作之互動

9-1 產品規劃與設計

在產品規劃階段，設計人員與業務人員即必須取得相當的共識，產品設計人員經由業務人員提供或討論所得到的資訊而進行產品的規劃，亦或可能是設計人員的獨創性設計的付諸實現，而從構想開始到進行產品規劃，設計人員必然是主導整個案之進程，而在進行此產品規劃時，設計人員通常是依據個人的經驗與對產品的認知而加以規劃的，也因此會有許多的專業知識是必須具備的，更由於是要做塑膠成型之產品，因此，設計人員對於塑膠料的物性的資料收集以及對成型與模具製作的瞭解更是不可或缺。

9-1-1 產品之範圍條件與目的

構思產品之大方向，列出其中之必要因素，例如：外觀、尺寸、型態、荷重、結構、強度、耐候、產品價值等，而有了這些因素自然就能針對每一項開發案的產品作一明確的規範，也就是將範圍漸漸縮小，並確立各項條件之需求，如此在發展構想時，既可節省時間又不會漫無目標。

既然是範圍較小了，在設計人員的腦子裡，即必須預想將來這個產品產生時的一個大概的輪廓，若設計者本身未具備這樣的知識與技術，則應該與模具塑膠技術人員密切連繫配合，才能免除無法製造的嚴重後果，就塑膠成型產品而言，其構想的發展中產品的主要特性則規範之如下，此表可供設計師作為檢查設計因素之用。

1. 產品條件：
   (1) 產品定位：銷售對象、產品價位、數量……等等。
   (2) 使用場合：室內、室外、個人、公共……等等。
   (3) 預估成本：原料、模具、加工、包裝、運輸、管銷、利潤、稅……等等。
   (4) 外型尺寸：造型、操作、使用、人體工學、重量。
   (5) 結構與功能：安規、強度、耐候、結合方法。
   (6) 表面處理：視覺、觸感、使用、耐候、壽命……等等。
   (7) 生命週期：壽命、業務、成本、競爭……等等。
2. 模具條件：
   (1) 模具材料：加工性、軟硬(HRC)、表面效果、耐用。
   (2) 結構：兩板、三板、熱澆道、滑塊、頂出、絞牙、嵌入模仁、抽芯。
   (3) 產品性：分模線、補強肋、表面加工、電鍍、咬花。

(4)　生產條件：人工、自動、料頭、機械手臂、輸送帶。

(5)　大小：大柱內距、使用機台、Daylight、重量。

(6)　脫模：拔模斜度、滑塊、斜頂出、風頂出、油壓缸。

(7)　零組件：共組模穴、齒輪、鏈條。

(8)　壽命：模具使用模次、時間。

3.　成型：

(1)　Cycle Time：成型時間、冷卻方式、機台大小……等等。

(2)　夾模力：足夠與適當之噸數。

(3)　射出量：重量(Ounce、Gram)、容積(cm³)。

(4)　頂出：油壓缸數、滑塊、抽芯、風 Valve……等等。

(5)　機台動作極限(Daylight)：模具尺寸、頂出、行程。

4.　塑膠材料：

(1)　何種塑膠：熱固、熱塑、Filler 填充材、純料、Compound……等等。

(2)　顏色：色母、色粉、表面效果、表面處理……等等。

(3)　縮水率：表面縮水、結合尺寸。

(4)　流動性：MI 值、成型完整、毛邊。

(5)　剛性：安規、強度、耐磨……等等。

(6)　耐候：變色、耐溫、老化、防火。

(7)　表面：亮度、表面效果、表面處理……等等。

9-1-2　模具之重點

　　在經出上述的規劃後，即開始產品的設計，而產品設計師在一一檢視過之後，所設計出來的草圖乃至產品圖都必須符合模具的需求，而就塑膠製品而言，這些特性是缺一不可的，成型與材料當然也是模具製作中先期考慮的要素，但就模具而言，尤其是在模具結構方面的分模線、倒勾、油壓缸等更是不能不慎重處理，特別提列出來，做為互動關係的特殊重要部份。

1.　分模線：影響模具的使用材料多寡，同時也是產品品質的影響因素之一，拆模拆得好，既可以節省材料，產品品質相對也會比較好。

2.　倒勾：絕對要先想好解決的辦法，例如：扣接處、側牆面、補強肋、有礙拔模斜度等地方都必須是可解決的，至於要用滑塊、斜頂出、靠破或抽芯解決則視產品而定。

3.　進澆：以兩板模大點或是三板模小點進膠或熱澆道的方式進澆，皆要注意到進澆位置以及結合線的問題。

4. 頂出：頂出的方式，頂針、頂板、風 Valve、油壓缸，其尺寸、大小、行程以及角度都必須在產品設計之時，即已構思完成了。

5. 肉厚與補強肋：肉厚與肋影響產品重量與使用機台、縮水、強度……等等，也是整體產品設計的重點之一。

9-2　模具規劃

　　產品設計的最佳結果，當然是希望能將好的設計付諸實物生產製造，而就塑膠製品而言，能否順利生產，則決定於模具的製作是否良好。而再往前推則是模具的設計是否良好，模具設計的幾項問題若能克服，其製造即可依各種加工方式去進行，通常模具設計所面臨的考慮因素有下列幾點。

9-2-1　模具結構

1. 基本結構：兩板模、三板模、熱澆道模。
2. 模穴數(Cavities)：平衡的模穴安排。
3. 分模線〔面〕的拆法 (Parting Line)。
4. 進澆方式(Inject System)。
5. 流道設計：配合模穴作平衡的流道 Layout。
6. 冷卻循環水路(Cooling System)。
7. 模具強度：使用自然件或鑲嵌〔模仁〕件。
8. 脫模〔頂出，拔模斜度〕的設計。
9. 倒勾：滑塊，絞牙，抽芯、斜頂出等之設計。
10. 模具總尺寸：配合生產機台〔開距、抽芯、滑塊總距〕。

9-2-2　模具材料與加工

1. 模具的材質與物性。
2. 使用規格與零組件。
3. 公差範圍之設定。
4. 材料之硬化〔熱處理〕。
5. 收縮率。

6.　表面處理與效果。

　　模具的加工則如第六、七、八章所述的方法，針對每一種加工方法，其加工性對產品設計的影響則有如下幾點：

1.　鉋床：
主要係依原材料〔高壓成型鋼材〕尺寸而加以鉋出一個或多個平面，以做為模具製作的基本面，另一方面也切削並刨出直角面，形成加工基準。

2.　CNC 或 Copy Milling：
由於機台的大小影響模具的加工範圍，尤其是深度的影響最大，所以在產品設計時就應該要考慮到用銑床的加工所會遭到的加工限制。

3.　車床：
車床的使用主要在於產品為類似圓柱或圓球形者，與產品較有關係者為成品的斜度之密接以及螺牙之咬合等問題，必須事先依產品設計的要求而加以確定。

4.　放電加工 E.D.M：
對於較小的肋(Rib)或者較銳角的地方，在產品的設計上易形成限制，自從有了放電加工技術之後，設計師都可以順利發揮，而其精密度亦可達到一般的要求。

5.　線切割 Wire Cutting：
對於 Insert 模仁的結構、靠破面的加工或深長型體的組合等加工所需用到。

6.　咬花 Etching：
根據設計作特殊的表面效果。咬花的技術有其形狀與深度的限制，另一方面亦必須配合咬花後所增加的拔模斜度。

7.　電鍍與拋光：
當產品設計要求表面要非常有光澤時，在模具的製作上就是在母模面加以拋光，拋光一般是靠人工來加以打磨，或者使用電動與氣動打磨機。

　　上述幾項加工方法，主要係對產品設計可能產生影響者加以提出，以利設計師在設計時即能對加工製品有所了解，而得以在產品的設計上充分發揮，避免不必要的顧忌，如此即可減少設計障礙，達到設計師可以主導模具製造的配合，不會因為模具的製作不良而連帶導致產品的不良，影響設計品質。

9-3   產品效果規劃

　　而除了前述的模具加工外，為了產品的「表面」與「結合的方法 」，有些設計是在衡量模具加工後的後處理而必須先有預期的作業。表面處理除了上述的咬花與電鍍拋光外最常用的方法有下列幾種。

9-3-1   產品電鍍

　　由於產品電鍍僅是鍍上薄薄一層的金屬膜，因此在模具製作時即必須拋光到一定程度，這又可能受到產品的表面縮水〔不當的肉厚、補強肋、凸出柱等引起的〕影響效果。而模具的材質也可能會有影響，有些模材是無法拋光到符合電鍍的需求的，因此在做模具前就應對模材有足夠的認識。

9-3-2   印刷

　　較常見的印刷大多是印 Logo、型號、裝飾圖案等，也有印按鍵上的字，或在透明件的反面印刷呈現的，印刷表面基本上需是平整面，所以在設計時即應避免在凹凸面上或者弧形面印刷，有些太深的咬花也會影響印刷，甚至需用到漂染、移印等較複雜的加工方法，這些都是設計師所應知道的。

9-3-3   噴漆

　　當設計的產品的顏色是無法以塑膠料直接成型，或者成型效果不佳，亦或是表面有無法處理的結合線、合模線時，通常會以噴漆來解決。

9-3-4   IMD(In Mold Decoration)

　　解決複雜的表面裝飾圖案最佳的方法，設計師可以作各種印刷與噴漆做不到的圖案變化，缺點是要較多的模具且加工程序較長。

9-3-5　雙色射出與包射

設計師要對塑膠材料以及雙色射出的基本原理、模具結構、成型技術有充分的瞭解才能作出可行的產品設計。

9-3-6　著色

要有充足的人工以及對軟質模具的概念，才能在如 Poly 之類的產品設計領域有所發揮。

9-3-7　貼皮

應依循模具製作出來表面平順但不需光亮的產品來，而其形狀又不能複雜，一般只在平面的產品，或者產品本身有一部分是平面的地方作貼皮裝飾。

9-4　產品設計之結論

以上所述，為設計人員在作塑膠製品的設計時所應具備的基本概念，包含三種主要的成型方法：射出成型、押出成型、中空吹氣成型等再輔以表面處理與零組件間的結合方法，如此即可涵蓋大部分之塑膠產品設計。而有此基本概念在作產品設計時即可依循下述的關係結構圖去作發展。

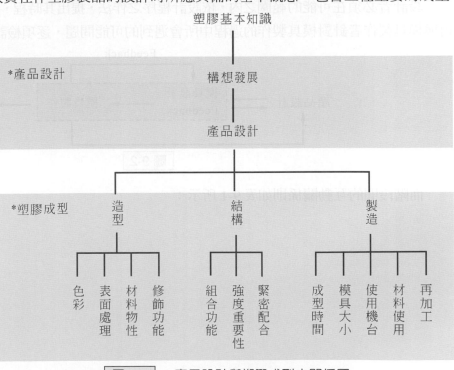

圖 9-1　　產品設計與塑膠成型之關係圖

　　由上圖中，我們可以看出在產品設計之初，對於基本知識之獲取是必經之路，而塑膠成型的基本觀念又幾乎是明確的，只要循著各項條件：造型、結構、製造……等逐項檢討，則可以減少不必要的嘗試錯誤的浪費，又由於塑膠成型是否正確決定產品的最終品質，因此我們可以依上述的圖示反方向行之，也就是先吸取產品的資訊再對照其成型的可行性，如此雙向溝通則可使設計結果萬無一失。

　　作者本身即依此為產品設計所依循的設計原則，再結合後述的模具製作的條件作為互動的依據，完成了數百件的塑膠產品設計，並於附件中舉較具代表性的設計例，說明各項塑膠成型品之設計特點供參考印證。

9-5　產品設計與模具製造之互動

　　由上述產品設計或模具製作兩者間的單方反應，我們可以將之結合成可能的互動關係。也就是在產品設計之初，應由產品設計人員主動召開開發計畫會議，結合業務人員，工程人員以及模具設計、模具製作人員，共同依據實際的需求提出基本的構想，尤其是在模具結構上對可能的影響作一深入的探討。

　　設計者必須在可能的範圍之內，依設計程序之作法，提出其時程，並列出所有必須的參數，再與模具製作者針對模具製作的過程中所會遇到的可能問題，逐項檢討。

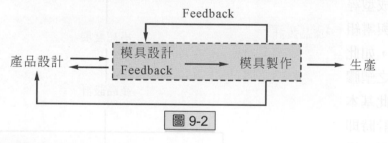

圖 9-2

而階段間的互動關係則如表 9-1 所示：

表 9-1

產品設計	模具設計與製造
(1) 基本造型	a. 模具規劃設計 b. 限制條件之瞭解
(2) 外型尺寸	a. 模具之大小 b. 機台之範圍 c. 加工機具之工作範圍
(3) 使用塑膠材料	a. 縮水率 b. 成型難易 c. 表面效果 d. 後加工之表面處理
(4) 成型方式與基本結構	a. 模具基本結構 b. 澆道設計 c. 結構之模流分析
(5) 生產自動化	a. 配合機台 b. 脫模、頂出結構設計
(6) 成型時間	a. 冷卻系統之設計 b. 機台結構之配合
(7) 產品強度〔耐用性〕	a. 肉厚 b. 補強肋等之加工 c. 成型條件
(8) 拔模〔脫模〕	a. 提供結構的各項限制 b. 倒勾的解決方案
(9) 頂出	a. 提供結構的各項限制 b. 特殊的頂出方法研究
(10) 分模方式之影響	a. 加工難易與限制 b. 對模具結構的影響
(11) 產品重量	a. 肉厚 b. 補強肋之影響

表 9-1　(續)

產品設計	模具設計與製造
(12) 組裝與結合方法	a. 結構與干涉 b. 肉厚與強度 c. 傾斜角度 d. 尺寸公差之要求 e. 縮水之影響 f. 孔洞與 Boss g. 嵌入成型 h. 熔接面
(13) 表面光澤與表面處理	a. 模具材料 b. 加工限制 c. 拋光技術 d. 表面處理的方法
(14) 使用壽命(產品週期)	a. 鋼材硬度 b. 合模之良好與否 c. 結構好壞
(15) 開發案完成時間	a. 加工方法的高速化 b. 模具設計的標準化 c. 材料、組件之取得時間
(16) 成型不良之避免	a. 可由模具設計解決之方法 b. 避免脆弱的地方 c. 加工技術之提升 d. 成型技術之提升

　　以上所敘述之產品設計與模具製作互動的對應表，當然無法涵蓋所有的產品，僅是提供一個塑膠成型產品設計的思維邏輯與模具製作之間互動的參考。

9-6　結論

　　製作一組塑膠成型的模具，少則新台幣數萬元，多則數百萬甚至有上千萬的，就一個企業〔尤其是中、小企業〕來說，要決定這樣的投資，都應該是要愼重行事的，當然對於市場的考量應是主要原因，但是就設計的角度來看，廠商一但決定開模，則該項投資皆應該控制到模具不能失敗的絕對要求，因爲開發一項產品，一但生意不好，則投資的回收是遙遙無期的。若是因爲產品設計不良，造成的模具製作錯誤或品質不良豈不是更冤枉。

　　我們可以把而產品失敗的原因大致歸納爲三種：

1.　造型、機構、功能不佳、顧客不喜歡。
2　模具不良、生產不順。
3.　製作成本太高、售價偏高。

　　而這三種原因的引起，可以說都是因爲產品設計的關係，而模具製作與產品設計又是存在著絕對性的互動關係，因此在設計的過程中，對於模具的瞭解以及對應關係的獲取，而能有足夠的資訊可供參考則是必要的，也是最能夠促使設計成功的條件，經過對塑膠成型產品設計與模具製作對應關係的研究後，我們可以得到以下的結論：

1.　設計者對塑膠產品之基本知識的瞭解，決定設計的成功與否。
2.　塑膠成型品的設計必須兼具產品設計、塑膠成型、模具設計、模具加工的概念，才能完成整合性的設計。
3.　藉由經驗與研究資料之建立提供，來說明產品設計與模具製造之互動關係，可提供其他想要進行塑膠產品之設計者的參考依據。
4.　遵循正確之設計程序再參考專家們的意見，應可使塑膠產品的設計達到更完美的境界。

第 9 章　習題

1. 塑膠成型品設計的產品設計規範，主要應包含哪幾項？

2. 模具規劃時，針對模具結構，應有哪些檢核點？

3. 圖解「產品設計」與「模具製作」間之互動關係。

4. 產品設計時，相對於「組裝與結合方法」，在模具製作時有何對應之互動關係？

5. 產品設計失敗的主要原因有哪些？

10 塑膠成型品設計之知識庫與資料庫

　　由前述之產品設計與模具製作之互動，我們可以發現在作產品計時要考慮的設計因素實在是太多了，而且對不同性質的產品又各有不同的考量，因此作者很希望身為產品設計師，就應該要有將自己的知識與經驗值作成基本的可參考的檔案資料，也就是將既有的基本知識整理出來，再配合經驗值或蒐集到的資料建立起一個互相呼應配合的產品設計的依據與資訊，列出知識庫(Knowledge Base)以及參考資料庫(Data Base)，達到縮短設計時程，以加快產品達到市場需求的時效，避免不必要的嘗試錯誤過程。

　　以下將作者在「塑膠射出成型涼椅」的研究過程中所建立的參考資料列出供讀者參考應用。

圖 10-1

10-1　知識庫(Knowledge Base)

10-1-1　產品設計

1.　造型：列出各部位之基本形狀。

(1) 背部外型：

 a.　圓背。

 b.　方型背。

 c.　弧型背。

(2) 背部飾紋：

 a.　直線型：

  a-1　垂直線。

  a-2　水平線。

  a-3　斜線。

 b.　扇型。

 c.　交叉型

  c-1　直線交叉。

  c-2　曲線交叉。

 d.　圖案式。

 e.　多孔式。

 f.　不規則式。

 g.　編織式。

(3) 扶手：

 a.　無扶手。

 b.　扶手至背部環繞式。

 c.　扶手至背部交叉式。

(4) 腳部：

 a.　前腳

  a-1　前腳與座部直接連接。

  a-2　前腳與座部交叉連接。

b.　後腳

b-1　開口朝前後。

b-2　開口呈 L 形。

(5)　座部：

a.　前緣

a-1　前凸式。

a-2　半前凸式。

a-3　齊平式。

b.　飾紋

b-1　凸紋式。

b-2　靠破線條。

b-3　波浪式。

(6)　外型：

a.　歐式。

b.　非洲式。

c.　東方式。

d.　古典。

e.　現代。

2.　大小：列出各部位之相關尺寸。

(1)　高度：

a.　背部離地高。

b.　坐部離地高。

c.　扶手離座部高。

(2)　寬度：

a.　背部寬。

b.　座部寬。

c.　扶手寬。

d.　前腳左右距離。

e.　後腳左右距離。

(3)　深度：

a.　坐部深。

b.　前後腳距離。

    c.　整體前後深度。

    d.　扶手處前後距離。

3.　重量：列出產品之重量影響因素。

  (1)　原料比重。

  (2)　填充料比例。

  (3)　縮水率。

  (4)　本體空間容積。

  (5)　長寬高比例。

  (6)　靠破孔多寡。

  (7)　肉厚。

4.　強度：列出會影響產品強度的因素。

  (1)　塑膠料物性：

    a.　塑膠原料。

    b.　填充料。

    c.　改質劑。

  (2)　背部強度：

    a.　外框形狀。

    b.　肉厚。

    c.　彎曲 R 角。

    d.　外框大小。

    e.　補強肋補強。

  (3)　座部：

    a.　面積大小。

    b.　靠破多寡。

    c.　肉厚。

    d.　補強肋補強。

  (4)　扶手：

    a.　形狀。

    b.　肉厚。

    c.　R 角。

  (5)　扶手至背部：

    a.　銜接方式。

  b. 扶手深。

  c. 補強肋補強。

 (6) 腳部：

  a. 形狀

   a-1 彎折多寡。

   a-2 彎折角度。

   a-3 肉厚。

  b. 斜度

   b-1 斷面形狀。

   b-2 外斜角度。

   b-3 內彎弧形。

 (7) 補強肋：

  a. 座部

   a-1 連結方向。

   a-2 形狀。

   a-3 深度。

   a-4 長度。

   a-5 位置。

  b. 背部

   b-1 肋深度(影響堆疊)。

   b-2 延伸至腳部。

  c. 腳底：

   c-1 面積。

   c-2 厚度。

5. 堆疊：列出關於堆疊的功能性影響因素

 (1) 腳部疊面斜度。

 (2) 背部干涉。

 (3) 座部：

  a. 側牆。

  b. 補強肋。

 (4) 後腳：

  a. 上下干涉。

b.　左右干涉。

6.　舒適：列出使用之舒適性影響因素。

(1)　人體工學尺寸。

(2)　強度需求。

(3)　彈性需求。

(4)　表面觸感。

7.　穩定：列出產品使用之穩固因素。

(1)　腳形狀。

(2)　四隻腳底面積。

(3)　腳底形狀。

(4)　止滑效果。

8.　攜帶與運輸：列出影響運輸之可能因素。

(1)　攜帶方式：

a.　單手提。

b.　雙手抬。

c.　拖行。

(2)　運輸：

a.　椅寬、椅深之影響。

b.　堆疊量。

c.　輔助工具。

d.　運輸工具。

e.　保護設施。

9.　表面效果：列出各種可能的表面處理方法。

(1)　咬花。

(2)　光亮：

a.　拋光。

b.　電鍍。

c.　印刷。

(3)　彩色。

(4)　木紋、石紋。

10.　耐候：列出影響產品耐候性因素。

(1)　填加耐候配方。

(2)　表面清潔。

(3)　色澤。

11.　成型：列出影響成型之可能因素。

(1)　產品設計。

(2)　模具設計。

(3)　不良因素排除。

(4)　射出條件確立。

12.　安規與測試：列出測試的各種方法。

(1)　荷重。

(2)　撞擊。

(3)　拉力。

(4)　穩定。

10-1-2　模具製作

1.　鋼材：

(1)　大小形狀決定。

(2)　取得來源：

　　a.　本地。

　　b.　進口。

(3)　物性報告。

(4)　加工性報告。

2.　結構：

(1)　探討 Blocks 尺寸：

　　a.　長度。

　　b.　寬度。

　　c.　厚度。

(2)　決定拆模方式與分模線：

　　a.　公模。

　　b.　母模。

　　c.　中仁。

(3) 決定束塊形狀、大小與位置：

    a. 上方。

    b. 中間。

    c. 下方。

    d. 兩側。

(4) 設定導柱(Leader Pin)之大小與位置：

    a. 公母模。

    b. 中仁。

(5) 決定油壓缸(Cylinder)之大小與位置：

    a. 中仁。

    b. 頂出。

(6) 設計進膠點(Gate)之：

    a. 形狀。

    b. 大小。

    c. 位置。

(7) 決定加溫棒(片)Heater 之：

    a. 尺寸。

    b. 瓦特(Watt)數。

(8) 設定頂針(Eject Pin)之：

    a. 尺寸。

    b. 位置。

    c. 數量。

(9) 設定固定模(Clamping)用固定溝槽：

    a. 尺寸(寬)。

    b. 長度。

(10) 設定微動開關(Limit Switch)之位置與距離：

    a. 開關模。

    b. 頂出。

3. 加工：

(1) 決定雕刻的方式：

    a. COPY。

    b. CNC。

(2-1)製作木型(Pattern)基本結構：

    a. 尺寸。

    b. 拆模。

    c. 靠破。

(2-2)CNC 3D 圖形之建立(CAD)。

(3-1)靠模用(Master)樹脂模之翻製：

    a. 尺寸。

    b. 肉厚。

    c. 加工裕度。

(3-2)CNC 之 CAM 程式建立。

(4-1)COPY 彫刻：

    a. 機台。

    b. 刀具。

(4-2)CNC 彫刻：

    a. 機台。

    b. 程式。

    c. 刀具。

(5) 設定各部位之鑽孔(Drill)：

    a. 孔徑大小。

    b. 鉸牙規格。

    c. 重心位置。

(6) 決定合模的方法與技巧。

    a. 靠破的地方。

    b. 肉厚控制。

    c. 邊線之收尾(Finish)。

    d. 分模線之精確。

    e. 束塊之緊密配合。

(7) 決定需放電加工之：

    a. 位置。

    b. 形狀。

    c. 深度。

　　(8)　設定拋光(Polish)之程度：

　　　　a.　人工細拋光。

　　　　b.　電鍍用拋光。

4.　設計冷卻系統：

　　(1)　進出孔迴路(Channel)數量。

　　(2)　冷卻水孔的大小。

　　(3)　水溫與冷卻程度。

　　(4)　冷卻水孔位間隔。

5.　設定射出成型之條件：

　　(1)　機台大小。

　　(2)　射出溫度控制。

　　(3)　射出壓力控制。

　　(4)　冷卻水之溫度。

　　(5)　頂出之方式。

　　(6)　取出之方式。

　　(7)　成型時間(Cycle Time)之要求。

　　(8)　輔助器材：

　　　　a.　離型劑。

　　　　b.　溫度控制器。

　　　　c.　機械手臂(Robot)。

　　　　d.　輸送帶(Conveyer)。

10-2　資料庫(Data Base)

　　資料庫即依據上述知識庫的內容，逐項去蒐集資料或建立 Sketch，再一一詳列出來，如下所述。

10-2-1　產品設計

1.　造型：

　　如下頁所示。

(1) 整體外型	外型	a.歐美式　　b.非洲式　　c.東方式
(2) 背部	① 外型	a.圓背　　b.方背　　c.弧背
	② 飾紋	a.線型　　b.扇型　　c.交叉
(3) 扶手	扶手	a.環繞　　b.交叉
(4) 腳部	① 前腳	a.直接　　b.交叉
	② 後腳	a.朝後　　b.朝側
(5) 座部	① 前緣	a.前凸　　b.半前凸　　c.切齊

② 飾紋	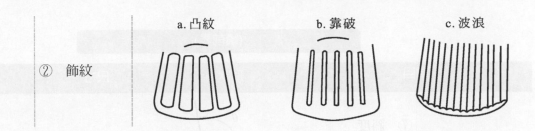		

2. 大小：

項目		形狀	尺寸	肉厚
(1) 背部	① 外框	R1　A　R2	A：16~32 mm R1 > 2 mm R2 > 1.5 mm	3 ~ 3.5 mm
	② 正面	section B　C		花紋面 B 3 ~ 3.5 mm 肋 C 2.5 ~ 3.5 mm
	③ 靠破		少於面積之 1/2	
	④ 肋	H	肋高> 3 mm	> 3 mm
	⑤ 曲線		400R ~ 600 R	
	⑥ 堆疊	8m/m	總厚< 8 mm	

(續前表)

項目		形狀	尺寸	肉厚
	⑦ 斜度	θ		
(2) 座部	① 面		有肉的部分應佔 2/3 以上的面積	3 ~ 3.5 mm
	② 靠破孔	A B　C	靠破面< 10 mm	肋高 3 mm 肋寬 3 mm
	③ 底面補強肋	三角補強 頂針 補強肋 形成四方 channel	深度 20 ~ 35 mm 長度以連接左右 與前後牆爲原則	肋高由 3 mm 變化 到 3.5 mm 或 2.5 mm 變化到 3 mm
	④ 堆疊	H 側牆高	40mm >H H> 30 mm	3 ~ 3.5 mm
	⑤ 後側進澆點	弧 型	高度< 25 mm	3 ~ 3.5 mm

(續前表)

項目		形狀	尺寸	肉厚
(3) 扶手	① 面	a. b.	A：35～50 mm	a.　3.5～4 mm b.　3～3.5 mm
	② 總寬		52 cm～60 cm	
(4) 扶手接背部		a.直接 b.間接	*避免折角 *愈深愈佳 *配合背部交叉位置即可	
(5) 腳	① 斷面	側牆高		L 型 5.5～7 mm Z 型 5～6 mm ㄇ 型 4.5～5.5 mm W 型 4.5～5.5 mm
	② 腳底	a.　b. R c.	R > 30 mm	2.5～4 mm

(續前表)

項目	形狀	尺寸	肉厚
③ 四腳底面積		前後 > 45 cm 前腳左右 > 55 cm 後腳左右 > 45 cm	
④ 止滑腳墊		1. 腳墊直徑 　 8 mm ~ 12 mm 2. 腳墊尺寸 　 3 mm × 20 mm	厚 3 ~ 5 mm 厚 3 ~ 5 mm
⑤ 腳斜度	a.斷面上大下小 b.外斜 c.內彎	b. L 型 < 5 度 　 ㄇ 型 < 6 度 　 Z 型 < 6 度 　 W 型 < 7 度 c. 內彎 R > 800	
⑥ 堆疊干涉	a.上下干涉 b.後腳干涉	a. 控制在 3 mm 　 以上之間隙 b. 肋避免凸出	< 3 mm

3. 尺寸：

項目			尺寸
(1) 高度	① 背高		a. 高背 90 cm ~ 105 cm b. 中背 80 cm ~ 90 cm c. 低背 70 cm ~ 80 cm
	② 座高		a. 高座 42 cm ~ 45 cm b. 低座 38 cm ~ 42 cm c. 沙發式 35 cm 以下
	③ 扶手高		a. 高式 18 cm ~ 21 cm b. 低式 15 cm ~ 18 cm
(2) 寬度	① 背部寬		a. 寬式 36 cm ~ 44 cm b. 窄式 36 cm 以下
	② 座寬		a. 寬式 40 cm ~ 45 cm b. 窄式 36 cm ~ 40 cm
	③ 扶手寬		40 mm ~ 80 mm
	④ 前腳之左右寬		54 cm ~ 62 cm
	⑤ 後腳之左右寬		36 cm ~ 50 cm
(3) 深度	① 座部深		a. 深式 42 cm ~ 45 cm b. 淺式 38 cm ~ 42 cm
	② 前後腳距離		52 cm ~ 60 cm
	③ 整張椅深		52 cm ~ 64 cm
	④ 扶手前後距離		26 cm ~ 42 cm

4. 材料與重量：

項目	內容	比重	比率	縮水率
(1) 原料	塑膠料：Copolymer PP	0.92		0.16% ~ 0.2 %
	Compound 滑石粉 Compound 碳酸鈣	1.1	20~25 % 22~30 %	0.16 0.18

(續前表)

項目	內容	比重	比率	縮水率
(2) 產品	① 重量：計算體積或模流分析			
	② 靠破的面積		< 1/3	
	③ 肉厚	各部位肉厚平均		
	④ 承載重量： 輕型：負載 80 公斤以下 中型：負載 100 公斤以下 重型：負載 120 公斤以下 超重型：負載 120 公斤以上	產品重量： 2.2 公斤以下 2.2 ~ 2.6 公斤 2.6 ~ 3.0 公斤 3.0 公斤以上		

5.　人體工學尺寸：

項目	需求
(1) 尺寸	① 坐高 38 cm ~ 42 cm ② 坐深 40 cm ~ 43 cm ③ 坐寬 38 cm ~ 42 cm ④ 坐部曲線 600 R ~ 800 R ⑤ 背部曲線 400 R ~ 600 R ⑥ 背寬 44 cm ~ 48 cm ⑦ 扶手高 15 cm ~ 17 cm ⑧ 扶手寬 35 mm ~ 50 mm ⑨ 斜面角度 100 ~ 120
(2) 強度	依 1 ~ 8 所列之測試條件皆須通過
(3) 彈性	靠破彈性：每一條本體面之寬度 > 15 mm
(4) 觸感	① 塑料：與剛性強度相反，純 PP 彈性佳、強度差。高比率填加滑石粉則彈性差、強度佳 ② 表面： 　a. 咬花：表面質感 　b. 電鍍：平滑感 　c. 波浪紋：按摩感

6. 表面處理與耐候：

項目		內容
表面	質感	咬花(Etching)為木紋，石紋……等
	亮度	(1) 拋光：以油石經推磨至 # 800 或更光滑再拋光 (2) 電鍍：在公模面(成品面)電鍍可增加表面亮度，並加強表面強度以電鍍 Chrome 為主約 $10 \mu m$ (3) 印刷：主要以印刷廣告、商標於背部為主
	色澤	色彩除了 Talc 以白色為佳外，其餘皆依其需要調配另行訂之；加入 $CaCO_3$ 可有多種變化
	紋路	仿石材者參入纖維細絲，效果如似大理石
耐候	配方	材料參入耐候劑 UV-Stabilizer(抗紫外線)
	表面清潔	清洗：以清潔劑(例：穩潔)即可
	坐部漏水孔	若坐部為無靠破整體面，則在坐部最低點處開 1～2 個孔 5mm × 15mm 的排水孔，以利雨水之順著最低點漏掉，而離開椅面

7. 包裝與運輸：

項目	方法
(1) 椅寬與椅深	Container 內尺寸 238×238×1200 cm 238 cm／椅子全寬=可排之排數 1200 cm／椅子全深=可排之列數 例：椅子寬 58 cm 可排 4 排 椅子深 52 cm 可排 23 列 總共有 4 * 23 = 92 Lots 每 Lot 數= [230(保守數字)－椅高]／疊距+ 1
(2) 堆疊量	例：#1104 椅子，椅高 84 cm，疊距 35 mm(230 cm－84 cm) / 3.5 cm + 1 = 42 pcs 　　所以一個 40 ' Container 可運載 #1104 椅子 　　計：42 pcs × 4 × 23 = 3864 pcs
(3) 輔助工具	① 輪車(Dolly) ② 小棧板(Pallet)
(4) 運輸工具	① 貨櫃(Container) ② 箱型卡車(高度 8 英呎) ③ 一般貨車或 Pickup
(5) 保護設施	外面覆以紙板或以膠膜捆綁

8. 安規與測試：

項目	圖例	方法
荷重		以沙包加重至 250LB〔磅〕，經過 24 小時，看四腳變型度 < 50 mm
撞擊		以 5 LB 之鐵球在 50 cm 高，自由落體撞擊而不破裂
拉力		以 100LB 之拉力將兩腳(前腳或後腳)往兩側拉而不斷裂
穩定		後腳著地，前腳懸空，扭動椅座，後腳不變型

10-2-2　模具結構

項目	尺寸	說明
(1)　Blocks 尺寸	長度 250 a b 250	(1)　成品高傾斜 15～20 度 (2)　前腳到背部頂端之總高度上下各加上 200 mm～250 mm 之束塊空間或夾模面補強 (3)　以成品高 a、深 b 計算，則 a + b + 250 mm × 2 = 模具總長
	寬度 150　　　　　150	(1)　以成品寬度左右再加上導柱與油壓缸的可能所須空間，以及必要的夾模面補強 (2)　通常為〔成品總寬 + 150 mm〕× 2 左右 (3)　為了配合成型機台〔導柱容許空間〕做必要的尺寸調整
	厚度	本體旋轉 18 度後之前後距離再加上前方 150mm 以及後方束塊至底面之距離 150mm 即為總厚度
(2)　分模線 (Parting-line)	①　公模	係由背部上方之框沿著扶手再往前腳與座部前緣，背部則沿著扶手內側往後沿背部兩側邊線往下，在座部後側拆成可以脫模角度，再往前沿扶手內側完成
	②　母模	與公模相接皆屬母模，但在此母模的部分又拆了一部分給中仁，因此母模僅含背部到扶手到後腳而已
	③　中模	座部底下到四隻腳到腳底，皆屬中仁的部分，最難拆的是後腳上方，公模、母模、與中仁交集的地方

(續前表)

項目	尺寸	說明
(3) 束塊	① 上方束塊	
	② 下方束塊	
	③ 中間束塊	
	④ 兩側束塊	
(4) 導柱	① 公、母模	共四支分別在公母模四個角落之處
	② 中仁	共兩支是中仁搭配 2 支油壓缸用其直徑尺寸在 80 mm ~ 100 mm 的範圍內即可
(5) 油壓缸	① 中仁×2	2 支是配合中仁移出母模用,其大小與行程約為 60 mm × 150 mm 主要的量測範圍必須在後腳成品完全脫離母模為行程之下限
	② 頂出×1	另一支是頂出用,因此在不影響成型時肋與冷卻係統的原則下,盡量將之掏空,至於其行程則以座部底補強肋可以完全脫離(頂出)為原則,其大小與行程大約為 40 mm × 60 mm
(6) 進澆點(Gate)	① 形狀	a. 圓形 b. 扇形

(續前表)

項目		尺寸	說明
	②	位置	a.　在肋上 b.　在座部後側弧面上
	③	大小	a.　進澆點約爲 10mm～15mm b.　2mm × 30mm 左右(肋上)
(7)　電熱管 (Heater)	①	型式	一般使用熱澆道者在此較無法使用，因爲無法以小點進膠而能灌滿整個的模穴，而使用 Heater 加上一小段冷澆道(Cold Runner)
	②	尺寸	一般大約爲 200 mm × 1000 watt
(8)　頂針	①	位置	以頂山針能頂到補強肋爲佳，而在有肋交叉的位置皆以有頂針爲原則
	②	尺寸	直徑從 15 mm～30 mm 不等
	③	數量	頂針數目從 8 支到 16 不等
(9)　鎖模固定溝	尺寸		由於是 3 Blocks 的結構，因此模座固定溝即做在公、母模上，其尺寸亦依機台之需求而異，大約爲 50 mm + 50 mm
(10) 微動開關 (Limit Switch)	①	數目	中仁油壓缸上二組 頂板油壓缸上一組
	②	位置	在中仁者裝在左右兩側中間位置 在中仁頂板上者可在不影響其他動作之任何點

10-2-3　模具加工

步驟		項目	內容
(1)　木型 (Wood Pattern)	①	材料	使用之木料以易彫刻爲原則(例：檜木)
	②	尺寸	在製作時已依照模具圖將縮水尺寸包含在內(通常 25%Talc Filler 的縮水率大約爲 1.6%)
	③	拆模(分模)	依據產品圖以及模具圖，而做出依據拆模面而形成的公模面形狀
	④	靠模	木型師傅製作時可測量出在堆疊時是否有干涉。同時在整個外尺寸方面亦必須留有供 Copy Milling 用的靠模空間，也就是木型必須大於實際的鋼材尺寸(約每邊 20 mm)

(續前表)

步驟	項目	內容
(2) 樹脂模 (Resin Master)	① 尺寸	依照木型尺寸製作，底面須平整
	② 肉厚	樹脂模的製作完全依照木型的翻版而已，先將公模翻製出來，然後在公模上用蠟片貼上肉厚，而所貼肉厚尺寸通常是比成品圖所示之厚度減少約 0.5mm，以利日後彫刻完成後，可以在必要時增加肉厚
(3) 彫刻(Milling)	① CNC-Milling	若以 CNC 的方式進行，則前兩相步驟即必須改為 CNC Programming 之建立以 3D 的方式建成各式刀具，加工的路徑與轉速，通常刀具分三次更換加工(粗胚－中胚－細加工)其進取量(Pitch)以及轉速，則視材料以及成品之難易而改變之
	② Copy- Milling	當樹脂模完成後，即將鋼材(已切削至所須之尺寸，通常比最終尺寸大一點，約每邊 3~5mm 即可)與樹脂模一起在仿削機上進行加工，初期當然是先粗削，再漸次細切
(4) 鑽孔	① 導柱(L.P)孔 ② 冷卻水孔 ③ 頂出孔	其尺寸大小與數量在上一節中皆已提及
(5) 放電加工	① 座部側牆 ② 座部補強肋 ③ 腳底	有一些地方(例如腳底)由於有很薄的肉厚，是 CNC 或 Copy 所刻不到的，即必須以放電的方式來解決
(6) 合模	① 靠破 ② 肉厚 ③ 邊緣 ④ 分模線 ⑤ 束塊	以上各項之合模動作皆必須一一完成，始能達到所需之產品品質，以在合模機上或射出機上(皆是高壓之 Hydraulic Clamping Force)做合模動作為佳
(7) 拋光	① 細拋光	在 Copy 與 CNC Milling 之後就必須靠人工打光，由#150 油石~ #250 ~ #400 ~ #600 ~ #800 漸次變細，以達到表面無痕的階段，最後再以拋光土加以拋光
	② 電鍍	經過細拋光之後，在模面上再鍍上一層鉻(Chrome)以增加表面之光澤與硬度

加工刀具：在 Copy Milling 加工過程中所使用到的刀具大小、加工進取量與轉速，於粗加工、中加工與細加工時其數值各不相同，表列如下供比較參考。

	刀具直徑	進取量	轉速
粗加工	60~80 mm	50 ~ 60 mm	400 rpm
中加工	40~50 mm	4 ~ 5 mm	1000 ~ 1200 rpm
細加工	20~25 mm	1 ~ 1.5 mm	1400 ~ 1800 rpm

10-2-4　冷卻

項目	內容
(1) 冷卻管路數目(Channel)	冷卻系統在模具設計之初即必須先行考慮，以其不影響到其他加工的情形下，管路是越多越好。而一般最常用的方式則是在公模有如圖所示之 18 進 18 出。在母模 12 進 12 出，在中仁 6 進 6 出，這已是最起碼的條件了，其間的 Pitch 大約維持在 50 mm 以內
(2) 孔大小	孔之大小則以 3/8″ ~ 1/2″(pt)(水管接頭)為最多
(3) 水溫	一般之冷卻有普通水與冷凍水，普通水的溫度約在 15 度 ~ 25 度 C，冷凍水則在 10 ~ 15 度 C
(4) 孔間隔	以間隔不大於 70 mm 為佳，能小至 40 mm 更佳但也不宜過於接近成品面

　　綜合產品設計與模具製作的資料庫之建立後，可以以逐項檢視的方式來作為產品設計與模具之有關數據的參考。這就是在研究的整個過程中，有關於數據方面的分析部分，因為只有實際的數據才能證明產品設計的最終結果是正確的，也就是說只有賦予產品以明確的數據範圍才可以說產品設計是成功的，而塑膠涼椅雖僅是一項很單純的產品，卻已具備有專家系統的應用上相近似的雛型，這也是我們作此研究的的目的之一，就是將專家的經驗予以資料化、系統化。

10-3　標準模式建立

　　當「知識庫」與「資料庫」因各種產品之需求而建立後，設計師即可以依此建立設計產品與模具製作互動的標準模式。例如塑膠射出涼椅之設計既已經過了多年累積下來，而達到一種可以說是制式的程序，我們就可以把這個設計程序建立為一定的模式，以利於任何有意從事涼椅設計者之參考依據。

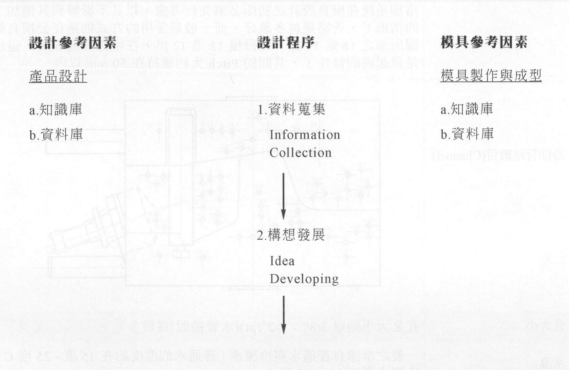

設計參考因素　　　　　**設計程序**　　　　　**模具參考因素**

產品設計　　　　　　　　　　　　　　　　　模具製作與成型

a.知識庫　　　　　　　　　1.資料蒐集　　　　　a.知識庫

b.資料庫　　　　　　　　　Information　　　　　b.資料庫
　　　　　　　　　　　　　Collection

　　　　　　　　　　　　　2.構想發展
　　　　　　　　　　　　　Idea
　　　　　　　　　　　　　Developing

a.背型

b.背部花紋

c.扶手型

d.腳部型

e.座部型

3.造型 Modeling

a.使用材料

b.鋼材大小

a. 背高

b. 全寬

c. 全深

4.大小 Size

a.使用機器

b.導柱內距範圍

c.模具大小

a.本體空間

b.肉厚

c.扶手形狀

d.腳形狀

e.靠破範圍

5.重量 Weight

a.原料比重

b.Filler 比例

a.背部形狀

b.背部座部形狀

c.座部形狀

d.扶手大小

e.四腳位置

6.外尺寸

Outside
Dimension

a.模具旋轉

b.鋼材選用

c.拔模角度

d.開模方向

7.細部尺寸

Inner Dimension

(a) 表面

a.座部大小　　　　　　(1) 座部　　　　　　a.公模水路

b.座寬　　　　　　　　　　　　　　　　　b.公模鋼材厚

c.座深　　　　　　　　　　　　　　　　　c.模具旋轉角度

d.座高　　　　　　　　　　　　　　　　　d.拆模線位置

e.座部曲線

f.座部側高

g.靠破孔寬度

a.扶手高　　　　　　　(2) 扶手　　　　　　a.拆模位置

b.扶手寬　　　　　　　　　　　　　　　　b.冷卻水路

　　　　　　　　　　　　　　　　　　　　c.脫模角度

a.前腳寬　　　　　　　(3) 腳　　　　　　a.堆疊

b.前腳深　　　　　　　　　　　　　　　　b.拔模

c.前腳斜度　　　　　　　　　　　　　　　c.分模

d.腳底面積　　　　　　　　　　　　　　　d.頂出

e.腳底形狀　　　　　　　　　　　　　　　e.加工難易(E.D.M.)

f.止滑墊　　　　　　　　　　　　　　　　f.冷卻水路

g.後腳形狀

h.後腳斜度

(4)

	(a) 背部	a.堆疊，模具旋轉
a.背寬		b.拆模線位置
b.背部形狀		c.射出結合線
c.靠破孔大小		d.加工方式
d.背部與後腳間距		e.補強肋拔模角度
e.背部靠破補強肋		
f.背部曲面弧形		
g.補強肋形狀		

	(b) 厚度	a.射出條件
a.坐部肉厚		b.拆模位置
b.背部肉厚		c.加工E.D.M
c.背部肋肉厚		d.冷卻水間隔
d.扶手肉厚		
e.腳部肉厚		
f.腳底肉厚		
g.側牆肉厚		
h.補強肋肉厚		

	(c) R角	a.射出條件 (縮水)
a.補強肋之R角		b.模具影響產品尖銳
b.靠破孔邊線R角		c.拆模位置
c.扶手部位之R角		d.分模線加工
d.坐部前後之R角		
e.背部側面之R角		
f.背部肋之R角		
g.坐部至後腳處之R角		
h.腳斷面轉折之R角		

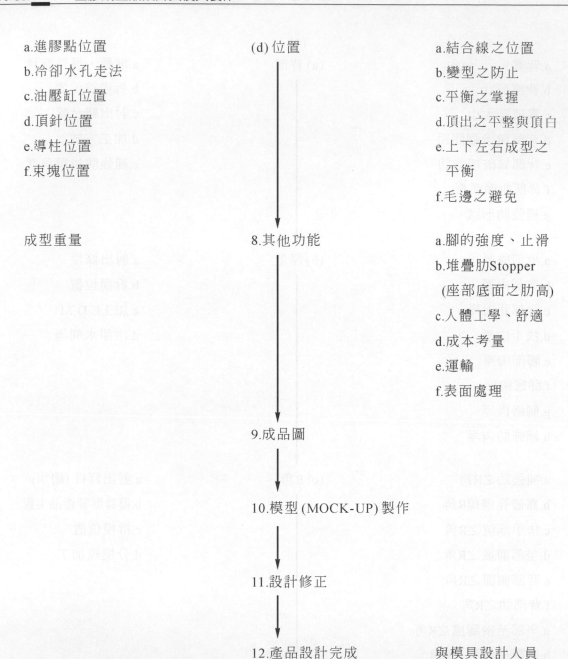

a.進膠點位置
b.冷卻水孔走法
c.油壓缸位置
d.頂針位置
e.導柱位置
f.束塊位置

(d) 位置

a.結合線之位置
b.變型之防止
c.平衡之掌握
d.頂出之平整與頂白
e.上下左右成型之
　平衡
f.毛邊之避免

成型重量

8.其他功能

a.腳的強度、止滑
b.堆疊肋Stopper
　(座部底面之肋高)
c.人體工學、舒適
d.成本考量
e.運輸
f.表面處理

9.成品圖

10.模型 (MOCK-UP) 製作

11.設計修正

12.產品設計完成

與模具設計人員
總檢討

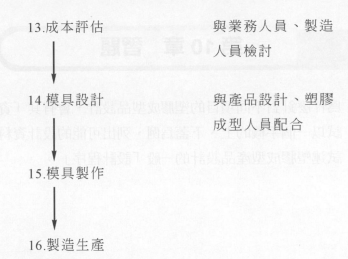

　　13.成本評估　　　　　　　　與業務人員、製造
　　　　　　　　　　　　　　　人員檢討

　　14.模具設計　　　　　　　　與產品設計、塑膠
　　　　　　　　　　　　　　　成型人員配合

　　15.模具製作

　　16.製造生產

　　在整個的設計程序中，其主要過程是先有知識庫之參考，再有資料庫之配合，而可以將整個的設計從大到小逐項完成。產品設計與模具製作也就是在這樣的互動下，趨於較無缺點的結果。若是有人想要從完全沒有資訊的情形下進行涼椅的設計，則以上之設計程序(General Process)一定能提供相當的協助。

第 10 章　習題

1. 為什麼針對不同項目的塑膠成型品設計，會有其「資料庫」存在的必要呢？
2. 試以一個手機的上、下蓋為例，列出可能的設計資料庫。
3. 試述塑膠成型產品設計的一般「設計程序」。

射出成型品設計實務之應用

舉例驗證

　　塑膠製品的種類不勝枚舉，為了驗證前述之設計與模具間之互動，作者舉出下列數件作品為例，其中有些純粹是個人的設計，有些是設計團隊在作者的帶動下完成的 Team Work，這些設計案例供讀者參考，應該有助於解決讀者在塑膠成型品設計與模具製作間之互動所可能產生之問題。

產品例清單

　　總共列出 11 項的產品，其中「作品一」、「作品三」與「作品七」含有模具的實例照片以供對照。

1. 射出成型類產品：
   作品一、40 片光碟片整理盒。
   作品二、10 片光碟片整理盒(新型專利 117003)。
   作品三、30 片光碟片整理盒(新型專利 117004)(組合式多功能多媒體整理盒)。
   作品四、抽取式垃圾桶(新型專利 32459)。
   作品五、可替換模仁(High Low Back)之射出成型涼椅。
   作品六、Folding Chair(射出成型折疊收合椅)。
   作品七、Data Logger and Reader。
2. 押出成型產品：
   作品八、舒美廚櫃(PVC Cabinet)。
   作品九、Tube Furniture(塑膠管狀家具)。
3. 中空吹氣成型產品：
   作品十、傘座(Umbrella Base)。
   作品十一、安全門欄(Safety Gate)。

【射出成型設計實務作品一】

設計案：收納盒之一
品名：40 片光碟片整理盒〔前開夾取式〕

圖 11-1　　40 片光碟片整理盒

A. 設計特色：

1. 容納 40 片光碟片，收存、整理、方便耐用。
2. 攜帶方便。
3. 硬殼保護效果佳。
4. 選取 index 清楚易見。
5. 可上下堆疊使用充分利用空間。
6. 外觀完整扣接組裝無螺絲。

B. 模具與製作：

1. 本體外殼上、下蓋模具各 1 組。
2. 光碟片夾模具 1 組×2 cavities。
3. 本體外殼前蓋模具 1 組。
4. 本體外殼左、右蓋 1 組(1+1cavities)。
5. 選取卡夾按鍵 1 組(2+2 cavities)。

塑膠材料：ABS 或 HIPS、PC 或 Acrylic。

C. 學術與教學效果：

1. 塑膠射出成型零件組合之應用。
2. 塑膠之肉厚與彈性之關係。
3. 靠破倒勾之應用。
4. 表面拋光與電鍍之應用。
5. 卡接、扣接之應用。
6. 滑塊與斜頂出之應用。
7. 模具加工流程之應用。
8. 射出成型縮水與完整性之研究。
9. 射出成型造型與色彩之搭配分析。

D. 設計與模具製作之互動：

一、產品設計

(一) 尺寸與造型

依據產品之需求主要在光碟片之收存，所以其大小以可以存放光碟片之最小面積為原則。至於儲存之數量，因為業務對於價位定位之需求以及可能之生產機台的大小所影響的成本結構，因此除了另案開發 10 件式光碟片盒外，本件以可以收藏 40 片之光碟片為原則。

造型上則以簡潔加上線條之修飾為主，因為產品本身主要的訴求是整理儲存(Storage)，因此要能明顯的看出儲存之內容為何，所以採前方透明視窗供使用者可以立即看到 Index 的一個長方體外型之造型。

(二) 功能

光碟片盒的主要功能就是：
1. 可以收存光碟片。
2. 可以迅速找到所要的片子。
3. 可堆疊的功能。

依此需求設計片盤為兩面式，且是可旋轉式轉出，而其尋找的方式則以左右滑動之按鍵扣夾為之，再輔以透明前板以及 Index 紙片，即可達到迅速取片之功能。另外在上板設計凹洞、下板設計凸柱以達到可以堆疊之功能，上板呈凹盤狀可以作為放置小物件的空間。

圖 11-2　　前開夾取

圖 11-3　　可上下堆疊

二、Parts 之設計與模具製作

(一) 肉厚與強度

1. 本體：上下板、左右側板與前蓋之平均肉厚 2.5mm，補強肋 1.0~1.2mm。

2.　片盤：平均肉厚 2.0 mm，側牆肉厚 2.0 mm。

上板公模側─補強肋　　　　　　　　下板公模側─補強肋

圖 11-4　　上板公模側─補強肋　　　　圖 11-5　　下板公模側─補強肋

(二) 上、下板

1.　設計特點：

(1)　將上、下板皆設計呈 L 形，如此形狀容易在成型時變形內凹，因此在中間部位加兩補
　　強肋，其位置約為三分之一處。邊緣並有立牆框住，可減少平面之變形。

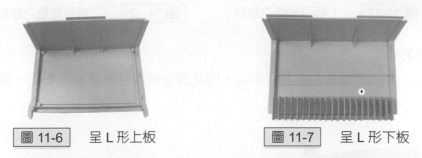

圖 11-6　　呈 L 形上板　　　　　　圖 11-7　　呈 L 形下板

(2)　為了上下板組合時能密合，因此將整個線分成 3 份，上板用中間的 1/3，下板用兩側的
　　2/3，交叉組裝。

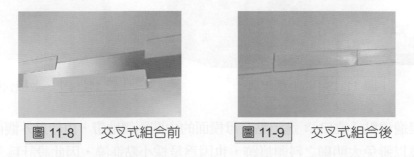

圖 11-8　　交叉式組合前　　　　　圖 11-9　　交叉式組合後

(3)　下板以肋(Rib)作為片盤之間隔同時以連結片與之結合作為轉軸。

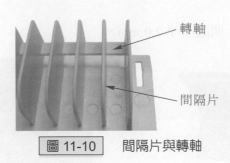

圖 11-10　間隔片與轉軸

(4)　上板作凹陷之平面，框邊之角落設 4 個 5mmϕ 凹洞，另在下板作凸出肋牆框以及 4 個 4.9mmϕ 之凸出柱於相對位置配合，在成品上下堆疊時可確保緊密結合。

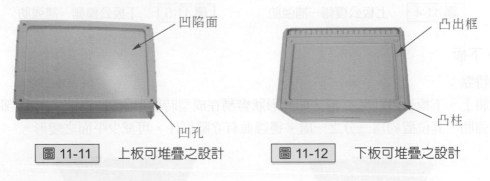

圖 11-11　上板可堆疊之設計　　　　圖 11-12　下板可堆疊之設計

2.　上板之模具製作：

(1)　分模線：由於上板呈 L 形且無倒勾，因此將分模線沿著該 L 形變化，將肉厚作在母模面。

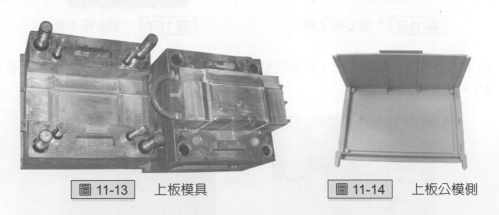

圖 11-13　上板模具　　　　圖 11-14　上板公模側

(2)　結構與進澆點〔澆口〕：進澆點在母模面的中間兩側地帶，由於是外觀面，因此採用小點進澆以避免太明顯之料頭痕跡，也因為是採小點進澆，因此設計為三板模的結構，在生產製造時流道〔料頭〕即與本體分離，而公模ㄇ形與母模之凵形結構再加上束塊，可以不用開閉器，而是在母模板與剝料板間加裝彈簧來確保其可打開。

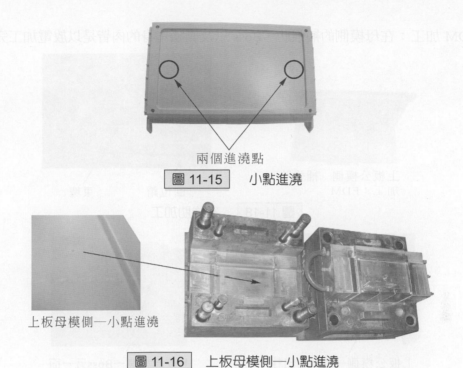

兩個進澆點

圖 11-15　　小點進澆

上板母模側—小點進澆

圖 11-16　　上板母模側—小點進澆

(3) CNC 加工：公、母模之模座皆採用 S55C 中碳鋼鋼材，而本體則採 P20 模仁埋入，整個外型先以 CNC 加工出基本之公、母模各呈 L 形樣之本體，另加工束塊與其嵌入孔。至於兩側靠破孔的部分也是以 CNC 刻成的。作束塊的目的，是在加強穩固成型時呈ㄇ字型的母模不會因射出膠料的高壓力而外張變形。

母模側
CNC加工

公模側
CNC加工

母模側束塊孔
CNC加工

公模側束塊
CNC加工

圖 11-17　　模具上的束塊

(4) EDM 加工：在母模側的補強肋、Boss 以及側牆本身的肉皆是以放電加工完成。

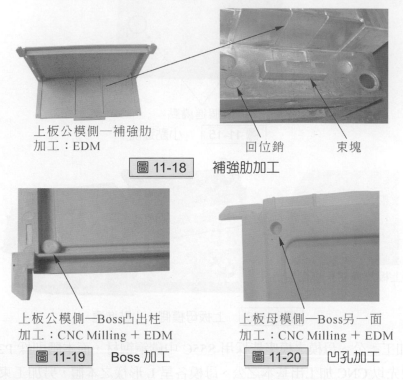

上板公模側—補強肋
加工：EDM

回位銷　　束塊

圖 11-18　補強肋加工

上板公模側—Boss凸出柱
加工：CNC Milling ＋ EDM

圖 11-19　Boss 加工

上板母模側—Boss另一面
加工：CNC Milling ＋ EDM

圖 11-20　凹孔加工

(5) 鑽孔：鑽孔的部位包括：拉桿×4、導銷×4、回位銷×4、頂針孔×15 以及冷卻水孔
〔公、母模各為進出各 3〕等。

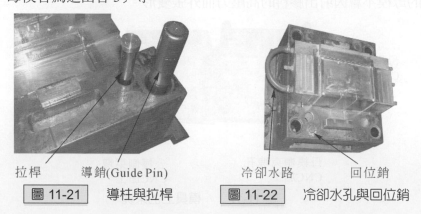

拉桿　　　導銷(Guide Pin)

圖 11-21　導柱與拉桿

冷卻水路　　　回位銷

圖 11-22　冷卻水孔與回位銷

(6) 拋光：因為產品表面要求的是光澤面，因此母模面經 CNC 細加工後再經銼刀、粗砂、
細砂等砂光至#3000，再以鑽石膏拋光。

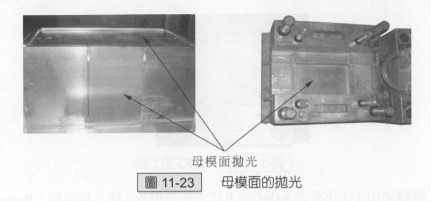

圖 11-23　母模面的拋光

(7) 組合：模具組合時，在頂出板與公模板間加裝彈簧以輔助頂出板與在頂出板上的頂出針回位。

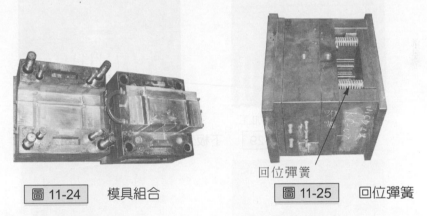

圖 11-24　模具組合　　　　圖 11-25　回位彈簧

3. 下板之模具製作：

(1) 分模：下板之分模與上板類似呈 L 形，也同樣設有束塊以防止牆面變形，而片盤轉軸則是以靠破形成的。

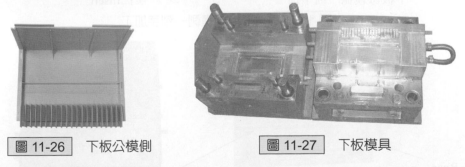

圖 11-26　下板公模側　　　　圖 11-27　下板模具

(2) 模具結構與進澆：下板之模具結構與進澆跟上板的模具做法一樣：三板模、小點進澆。

(3) CNC 加工：下板之 CNC 加工與上板類似，只是片盤轉軸處與間隔牆並未以 CNC 完成，也就是說 CNC 只做到分模面。

圖 11-28　CNC 加工面

(4) EDM 與刻字加工：下板之 EDM 加工比上板多很多，除了補強肋、Boss 與側牆外，還有許多的片盤間隔牆以及底面牆。母模面的字則是以刻字的方式行之。

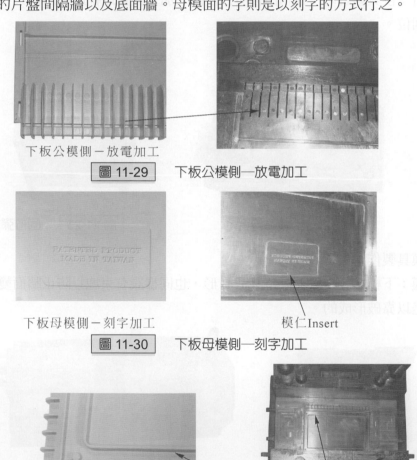

下板公模側－放電加工

圖 11-29　下板公模側—放電加工

下板母模側－刻字加工

模仁Insert

圖 11-30　下板母模側—刻字加工

Boss

下板母模側－放電加工
－堆疊用凸出柱與牆

堆疊框兼底座牆

圖 11-31　下板母模側—放電加工

(5)　鑽孔與頂出：因為片盤間隔牆數量大，且是放電加工深入模穴內，因此頂針也就需要更多支以頂出成品，其餘部分則與上板大致類似。

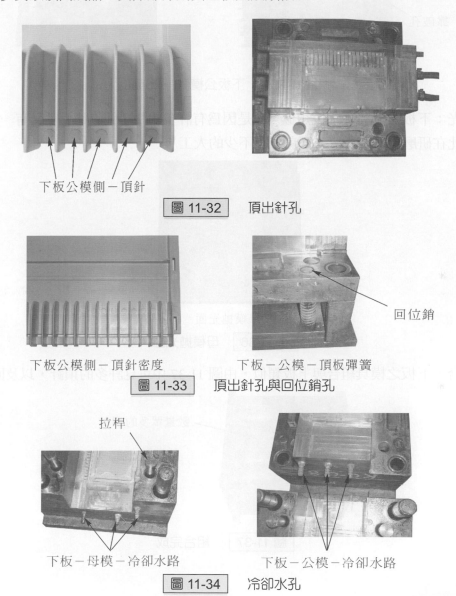

下板公模側－頂針

圖 11-32　頂出針孔

下板公模側－頂針密度　　　下板－公模－頂板彈簧

回位銷

圖 11-33　頂出針孔與回位銷孔

拉桿

下板－母模－冷卻水路　　　下板－公模－冷卻水路

圖 11-34　冷卻水孔

(6)　靠破孔：下板因為有裝片盤的結構轉軸與間隔板，因此靠破的地方就特別多，而這些靠破孔都是在 CNC 雕刻時即已刻出公、母相靠破之合模面凹凸部位，然後再進行放電加工的。

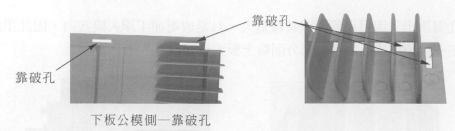

下板公模側—靠破孔

　圖 11-35　　下板公模側—靠破孔

(7) 拋光：下板之拋光與上板類似，只是因為有許多的肋〔間隔牆〕且又有一定的深度，因此在研磨平順與拋光方面就多了不少的人工。

母模拋光面

　圖 11-36　　母模拋光面

(8) 組合：下板之模具組合與上板類似，由圖 11-37 中可見許多的頂針，以及回位彈簧。

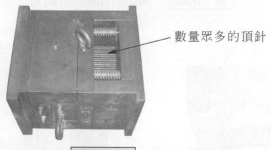

　圖 11-37　　組合完成

(三) 片盤

　片盤之設計，其中間扣住光碟片的部分與一般之片盤無異，係以兩面靠破來形成倒勾，本設計較特別的地方是：

1.　片盤之設計：

(1)　靠破形成之凸出片，可確保光碟片卡僅在片盤上，在使用時不會偏移或跑到片盤外。

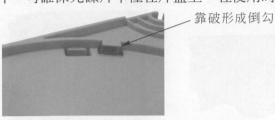

靠破形成倒勾

圖 11-38　片盤上的防脫片設計

(2)　片盤作為轉軸的孔，開口位置係可以閃開使用時可能之轉動角度，因此不但容易組裝且無掉出之虞。該處並以同心之三個弧形 Rib 補強之。

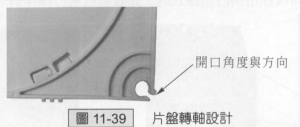

開口角度與方向

圖 11-39　片盤轉軸設計

(3)　上方供按鍵勾扣的空間，作出有彈性的弧形與 Stopper 凸點，確保使用時之彈性，易於取出與卡入。

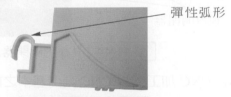

彈性弧形

圖 11-40　勾扣與 Stopper 設計

2.　片盤之模具製作

(1)　分模面：片盤由於是片形結構，因此分模面就設計在中線的地方以符合左右對稱、儘量沒有高低的原則。

分模面

圖 11-41　分模面

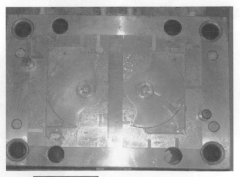

圖 11-42　母模上的分模面

(2) 模具結構與進澆：

a. 同樣是三板模小點進澆，也是兩個進澆點才夠充填整片成品。

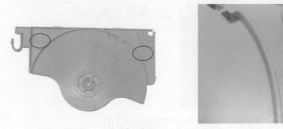

片盤母模側—進澆點

圖 11-43   片盤母模側—進澆點

b. 開閉器，同樣採用模內塑膠式的，此設備較易於操作與調整使用。

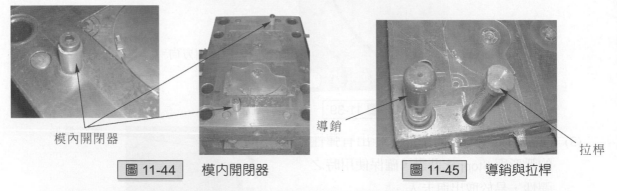

模內開閉器

圖 11-44   模內開閉器

導銷

拉桿

圖 11-45   導銷與拉桿

(3) CNC 加工：以 CNC 刻出基本之肉厚與較寬之牆肋與外形以及公、母靠破的地方。

一模二穴

圖 11-46   一模二穴之設計

片盤公模側   片盤母模側

圖 11-47   成型品之公、母模側

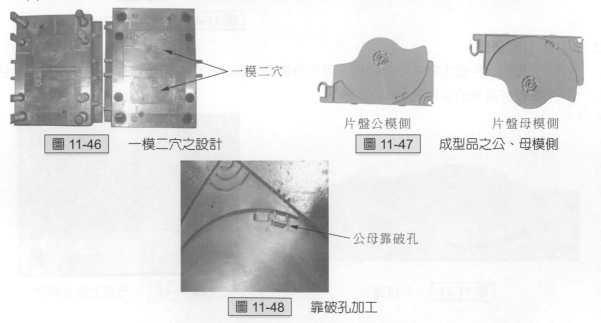

公母靠破孔

圖 11-48   靠破孔加工

片盤公模側─靠破─外緣卡勾　　　　片盤母模側─靠破─外緣卡勾

圖 11-49　　片盤公、母模側之外緣卡勾

片盤公模側─靠破─彈性卡勾

圖 11-50　　片盤公模側─彈性卡勾

(4) EDM 放電加工：此處 EDM 多用在修邊角與凸出點的地方，尤其是一些尺寸較小而 CNC 加工不完全的地方。

片盤前端─放電加工─凸出補縫

圖 11-51　　片盤前端　放電加工─凸出補縫隙

放電加工─凸出─彈性卡勾　　　　片盤母模側─靠破─彈性卡勾

圖 11-52　放電加工─彈性卡勾　　　圖 11-53　片盤母模側─彈性卡勾

(5) 鑽孔：同樣是鑽出導銷、拉桿、開閉器、頂針孔、冷卻水孔……等孔洞，而在牆肋較密集的地方自然要作較多的頂針。

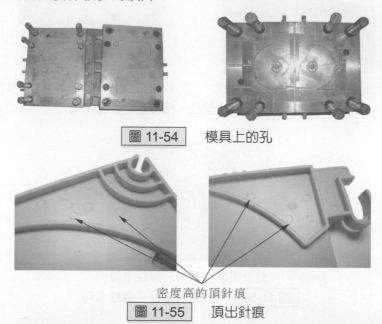

圖 11-54　　模具上的孔

密度高的頂針痕

圖 11-55　　頂出針痕

(6) 拋光：由於表面光澤的要求度較低，因此較容易加工，只需將拋光到#800~1000 即可。

圖 11-56　　公、母模面的拋光

(7) 組合：整組模具組合後之情形與上、下板模具類似，如圖 11-57 所示。

圖 11-57　　模具組合

(8) 保養：所有的模具，在下機台時都要有噴「防鏽油」的動作，目的在因防止濕氣或化學液體等的影響所導致表面生鏽，一但生鏽，則會在下回成型時，產品表面會有點狀的痕跡。

圖 11-58　　防鏽油噴塗保養

(四) 側板

側板是組合上、下版與前板之主要結構。

1. 側板的設計：

(1) 上、下各有四片肋牆，後方則有兩片肋牆，這些是為了夾住上、下板以固定此二板用的，另外在前下方則有一圓形 Boss，是要用來夾住前板之轉軸。

肋牆

凸出筒柱Boss

圖 11-59　　補強肋與助牆

(2) 上、下各有 3 處加上後方有 1 處的倒勾，它們是用來扣住上、下板的，上、下板組合後，兩邊各有 7 個靠破孔，以進行組裝時的扣接動作。

倒勾

圖 11-60　　扣接用的倒勾

(3) 側面之波浪形造型，一方面為了美觀，另一方面卻是因為這樣的凹凸設計是具有補強效果的。

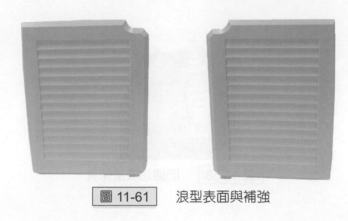

圖 11-61　浪型表面與補強

2. 左、右側板之模具製作：

(1) 分模線：側板之分模線係設在公模側的成品邊緣，也就是讓成品本身看不到分模線，當它與上、下板組合時產品僅呈現一條完整的直線。

分模線Parting Line

圖 11-62　分模面

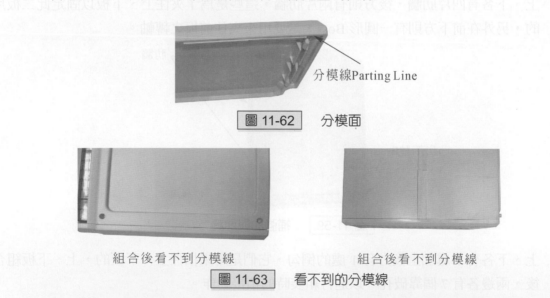

組合後看不到分模線　　　　　組合後看不到分模線

圖 11-63　看不到的分模線

(2) 模具結構與進澆點：模穴為 1+1 型式，亦即左、右側板在同一組模具內，採側面進澆方式，因此澆口稍大，成型後以削刀處理之。

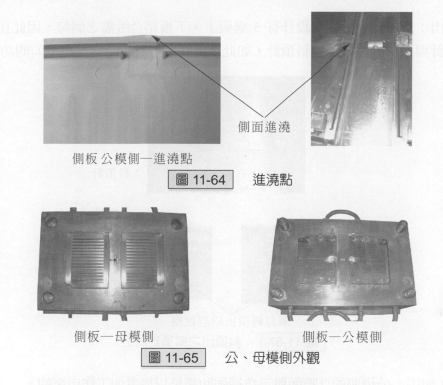

側板 公模側—進澆點

圖 11-64　進澆點

側面進澆

側板—母模側　　　　　　　側板—公模側

圖 11-65　公、母模側外觀

(3) CNC 加工：側板之 CNC 加工包括：公、母模本體，公模之邊牆與母模波浪形之紋路等。

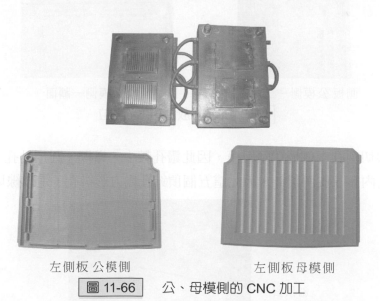

左側板 公模側　　　　　　　左側板 母模側

圖 11-66　公、母模側的 CNC 加工

(4) 斜頂出：由於側板公模側設計有 5 處與上、下板結合所需之倒勾，因此在公模側製作
頂出針與頂出孔時即製作斜頂針，如此才能在成型脫模時有脫離倒勾的功能。

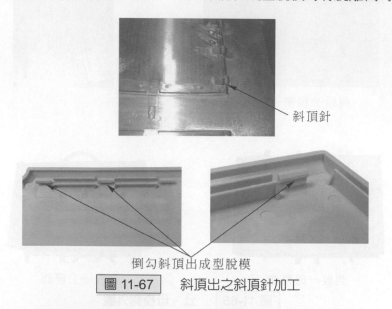

倒勾斜頂出成型脫模

圖 11-67　斜頂出之斜頂針加工

(5) EDM 加工：公模側的立牆面與三角補強肋都是以放電加工作出來的。

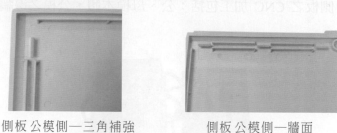

側板 公模側—三角補強　　　　側板 公模側—牆面

圖 11-68　放電加工的部位

(6) 鑽孔、線切割孔：側板採兩板模，因此鑽孔較少，導桿、圓頂針孔、冷卻水孔等。但
是此模具內有 5 支斜頂針，因此這五個頂針孔為方形斜孔，是以線切割加工出來的。

圖 11-69　線切割加工

(7) 拋光：與上、下板一樣都是外觀面，因此拋光的需求亦相同〔拋光至#3000〕。因為拋光面為波浪形，會增加不少拋光的困難度。

母模 浪形表面

公模

圖 11-70　模具公、母模面之拋光

(8) 組合：此組模具屬於較單純的二板模，僅有在斜頂出的合模時要特別注意頂針內縮時與本體面的平整。

圖 11-71　模具組合

(五) 前板

1. 前板產品設計：

(1) 前板由於是產品面，又要具有檢視的功能，因此採淺色透明的設計，可以清楚看到夾在內面的 Index 印刷紙以及按鍵與片盤勾扣的地方。

圖 11-72　透明前板

(2) 卡住 Index 紙之 4 個凸出片，由於是在前板內側的倒勾，為了不影響前板外觀，因此設計成使用側面滑塊形成，因為是透明的，所以不容易看出滑塊合模線。

圖 11-73　紙片卡槽外側

(3) 上方之間隔 Rib 可以區隔光碟片，並使按鍵容易勾到片盤之正確位置。

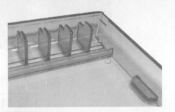

圖 11-74　紙片卡槽內側

(4) 前端之凸點是為了避免前蓋打開時，直接接觸桌面之防撞點。

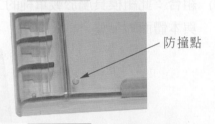

圖 11-75　防撞凸點設計

2. 前板的模具製作：

(1) 分模線：與左、右側板一樣，前板的分模線設在公模側成品邊緣，從外觀上完全看不出來。

圖 11-76　分模面設計

(2) 模具結構：三板模模具，採後方兩點側面進澆，左右兩側各有兩個跑滑塊的點。

圖 11-77　三板模設計

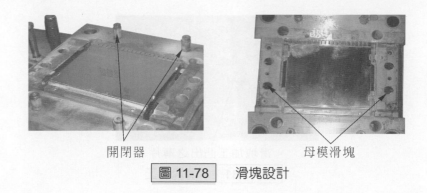

開閉器　　　　　　　　　　　母模滑塊

圖 11-78　　滑塊設計

(3) CNC 加工：由於成型品是設計為有色的透明件，所以 CNC 加工時多花時間將雕刻間隙作到最小，以節省日後拋光之工時並可提高品質。

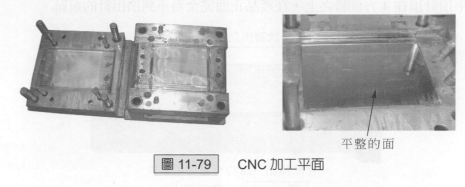

平整的面

圖 11-79　　CNC 加工平面

(4) EDM 加工：供按鍵使用區分位置之間隔板、跑滑塊的四個點以及轉軸的兩個圓柱，以 EDM 放電加工製作。

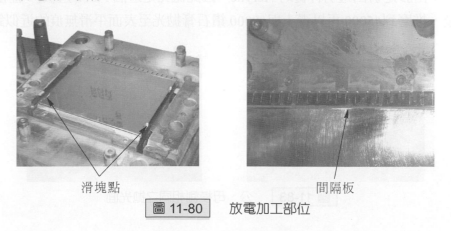

滑塊點　　　　　　　　　　　間隔板

圖 11-80　　放電加工部位

(5) 滑塊：公模上之滑塊以 CNC 製作，然後再鑽出供斜角銷通過的斜孔。如圖所示滑塊偏移量> 6 mm(倒勾 5 mm)，也是在 CNC 加工時即已刻出。

滑塊加工凸出之薄片

圖 11-81   滑塊加工

(6) 鑽孔與頂出：除了基本的頂針與冷卻水孔穴外，還有斜角銷與滑塊的斜孔。關於頂出針，由於產品是透明的，若用圓頂針頂在產品面，則會有較差的視覺效果，因此採用扁平頂針頂在 4 方側牆之上，在產品正面完全看不到頂出針的痕跡。

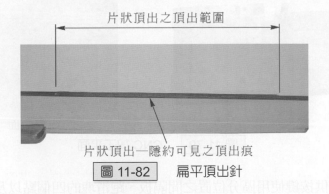

片狀頂出之頂出範圍

片狀頂出─隱約可見之頂出痕

圖 11-82   扁平頂出針

(7) 拋光：由於是射出透明材質的 Acrylic，因此拋光是這個 Part 的重點，經粗研磨、細研磨後，推磨到#5000 再以青土與#8000 鑽石膏拋光至表面平滑無痕的近似鏡面程度。

圖 11-83   公、母模側相同之拋光面

(8) 組合：此組模具為二板模，因為側向滑塊的關係，它的合模要特別注意滑塊與本體面的平整，還有就是斜銷與滑塊的密合度以及開閉器的鬆緊。

圖 11-84　模具組合

(六) 按鍵

1. 按鍵設計：
   (1) 採兩件結合，並使用 Hinge 之凹、凸方式結合，凸出點約 1mm，利用本身彈性撐開以與凹洞結合。

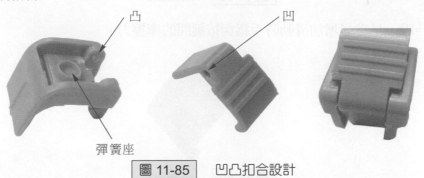

凸　　　　凹

彈簧座

圖 11-85　凹凸扣合設計

   (2) 由於按鍵 Hinge 轉軸需要有彈性的零件作為彈回動力，因此使用彈簧，是整組產品中唯一的五金件。

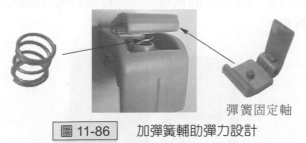

彈簧固定軸

圖 11-86　加彈簧輔助彈力設計

   (3) 利用塑膠的彈性，將按鍵扣接在前板的邊牆以及正面的溝槽上，使之可以在前板上滑動。

溝槽

圖 11-87   按鍵使用情形

(4) 勾扣藉彈簧壓開後,在前板上的溝〔滑〕槽可順利左右滑動到定點。

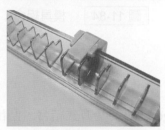

圖 11-88   滑槽設計

(5) 三條凸線,是為了增加滑動時手指與按鍵間的摩擦力。

圖 11-89   防滑設計

2. 按鍵的模具製作:

(1) 分模:按鍵的模具是一組 2+2 的模具,以中線為滑塊分模線之基準,公、母模則順著主體之 L 形作拆模。

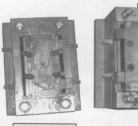

圖 11-90   2+2 模具設計

(2) 加工：公模上之本體肉厚以 CNC 加工作在兩大滑塊內，母模則以模仁嵌入，在其上加工作出澆道以及斜銷孔，本體其餘細微之「清角」以 EDM 完成。

模具閉合—滑塊閉合　　　　　　模具打開—滑塊偏移

圖 11-91　　CNC 加工

(3) 滑塊加工：由於整組產品是在滑塊上成型，因此滑塊的密合度以及斜角銷、斜銷孔之加工即顯重要，母模嵌入凹陷的模仁以作爲一個整體的束塊。

模具打開—滑塊偏移

按鍵上片的滑塊　　　　　　　　按鍵下片的滑塊

圖 11-92　　滑塊加工

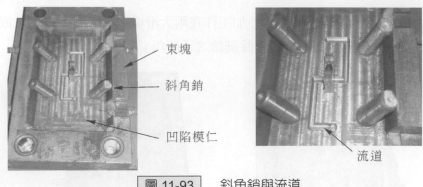

束塊

斜角銷

凹陷模仁

流道

圖 11-93　　斜角銷與流道

(4) 組合：此組模具為二板模，因為側向滑塊的關係，它的合模要特別注意滑塊與本體面的平整。

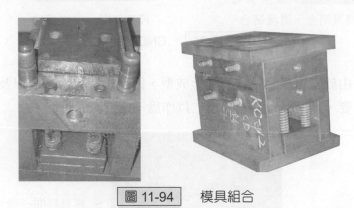

圖 11-94　　模具組合

三、產品組裝

　　盒式之設計，基本上必須克服的就是模具的限制，因為內部有許多機構的需求，因此無法一體成型外殼，必須作拆件組合的設計，又為了達到儘量不使用螺絲等五金零件的原則，組合皆以卡接與扣接為之，片盤與按鍵之組裝亦是。

(一) 上、下板組裝

　　使用卡接的方式，將上板背面 1/3 的凸出片插入下板背面 2/3 的凸出片中卡住。

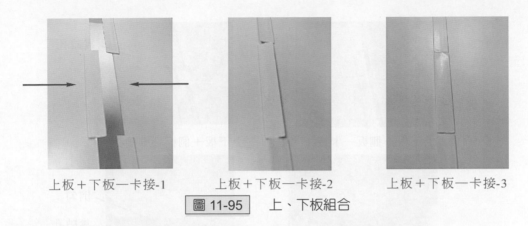

上板＋下板—卡接-1　　　　上板＋下板—卡接-2　　　　上板＋下板—卡接-3

圖 11-95　　上、下板組合

(二) 片盤組裝

設計為一超過 90 度的插入角度，然後在下板的轉軸上旋轉。

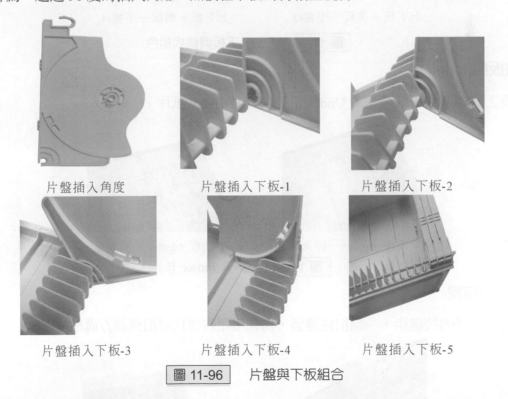

片盤插入角度　　　　　　片盤插入下板-1　　　　　　片盤插入下板-2

片盤插入下板-3　　　　　　片盤插入下板-4　　　　　　片盤插入下板-5

圖 11-96　　片盤與下板組合

(三) 上、下板與側板組裝

使用卡接的方式，在側板上的倒勾插入上、下板上的洞扣住。

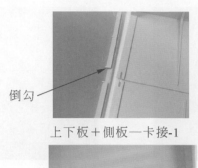

倒勾

上下板＋側板─卡接-1

靠破孔

上下板＋側板─卡接-2

上下板＋側板─卡接-3

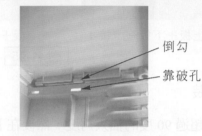

倒勾

靠破孔

上下板＋側板─卡接-4

圖 11-97　　上、下板與側板組合

(四) 前板與 Index

前板上的四個以滑塊成型的 Undercut 剛好卡住 Index 紙片。

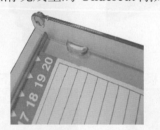

前板＋Index─插入-1　　　　　前板＋Index─插入-2

圖 11-98　　插入 Index 卡

(五) 前板與按鍵

將已組合好的按鍵組，一端扣住邊牆，再利用塑膠彈性壓扣到前方溝槽。

前板＋按鍵─扣接-1　　　　　

前板＋按鍵─扣接-2

圖 11-99　　按鍵與前板組合

(六) 前板與上下板

先將前板上的按鍵扣住某一片盤後與上下板貼近。

圖 11-100　前板+上下板—扣接

(七) 〔前板加上下板〕與側板

前板轉軸剛好在側板的 Boss 孔，側板上的倒溝扣住上下板的靠破孔，側板上的牆又把上下板夾住定位。

(前板＋上下板)＋右側板－扣接　　　(前板＋上下板)＋左側板－扣接

圖 11-101　側板組合

(八) 組裝完成

確定按鍵可在前板與片盤間順利滑動，並可前掀取出光碟片。

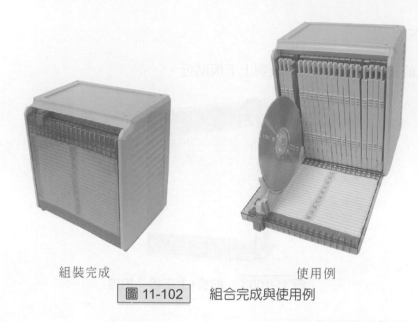

組裝完成　　　　　　　　　　　使用例

圖 11-102　組合完成與使用例

四、塑膠材料

儲存盒之殼體須有基本之強度，因此選擇塑膠材料時即鎖定物性佳、成型容易之 ABS 或 HIPS，而前板則採用透明度較佳的 PC 或 Acrylic。

五、包裝

由於產品本身重量輕又是塑膠材質，且其形狀又是長方體形，因此在包裝的考量即以產品外覆以塑膠袋後再以紙板彩盒包裝之。

圖 11-103　產品包裝

六、使用機台

各個主要 Parts 之重量(含澆道)先經預估其重量，並配合模具之尺寸進行試模後，分別得出使用機台及實際重量如表 11-1 所示。

表 11-1

Part	重量	使用機台
上板	105g	6 OZ
下板	120g	6 OZ
片盤×2 穴	48g	4.5 OZ
前板	76g	4.5 OZ
側板(左右各一)	135g	6 OZ
按鍵(上下各二)	7g	3 OZ

【射出成型設計實務作品二】(新型專利作品)

設計案：收納盒之二

品名：10 片光碟片整理盒(橫開夾取式)

圖 11-104　10 片光碟片整理盒

A. 設計特色：

1. 光碟片收納整理方便耐用。
2. 攜帶方便。
3. 硬殼保護效果佳。
4. 選取 Index 清楚易見。
5. 產品組裝容易。

B. 模具與製作：

1. 本體外殼上下蓋模具 2 組。
2. CD 片夾模具 1 組。
3. 本體外殼前蓋模具 1 組。
4. 選取卡夾 1 組。
5. 彈性止動片。

塑膠材料：ABS　、Acrylic、Nylon。

C. 學術與教學效果：

1. 塑膠射出成型零件組合之應用。
2. 塑膠之肉厚與彈性之關係。
3. 射出成型縮水與行整性之研究。
4. 射出成型造型與色彩之搭配分析。

圖 11-105　產品照片 1～7

D. 產品設計與模具製作之互動：

一、產品設計

(一) 造型

產品的基本訴求是存放光碟片，且為方便可攜帶式之盒體，因此以最小的體積為原則，又因為有 Index 滑動選擇按鍵的設計，因此作本體為方形，而前蓋為弧形透明蓋的設計。

(二) 功能

本 CD 盒的主要功能就是：(1)可以收存 CD 片，(2)可以迅速找到所要的片子，(3)方便攜帶。依此需求設計片盤為單面式，且是水平方向可旋轉式轉出，而其尋找的方式則以滑動按鍵扣夾為之，輔以透明前板以及 Index 紙片，即可達到迅速取片之功能。

二、Parts 之設計與模具加工製作之互動

(一) 上蓋

1. 本體

    (1) 產品設計：上蓋的設計為方形平板式，四週圍以矮牆，上面稍微下陷 1 mm，以供與下板堆疊用，內面有井字型補強肋以維表面之平整性。表面亞光處理。

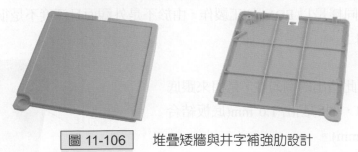

圖 11-106　堆疊矮牆與井字補強肋設計

    (2) 模具加工：本體是以 CNC 加工作出基本厚度與形體。平均肉厚為 2 mm。井字形之補強肋設計，因為肉厚僅 1mm，因此以放電加工為之。母模面細花紋咬花作出亞光效果。兩板模大點進澆，一模 2 穴。

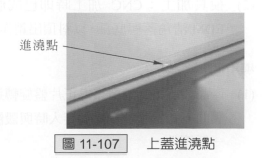

進澆點

圖 11-107　上蓋進澆點

2. Boss：

(1) 產品設計：內面有一 Boss 並以 4 個三角補強肋補強之，是用來與底板用自攻螺絲結合的，Boss 的肉厚 1.5 mm，因此成型時表面稍有縮水。

(2) 模具加工：Boss 在成型時是需要拔模斜度的，因此不宜以鑽孔加工而是以放電加工的方式製作。三角補強也是以放電加工製作。

圖 11-108　　上蓋 Boss 設計

3. 卡牆與柱：

(1) 產品設計：這是固定彈簧卡夾用的，當上、下鎖接時，即可將彈簧夾扣住固定之，卡牆背面以三角補強肋補強。

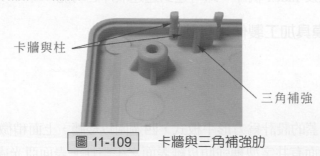

圖 11-109　　卡牆與三角補強肋

(2) 模具加工：同樣是以 EDM 加工製作，由於不是外觀面且深度不是很深，因此只做一組銅電極做加工。

4. 倒勾：

(1) 產品設計：此凸出的倒勾柱，是用來跟底板結合用的，倒勾凸出 1.0 mm(底板結合處凹陷 1.0 mm)。

(2) 模具加工：CNC 加工時即已成形再以 EDM 清角落與底部，以斜頂出銷作脫模。

圖 11-110　　倒勾扣

5. 導引肋：

(1) 產品設計：這是用來導正片盤旋轉進入盒體的，主要考量在片盤旋入時與殼體間有一緩衝件。

(2) 模具加工：單純 EDM 放電加工，使用單一銅電極。

圖 11-111　　片盤導引肋

6.　轉軸孔：

(1)　產品設計：片盤轉軸穿過以與下板結合用，有強度的需求，因此肉厚設計為 3.5 mm。

圖 11-112　　轉軸孔設計

(2)　模具加工：CNC 加工外型，中間圓孔部分則是先鑽孔再嵌入圓棒。

(二) 底板

1.　底板本體：

(1)　產品設計：呈三面牆之盒式形狀，其中右邊因為有片盤轉出與轉出之旋轉軌跡範圍會干涉，因此該處牆面只作 1/3 而已。平均肉厚 2 mm，井字形補強肋則為 1 mm 厚。

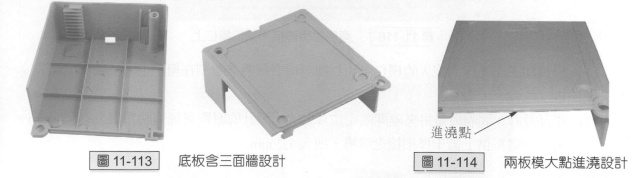

圖 11-113　　底板含三面牆設計　　　　進澆點　　圖 11-114　　兩板模大點進澆設計

(2)　模具加工：本體是以 CNC 加工作出基本厚度與形體，井字形之補強肋以放電加工為之。母模面細花紋咬花。兩板模大點進澆。

2.　底面凸出框：

(1)　產品設計：底面有深 1 mm 寬 7 mm 的凸出牆供堆疊時上、下卡緊。4 個角落有凹圓孔供止滑墊黏貼。

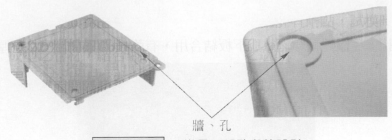

牆、孔

圖 11-115　堆疊凹陷孔與牆設計

(2) 模具加工：堆疊牆：以 CNC 直接於母模面加工。

(3) 止滑墊孔：同樣以 CNC 直接於母模面加工。

3. 產品說明：

(1) 產品設計：以直接成型在本體上取代使用貼紙的產品說明。

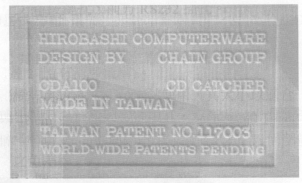

圖 11-116　產品說明直接雕刻於模仁上

(2) 模具加工：先作出嵌入的模仁，再以雕刻機直接將字雕刻在模仁上。

4. 間隔板：

(1) 產品設計：間隔板是用來隔開並定位片盤的，設計的原則與補強肋類似，肉厚 1 mm。另有一處是供上蓋卡榫扣接之溝槽，凹入 1.2 mm。

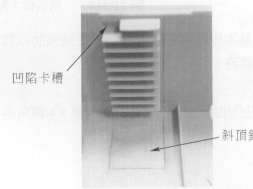

凹陷卡槽

斜頂針痕

圖 11-117　間隔板設計

(2) 模具加工：與模具開模方向形成倒勾，因此以整塊作斜頂出以脫模。

5. 彈片插槽：

(1) 產品設計：彈性止動片的插槽。牆高僅是肋的一半，因為肉厚為 1.2 mm，加上拔模斜度，若作全高則可能有成型上的困難。

(2) 模具加工：EDM 加工(含三角補強肋)。

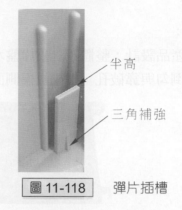

半高

三角補強

圖 11-118　彈片插槽

6. 結合柱：

(1) 產品設計：鎖上、下組件用之 Boss，由於上蓋的 Boss 為配合產品高度僅作 8 mm 高，而將大部分的高度給底板〔也是剛好配合產品高度〕，因此這個 Boss 就跟側牆面一樣高，肉厚 1.5 mm。

圖 11-119　上、下蓋結合柱

(2) 模具加工：公模側：線切割嵌入車有拔模斜度的圓柱。

(3) 母模側：嵌入有拔模斜度之圓柱。

7. 卡勾：

(1) 產品設計：配合按鍵與片盤之卡勾作同樣形狀之設計，使按鍵上下滑動之動作一致。

(2) 模具加工：以 CNC 銑床直接加工成型。

圖 11-120　卡勾設計

(三) 片盤

1.　本體：

　　(1)　產品設計：整體設計為片盤水平橫開式，因此採單面托盤設計，平均肉厚 1.5 mm，無倒勾與靠破孔，採兩板模側面大點進澆。圓盤內拋光，圓盤外咬細花紋。

図 11-121　　單面片盤設計

　　(2)　模具加工：一模 2 穴，以 CNC 作本體加工，除中間之靠破外皆在公、母模模仁上銑出來。

2.　卡勾：

　　(1)　產品設計：利用塑膠的彈性作呈輻射狀的 12 支 Z 字形卡勾。

　　(2)　模具加工：先以 CNC 銑床加工模仁上的公、母靠破合模，再以 EDM 細加工後將模仁嵌入。

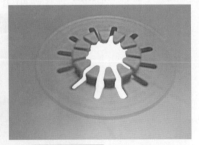

図 11-122　　中央卡勾

3.　側牆與補強肋：

　　(1)　產品設計：以牆面肉厚與補強肋來支撐片盤之平整。

図 11-123　　片盤補強肋

　　(2)　模具加工：以 CNC Milling 直接加工分模線兩側之公、母模成型。

(四) 前蓋

1. 本體：
   (1) 產品設計：有 Index 的功能，故採透明件設計，前方呈弧形之造型，有區分片盤的間隔板於其一側，上、下肉厚 3 mm，前面 2 mm 按鍵間隔板 1.2 mm。

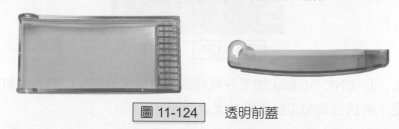

圖 11-124　透明前蓋

   (2) 模具加工：本體 CNC Milling 加工成型，轉軸圓孔作滑塊成型，兩板模結構，上、下孔跑滑塊，一模一穴，側面進澆。拋光至#3000，再以青土與鑽石膏拋光至#5000。

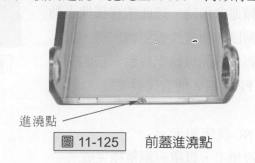

進澆點

圖 11-125　前蓋進澆點

2. 轉軸孔與 Stopper：
   (1) 產品設計：配合片盤轉軸，作兩層式轉軸插入孔，其上並設有一個凹陷卡勾為軸心定位與 Stopper。

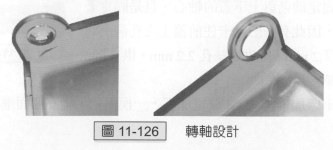

圖 11-126　轉軸設計

   (2) 模具加工：CNC 與車床加工作出滑塊呈側向滑塊脫模。

3. 間隔板：

　(1) 產品設計：11 間隔板組成 10 間隔空間，供按鍵定位與固定片盤位置。

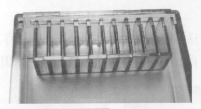

圖 11-127　　間隔板

　(2) 模具加工：以 CNC Milling 加工各單片後，再以併組式模仁嵌入，如此利於各單片之表面拋光，解決放電加工後不易拋光之問題。

(五) 彈性止動片

1. 本體：

　(1) 產品設計：當片盤轉進盒內時，以此塑膠彈性止動片將片盤卡住以防轉回，而當片盤要轉出時，因為塑膠的彈性而可以輕易彈開以轉出片盤。它的平均肉厚 1.5mm，使用 PP 材料，便宜又具韌性。

圖 11-128　　彈性止動片

　(2) 模具加工：

　　(a) 溝槽本體，以 NC 銑床加工。

　　(b) 彈簧齒牙：放電加工，以單一銅電極完成。

(六) 轉軸軸心

1. 本體：

　(1) 產品設計：固定前蓋與上下蓋的軸心，且是固定著隨前蓋轉動，因此有一凸點卡住前蓋上之孔洞上的凹陷點。肉厚 2 mm，自攻螺絲孔 2.2 mm，供 3 mm 之自攻螺絲鎖接用。

圖 11-129　　轉軸軸心

　(2) 模具加工：車床加工與 EDM 放電加工，一模兩穴，小點側面進澆。

(七) 按鍵

1. 本體：

　(1) 產品設計：採凹凸扣接之 Hinge 方式結合，中間夾一金屬彈簧。利用塑膠的彈性，將按鍵扣接在前板的溝槽上。勾扣藉彈簧壓開後，在前板上可順利滑動到定點。平均肉厚 1.5 mm。

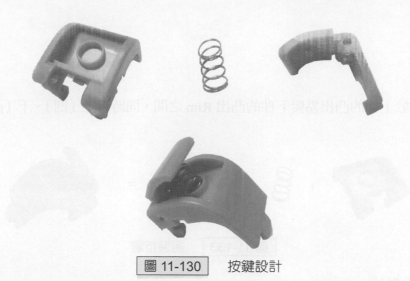

圖 11-130　　按鍵設計

(2) 模具加工：上件與下件開在一個模具內，為 1+1 模穴。按鍵之下件有滑塊以跑出倒勾。
CNC 銑床與 EDM 加工。

(八) 連結扣件〔封口扣件〕

1. 本體：
   (1) 產品設計：原始之設計是在堆疊時結合上下盒體用的，因此應該是雙向都有卡勾，後
   因業務上覺得無此需求，改成只作為單邊封口用。

圖 11-131　　封口用扣件

   (2) 模具加工：CNC 銑床與 EDM 加工，一模兩穴，側面小點進澆。

(九) 止滑墊片

3M 橡膠背膠 9.7ϕ×2mm 沖件。

圖 11-132　　止滑墊片

三、產品組裝

(一) 按鍵組裝

先將彈簧置於上件的凸出點與下件的凸出 Rim 之間，同時將上〔凹〕、下〔凸〕件以卡接方式結合。

圖 11-133　　組裝按鍵

(二) 插入彈性止動片

依設計之凹凸滑槽，插入下蓋之牆與肋間。

圖 11-134　　插入彈性止動片

(三) 組裝片盤與下蓋

片盤 10 片由前方置入。

圖 11-135　　組裝片盤

(四) 上、下蓋結合

將上蓋下壓，即可將勾扣與下蓋之凹陷槽結合。

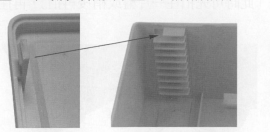

圖 11-136　扣接上下蓋

(五) 片盤、轉軸與前蓋結合

先將前蓋卡入，再將轉軸插入轉軸上的凸點對準前蓋上的 Stopper 定位點後壓入。

圖 11-137　插入轉軸軸心

(六) 鎖螺絲整體固定

由下蓋底面鎖上 2 自攻螺絲，其一結合上下蓋，另一結合轉軸與前蓋。

圖 11-138　螺絲結合固定

(七) 貼止滑墊片

將 4 片背膠之止滑墊片貼於圓孔座內。

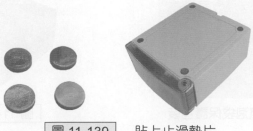

圖 11-139　貼上止滑墊片

(八) 結合按鍵與前蓋

　　先將已組好之按鍵由前蓋側面扣入〔此時可先扣住一片盤或稍後再扣〕，再往前面扣入前板上的溝槽。

圖 11-140　　裝上按鍵

(九) 插入封口扣件

　　將封口扣件插入，以卡溝扣住本體上的凸出肋。

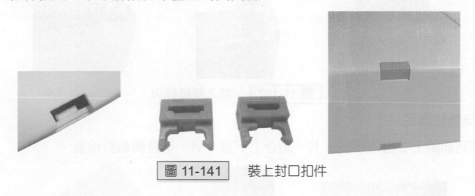

圖 11-141　　裝上封口扣件

(十) 包裝

　　先包以氣泡袋包裝，外面再以彩盒包裝成品尺寸 153×128×58cm，彩盒內尺寸 163×138×68 cm。

圖 11-142　　氣泡袋保護包裝

圖 11-143　　外盒包裝

【射出成型設計實務作品三】(新型專利作品)

設計案：收納盒之三

品名：30 片光碟片整理盒〔收納含外殼之光碟片〕

圖 11-144　　30 片光碟整理盒

A. 設計特色：

1. 光碟片收納整理，可橫放、豎放，方便耐用。
2. 收藏含殼 CD，保留原始硬殼。
3. 硬殼保護效果佳。
4. 透明前蓋，物件清楚易見。

B. 模具與製作：

1. 本體外殼上、下蓋模具 1 組〔1+1 模穴〕。
2. 本體左、右 L 形〔連背〕板模具 1 組。
3. 本體外殼前蓋模具 1 組。
4. 中間隔板模具 1 組。
5. 零件盒 1 組。
6. 堆疊卡榫 1 組〔4 穴〕。

   塑膠材料：ABS、Acrylic。

C. 學術與教學效果：

1. 塑膠射出成型零件組合之應用。
2. 塑膠之肉厚與彈性之關係。

3. 射出成型縮水與行整性之研究。
4. 射出成型造型與色彩之搭配分析。

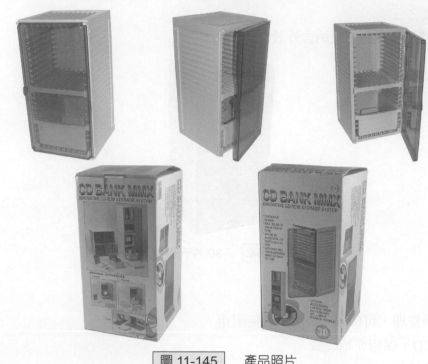

圖 11-145　　產品照片

D. 產品設計與模具製作之互動：

一、造型

　　產品的基本訴求是存放光碟片，非攜帶式之盒體，以較大之體積容量又不影響搬運堆疊為原則，因爲是存放有殼之光碟片，因此採長方型體之設計，可直擺亦可橫的設計，前蓋則採平面透明蓋的設計。

二、功能

　　本 CD 盒的主要功能就是：
1. 可以收存 20 片以上之光碟片。
2. 光碟片整體收納在盒內無灰塵或髒污之虞。
3. 可以迅速找到所要的片子。
4. 堆疊方便。

三、Parts 之設計與模具加工之互動

(一) 上蓋

1.　本體：

(1)　產品設計：上蓋的設計為方形平板式，四週圍以矮牆，上面藉偷料作 6 mm 之下陷，並依光碟片外殼之厚度分割而有 5 mm 高 1 mm 厚之隔牆，可供暫放光碟。內面有類似補強肋之隔板框，隔板之間並有凸出肋以固定光碟片外殼尺寸，並能維持表面之平整性。表面拋光處理。

圖 11-146　　上蓋設計

(2)　模具加工：本體是以 CNC 加工作出基本厚度與形體，平均肉厚為 2 mm。補強肋肉厚僅 1 mm 因此以放電加工為之。母模面拋光處理呈光亮效果。三板模側面小點進澆。一模 2 穴。

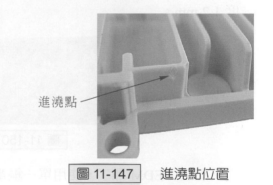

進澆點

圖 11-147　　進澆點位置

2.　隔板肋：

(1)　產品設計：內面有類似補強肋之隔板框，隔板之間並有凸出肋以匡正並固定光碟片外殼，肋的設計為非貫穿式，肉厚為 1.0 mm。

(2)　模具加工：EDM 放電加工。

圖 11-148　　隔板之補強肋

3. 倒勾柱：

(1) 產品設計：倒勾的設計是用來作為與側板結合用之卡勾，肉厚為 1.2mm。

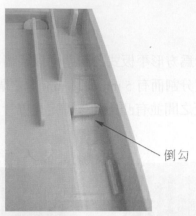

　　圖 11-149　　結合側板用倒勾

(2) 模具加工：NC 銑床加工，製作斜頂出之斜頂針。

4. 凸出肋：

(1) 產品設計：此呈 L 形之凸出肋是用來跟側板結合時用，可以夾住側板上的凸出肋，厚度 1.2 mm。

　　圖 11-150　　凸出肋設計

(2) 模具加工：EDM 加工，使用單一銅電極。

5. 凸出柱：

(1) 產品設計：這是因為表面有設計供堆疊用之凹洞，而為了平均肉厚所形成之柱狀體。

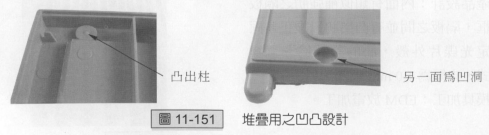

　　圖 11-151　　堆疊用之凹凸設計

(2) 模具加工：CNC、車床加工，公模車圓孔、母模嵌入圓柱。

6. 偷料與結合補強肋：

(1) 產品設計：兩牆之間僅隔 1.5 mm，中間需加肋以防因變形而導致側板無法插入的情形。

圖 11-152　偷料與補強肋

(2) 模具加工：EDM 放電加工。

(二) 底板

1. 本體：

(1) 產品設計：與上蓋類似，表面呈回字型之方形凸出牆，中間凹陷 4 mm。另外嵌入一塊模仁供雕刻產品說明文字用，內面之結構則與上蓋完全相同。表面拋光至#2000。

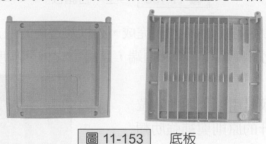

圖 11-153　底板

(2) 模具加工：本體是以 CNC 加工作出基本厚度與形體，肋則是以放電加工為之，嵌入模仁亦是 CNC 加工，作出孔座與模仁再嵌入組合。

2. 產品說明嵌入模仁：

(1) 產品設計：以直接成型於產品上取代貼紙的產品說明。

圖 11-154　雕刻嵌入的產品說明

(2) 模具加工：直接在雕刻機上將字雕刻在嵌入的模仁表面，產品上的字係凸出，因此模仁雕刻是凹陷的，且字型是反面的。

(三) 側板

1. 本體：

(1) 產品設計：將左、右側板皆設計呈 L 形，如此形狀雖容易在成型時變形，但因為設計時其側牆有 15 mm 高，形成補強肋與框架，因此成型時變形量不大。側面採波浪型設計，一方面有較佳的視覺效果，另一方面也具補強功能。

圖 11-155　　左、右側板

(2) 模具加工：整體之外型以 CNC 加工完成，肋以及邊角的地方則以放電加工清角修整。因後牆甚高，因此分模線設在後牆頂端，且為 1° 之外開斜度。

2. 間隔板肋：

(1) 產品設計：間隔板是用來隔開並定位光碟片殼的，設計的原則與補強肋類似。肉厚 1 mm。

(2) 模具加工：與模具開模方向相同，沒有倒勾與滑塊，故僅以 CNC 加 EDM 完成。

圖 11-156　　側板上的間隔肋

3. 卡勾：

(1) 產品設計：此卡勾係供與上、下蓋結合之用，因為倒勾與開模方向相同，故作自然成型。

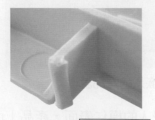

圖 11-157　　上、下蓋卡接設計

(2) 模具加工：與模具開模方向相同，沒有倒勾與滑塊，CNC 加 EDM 加工完成。

4. 背板結合：

(1) 產品設計：鳩尾槽的設計，肉厚各分為 0.9 mm，兩側板結合後，僅看到線狀而無凸出之肉厚。

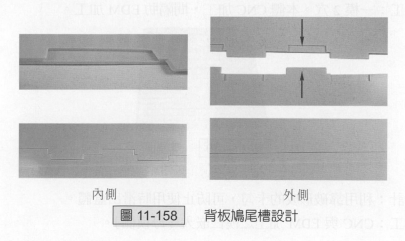

內側　　　　　　　　外側

圖 11-158　背板鳩尾槽設計

(2) 模具加工：

a. CNC 雕刻加手工修飾。

b. EDM 加工加手工修飾。

5. 背板與隔牆：

(1) 產品設計：由於空間規劃結果，兩牆間僅餘 1 mm，為避免縮水痕，不加連結肋，採整片平直處理。

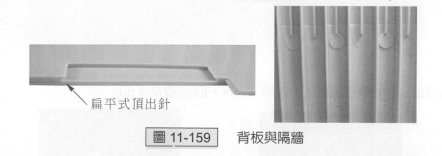

扁平式頂出針

圖 11-159　背板與隔牆

(2) 模具加工：CNC、EDM 加工成型，背板處頂出針採扁平式 1 mm 頂針頂出，間隔牆則為 5 mm 圓頂出針。

(四) 中間隔板

1. 本體：
    (1) 產品設計：採雙面間間隔肋設計，兩側滑槽稍短，以供順利滑入側板上的肋牆。
    (2) 模具加工：一模 2 穴。本體 CNC 加工，間隔肋 EDM 加工。

圖 11-160   中間隔板

2. 防脫倒勾：
    (1) 產品設計：利用靠破形成的卡勾，可防止使用時滑出盒體。
    (2) 模具加工：CNC 與 EDM 加工之模仁嵌入〔母模側〕。

圖 11-161   靠破形成倒勾

(五) 前板

1. 本體：
    (1) 產品設計：採透明板設計，肉厚 2 mm，四週牆高 8 mm。

進澆點

圖 11-162   前板與進澆點

    (2) 模具加工：本體 CNC 加工成型，轉軸圓柱 EDM 加工，兩板模，一模 2 穴，扇形大點側面進澆。拋光至#3000，再以青土與鑽石膏打光至#5000。

2. 門扣：
   (1) 產品設計：前方為弧形凸出片供開閉用。內面為一倒勾扣，關閉時可以扣住側板。凹凸溝槽為止滑面。
   (2) 模具加工：CNC 加工，並作滑塊〔含溝槽〕以撥離倒勾。

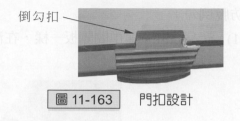

圖 11-163　　門扣設計

3. 轉軸：
   (1) 產品設計：轉軸直徑 3.8ϕ，插入上、下蓋之 4.0ϕ 孔洞。

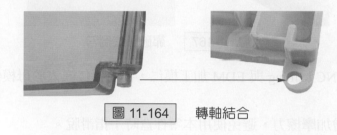

圖 11-164　　轉軸結合

   (2) 模具加工：母模側 CNC 加工，公模側 EDM，表面拋光。

4. 頂出：
   (1) 產品設計：因為表面是透明的，所以正面應儘量避免有頂出針的頂出痕。
   (2) 模具製作：將頂出針作在四面側牆上，圓柱形頂針，頂一半在側牆上，所以呈現半圓弧形。

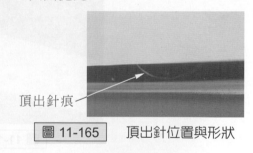

圖 11-165　　頂出針位置與形狀

(六) 零件盒

1. 本體：
   (1) 產品設計：四方形盒設計，左右為滑槽，平均肉厚 2 mm。
   (2) 模具加工：CNC Milling 加工與 NC 銑床加工，表面拋光處理。一模一穴，中間大點進澆。

圖 11-166　　零件盒

2. 防脫倒勾：

(1) 產品設計：與中間隔板一樣，在滑槽後端設有倒勾，可防止使用時滑出外盒體，倒勾以靠破成型。

圖 11-167　　靠破形成倒勾

(2) 模具加工：CNC Milling 與 EDM 加工模仁，再將模仁嵌入於母模側。

3. 防滑把手面：

(1) 產品設計：增加摩擦力，避免使用本零件盒時手指滑脫。

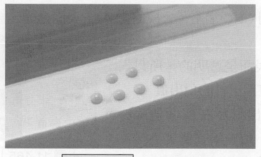

圖 11-168　　防滑凸點

(2) 模具加工：放電加工 6 半圓凸點。

4. 止滑線：

(1) 產品設計：避免磁片或物件在使用本零件盒時在盒內滑動。

(2) 模具加工：NC 銑床加工。

圖 11-169　　止滑凸線

(七) 堆疊卡榫

1. 產品設計：在直擺或橫擺堆疊時，結合上、下盒體用，在上、下蓋與左、右側板上都有 4 個孔洞，供結合時使用。卡榫為 7.9 mm∅，可插入盒體上之 8 mm 孔洞。

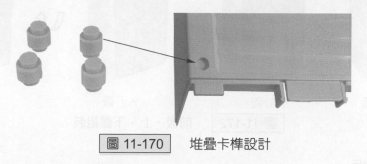

圖 11-170　堆疊卡榫設計

2. 模具加工：CNC 銑床與 EDM 加工，一模 4 穴，側面進澆。

四、組裝

(一) 左、右側板〔連背板〕組裝

將左、右側板之背板處結合，鳩尾槽剛好可以滑入彼此結合成一平面。

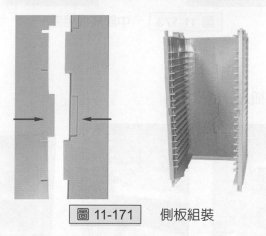

圖 11-171　側板組裝

(二) 上下蓋+左右側板+前板

上、下蓋上面的倒勾與左右側板上的倒勾作扣接，同時將前板夾住。

順序：倒置上蓋→左右側板扣入上蓋→插入前蓋→扣入下蓋。

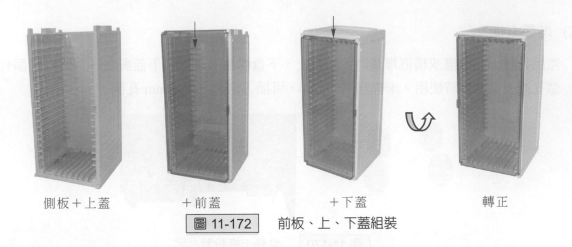

側板＋上蓋　　　　　＋前蓋　　　　　　＋下蓋　　　　　轉正

圖 11-172　前板、上、下蓋組裝

(三) 插入中間隔板

將中間隔板之倒勾朝上、朝前，插入中央滑槽直到倒勾卡到側板凸出肋。

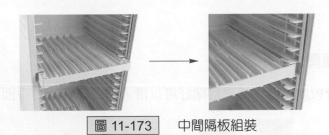

圖 11-173　中間隔板組裝

(四) 插入零件盒

將零件盒之倒勾朝內並插入於滑槽。

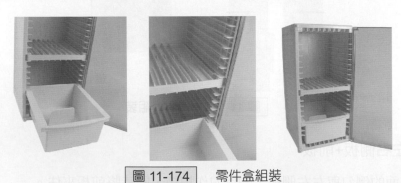

圖 11-174　零件盒組裝

(五) 包裝

先以塑膠袋將本體包住再以彩盒外包裝。彩盒上印有各種使用例。

圖 11-175　包裝袋與包裝盒

【射出成型設計實務作品四】(新型專利作品)

品名：抽取式垃圾桶
客戶名稱：典冠企業股份有限公司

圖 11-176　抽取式垃圾桶

A. 設計特色：

1. 將傳統以塑膠製作的垃圾桶轉變成兼具有可以存放塑膠袋的功能。
2. 造型簡單製造容易。
3. 捲筒式的塑膠垃圾袋可自動抽取更換。

B. 模具與製作：

1.　單一射出成型模具〔可另加桶蓋等附件〕單邊具滑塊功能。
2.　捲筒式塑膠袋成型容易。

C. 學術與教學效果：

1.　射出成型具滑塊功能之成型的應用。
2.　靠破孔之應用。
3.　長形產品與機台之關係的應用。
4.　肉厚與拔模斜度之應用。
5.　塑膠袋成型之應用。

D. 產品設計：

　　本設計之創意，在於將傳統之射出成型垃圾桶與捲筒式垃圾袋之使用結合在一起，也就是在垃圾桶的底部設有一個空間供放置捲筒垃圾袋，而可以抽取的方式使用垃圾袋。

一、造型

　　採長方形之底部作圓弧之收尾，並配合拔模斜度，爲上大下小長方桶型之設計，上方唇緣可供垃圾袋撐住，因此也是以圓弧修飾之。平均肉厚 2.5 mm。

圖 11-177　　一體射出成型設計

二、功能

　　如專利申請之主要內容，爲一個內部可置放垃圾袋，並可連續抽取垃圾袋的垃圾桶。

圖 11-178　　捲筒式垃圾袋

E. 專利申請圖檔：

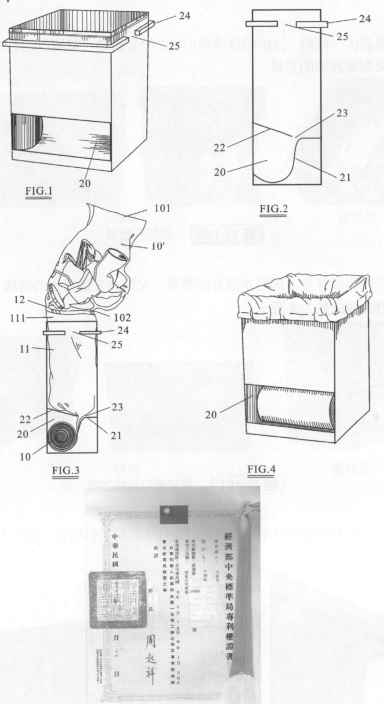

FIG.1

FIG.2

FIG.3

FIG.4

圖 11-179　專利申請與證書

F. 模具製作：

一、靠破孔

公模與滑塊靠破出一條縫，以供垃圾待進出，由於公模是一整塊自然 CNC 加工成型的，因此足以支撐滑塊從側面靠破的力量。

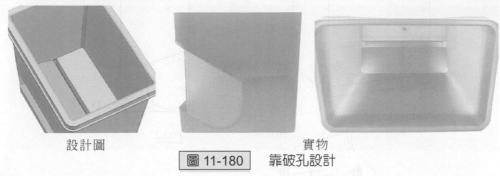

設計圖　　　　　　　　　　　　　　實物

圖 11-180　靠破孔設計

二、滑塊

以滑塊形成垃圾袋儲存室，這是本設計的菁華，又因為它是很大的滑塊，因此在模具製作上以油壓缸為進退滑塊的動力來源。

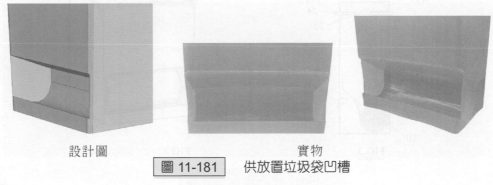

設計圖　　　　　　　　　　　　　　實物

圖 11-181　供放置垃圾袋凹槽

三、唇緣

設計為 S 形，具基本強度且可作為塑膠袋的定位，並可加裝桶蓋，製作上以 CNC 直接加工成型。

設計圖　　　　　　　　　　　　　　實物

圖 11-182　唇緣設計

G. 使用例：

圖 11-183　產品使用例

【射出成型設計實務作品五】

設計案：家具之一

品名：可替換模仁之射出成型涼椅(High Low Back Insert Stacking Chair)

圖 11-184　射出成型涼椅

A. 設計特色：

1. 突破傳統木製或金屬製之椅子，而以單一塑膠材質呈現。
2. 一體射出成型造型變化以模具技術呈現。
3. 背部可以以模具的技術作高低背的變化。
4. 座部與背部的花紋可以藉由模具製作的技術作變化。
5. 可堆疊出貨與收藏。

B. 模具與製作：

1. 本體模具 1 組。
2. 背部之高低背替換模仁座各一。
3. 背部替換模仁花紋各二共計四組。

　　塑膠材料：PP Compound + 22 % Talc。

C. 學術與教學效果：

1. 替換模仁在射出成型的應用。
2. 射出成型產品補強肋之應用。
3. 單一射出成型產品成型進澆點之應用。
4. 堆疊時肉厚與強度之關係。
5. 結合線之產生與強度之影響。
6. Copy Milling 製作模具之應用。
7. 堆疊產品在運輸貨櫃應用之設計考量。
8. 以油壓缸頂出頂板之應用。
9. 模具之拋光與電鍍。

D. 產品設計與模具製作之互動：

一、產品設計

　　塑膠射出 Mono-Block Chair 的設計有下述幾個重點：

1. 尺寸大小〔高、低背〕。
2. 整體造型。
3. 裝飾紋路。
4. 強度。

5. 堆疊性。

　　本設計的各個特色也都依此重點逐一對照完成，因為製作一組此涼椅類的模具費用實在太高，動則新台幣數百萬元，因此若能做到以一個 Mold Base 為基礎，而以嵌入 Insert 方式來製作多種樣式的產品，則可節省重複的 Mold Base 加工費用與材料費用，此即為本設計的精神所在。

二、模具功能與產品設計

　　依循 Mono-Block Chair 之設計重點，將產品的基本尺寸掌握住，例如坐高、坐寬、坐部弧形、背部弧形〔依人體工學〕等尺寸確認後再依相關位置作 Insert 區塊的選定。

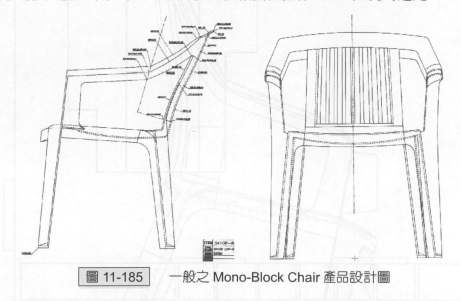

圖 11-185　　一般之 Mono-Block Chair 產品設計圖

三、模具設計與製作

(一) 本體

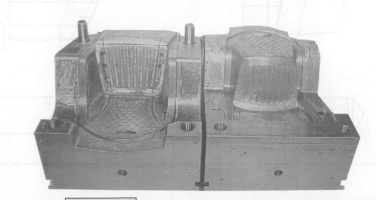

圖 11-186　　一般之 Mono-Block Chair 模具

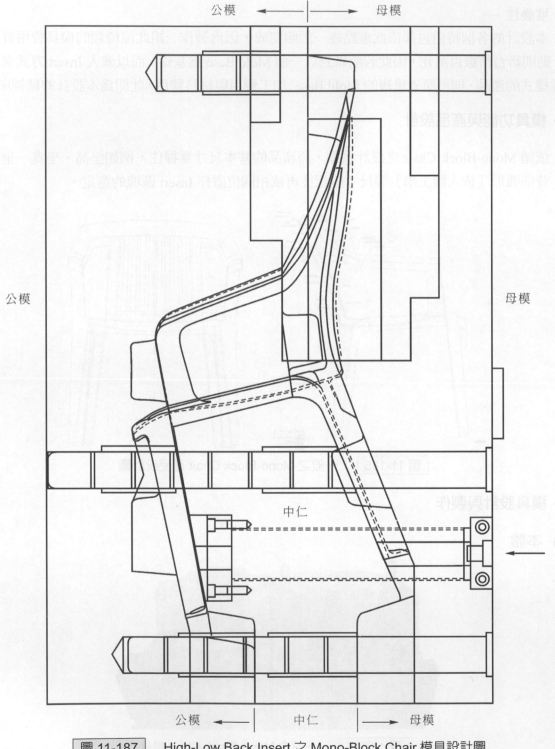

公模 ← | → 母模

公模

母模

中仁

公模 ← | 中仁 | → 母模

圖 11-187　High-Low Back Insert 之 Mono-Block Chair 模具設計圖

(二) 高、低背 Insert 模仁

　　此設計主要在公、母模之背部替換模仁，如圖從扶手以後，到背部底部以上的部分，作整塊可更換之模仁。

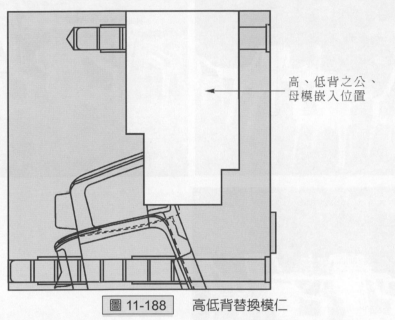

花紋於高、低背之公、母模嵌入位置

圖 11-188　高低背替換模仁

(三) 背部花紋 Insert 模仁

　　背部花紋嵌入的部分，則是各在高、低背模仁中再作公、母模替換模仁，也就是所謂的模仁中的模仁。

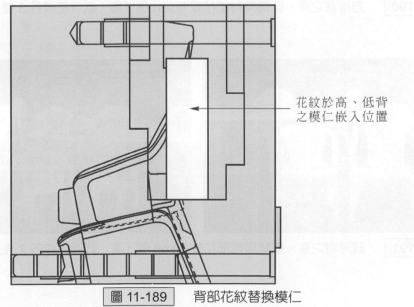

花紋於高、低背之模仁嵌入位置

圖 11-189　背部花紋替換模仁

E. 產品實例目錄：

1. 方形背：

圖 11-190　　方形背之高、低背與背部花紋 Insert 例〔高、低背花紋各 3 種共計 6 種〕

2. 圓形背：

圖 11-191　　圓形背之高、低背與背部花紋 Insert 例〔高、低背花紋各 2 種共計 4 種〕

【射出成型設計實務作品六】

設計案：家具之二

品名：摺疊椅(5 Positions Folding Chair)

客戶名稱：US Leisure

 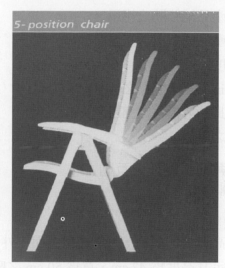

圖 11-192　5 Positions Folding Chair 設計

A. 設計特色：

1. 將傳統以鐵管製作的摺疊椅，轉變成塑膠材質呈現。
2. 造型優雅穩健，色彩輕鬆自然。
3. 背部角度可以 4 段調節〔以扶手控制〕。
4. 收合後可以站立。
5. 整張椅子皆以塑膠射出成型零組件組合，毋需五金與工具，組裝容易。

B. 模具與製作：

1. 模具共 9 組：

    (1)背部，(2)座部，(3)扶手(左+右)，(4)前腳，(5)後腳，(6)軸固定扣件，(7)座部滑軸，
    (8)前後腳軸心，(9)前、後腳蓋。

2. (1) 背部、座部、扶手等模具：以 Copy Milling 方式加工製作先製作木型再加以修正後作
        拆模翻樹脂模…… 等等 Copy Milling 程序完成之。

    (2) 前腳、後腳與組裝零件：以 CNC milling、EDM 等加工製作。

3. 射出成型：最大使用 850 Tons 射出成型機〔座部、背部〕。

4. 塑膠材料：(PP + 22 % Talc) Compound、Nylon66。

C. 學術與教學效果：

1. 塑膠材料在射出成型的應用。

2. 射出成型產品補強肋之應用。

3. 射出成型產品成型滑塊之應用。

4. 肉厚與強度之關係。

5. Copy Milling 製作模具之應用。

6. 射出成型長抽芯模仁之應用。

7. 緊密配合之應用。

D. 產品設計與模具製作之互動：

一、造型

　　設計一組高背式的餐椅，可以在室內與室外使用，其大小以適合一般人用餐之餐椅尺寸為原則，因此設定其高度為 42 cm、寬為 50 cm 之座部，符合人體工學之造型的設計。

二、功能

1. 背部角度可以依扶手勾扣的位置而改變，共有 4 個不同角度可供調整。

2. 不使用時可收合且收合時可站立

三、Parts 之設計與模具加工之互動

(一) 背部設計

(1) 兩板模的結構

(2) 補強肋順著開模方向

(3) 與扶手結合處有倒勾孔，以油壓缸抽芯解決。

(4) 製作：木型→仿雕→放電加工→推磨→拋光。

1. 本體：

(1) 產品設計：平均肉厚 3.5 mm，邊角與端緣都是採用弧形〔R 角〕收尾修飾。

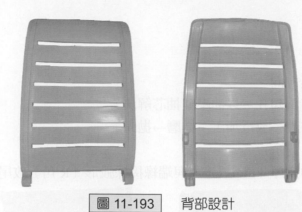

圖 11-193 背部設計

    (2)　模具製作：CNC Milling or Copy Milling(仿雕)。

2.　座背結合軸：

    (1)　產品設計：採環套式設計，中央區隔成兩部分，利於結合並達到所需之旋轉功能。

    (2)　模具製作：原始使用 Copy Milling 刻出外型，單邊兩側皆跑滑塊 NC 加工，補強肋 EDM 加工。

圖 11-194 結合軸

3.　與扶手結合孔：

    (1)　產品設計：供扶手之轉軸插入固定用，方型槽盒設計係定位結合扣件用。

    (2)　模具製作：靠破孔式的倒勾，作油壓缸抽芯，應特別注意射出機台的迴路，且油壓缸裝設微動開關確保抽芯完成才開模，以及關模後才入芯。

圖 11-195 扶手結合孔

4.　補強肋：

    (1)　產品設計：兩側各做一條與邊牆平行之補強肋，以形成內外框。橫向之背板片兩端各作矮牆以補強並收尾。

    (2)　模具製作：Copy Milling 時即已作出，端緣 EDM 修飾。

圖 11-196 補強肋設計

(二) 坐部設計

(1) 兩板模的結構。

(2) 補強肋順著開模方向。

(3) 與前腳結合處有倒勾孔，以油壓缸抽芯解決。

(4) 製作：木型→仿雕→放電加工→推磨→拋光。

1. 本體：

(1) 產品設計：平均肉厚 4 mm，邊角與端緣接採弧形〔R 角〕收尾修飾。

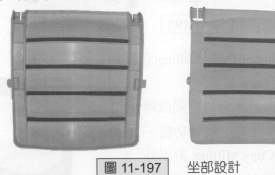

圖 11-197　　坐部設計

(2) 模具製作：CNC Milling or Copy Milling。

2. 與背部結合軸：

(1) 產品設計：長圓形設計，於凹孔兩側中間的肉配合開模方向偷料，與背部之環形軸配合。

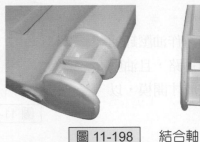

圖 11-198　　結合軸

(2) 模具製作：NC Milling 與 EDM 加工，分模線在斜對角線上。

3. 與前腳結合孔：

(1) 產品設計：供坐部之轉軸插入固定用，方型槽盒設計係定位結合扣件用。凸出的地方是為了調整隔開坐部與腳部間之間隙(Space)。

圖 11-199　　前腳結合孔

(2) 模具製作：靠破孔式的倒勾，製作油壓缸抽芯，應特別注意射出機台的迴路，且油壓缸裝設微動開關確保抽芯完成才開模，以及關模後才入芯。

4. 滑動軸孔：

(1) 產品設計：供裝上滑軸後，配合收合時之動作，而在滑動槽上動作，呈外大內小之孔。

(2) 模具製作：以油壓缸抽芯，油壓缸裝設微動開關，確保抽芯完成才開模，以及關模後才入芯。

圖 11-200　　滑動轉軸孔

5. 補強肋：

(1) 產品設計：大肋因強度需求且在靠破〔轉角〕處，故厚度與本體相同，小肋肉厚 2 mm。

圖 11-201　　坐部補強肋

(2) 模具製作：NC Milling 粗樣與 EDM 細修。

(三) 前腳

(1) 腳部是中空的，採用長抽芯的模具結構。

(2) 製作：木型→仿雕→放電加工→推磨→拋光。

1. 本體：

(1) 產品設計：H 型設計可充分發揮塑膠之彈性，在組裝時可順利拉伸。配合拔模斜度，作上粗下細之設計。

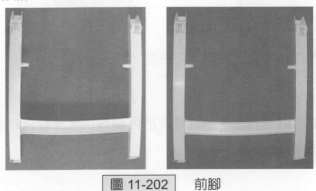

圖 11-202　　前腳

(2) 模具製作

    a. CNC Milling 與 EDM 加工。

    b. 長抽芯之設計，左右腳同步。

    c. 表面拋光，中軸更需拋光。

2. 與後腳結合軸：

(1) 產品設計：門軸式之 Piano Hinge 圓形設計，肉厚 4 mm。

(2) 模具製作：與開模方向垂直，又因為整個貫穿，且側面有一點干涉，因此採油壓缸抽芯設計。

圖 11-203　前後腳結合軸

3. 腳蓋口：

(1) 產品設計：作 6 個小凹槽供 Cap 插入並可兼具定位。

(2) 模具製作：軸芯上端雕刻，並放電加工成型。

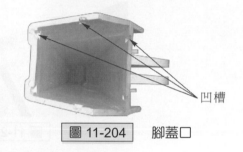

凹槽

圖 11-204　腳蓋口

4. 與坐部結合軸：

(1) 產品設計：支撐人體重量之轉軸，因此設計成幾乎是實心的軸，僅作小部分之偷料。

圖 11-205　坐部結合軸

(2) 模具製作：分模線在中央，放電加工成型。

(四) 後腳

與前腳幾乎是一樣的設計與做法，不同處在於內側有供坐部收合時滑動用的滑槽，與開模方向干涉，因此往中間跑滑塊解決。

1. 本體：

   (1) 產品設計：H 型設計可充分發揮塑膠之彈性，在組裝時可順利拉伸。配合拔模斜度，作上粗下細之設計。

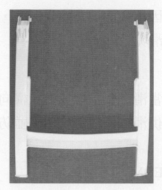

圖 11-206　後腳設計

   (2) 模具製作：

       a. CNC Milling 與 EDM 加工。

       b. 長抽芯之設計。

       c. 表面拋光，中軸更需拋光。

圖 11-207　腳本體中空設計

2. 與前腳結合軸：

   (1) 產品設計：門軸式之類似 Piano Hinge 圓形設計。

   (2) 模具製作：與開模方向垂直，又因為整個貫穿，且側面有一點干涉，因此採油壓缸抽芯。

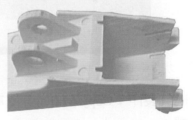

圖 11-208　前後腳結合軸

3. 腳蓋口：

   (1) 產品設計：作 6 個小凹槽供 Cap 插入並定位。

   (2) 模具製作：軸芯上端雕刻並放電加工成型。

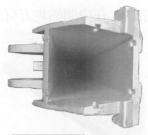

圖 11-209　腳蓋口

4. 與坐部結合滑槽：

(1) 產品設計：滑動槽與轉折固定槽，內有一條細直線可減少與滑軸間之摩擦力。

(2) 模具製作：因為與開模方向成倒勾，因此作斜頂出滑塊設計。

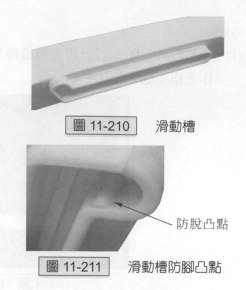

圖 11-210　滑動槽

5. 滑槽防脫凸點：

(1) 產品設計：當滑軸到頂端並進入橫向位置時，凸點供滑軸卡住定位用，並防止滑出。

(2) 模具製作：EDM 加工。

防脫凸點

圖 11-211　滑動槽防腳凸點

(五) 扶手：

內側倒勾，做兩塊大斜頂出塊解決，由於內側空間狹小，頂出時兩頂出塊幾乎碰在一起。

1. 本體：

(1) 產品設計：寬輻修 R 角設計，肉厚 3 mm。

圖 11-212　扶手

(2) 模具製作：Copy Milling +放電加工。

2. 卡勾槽：

(1) 產品設計：扶手內有調整椅背角度的卡榫設計，因此必須有 Slider 的結構，又因為成品結構，在中間的地方有足夠的空間可以斜頂，因而解決倒勾的問題。

斜頂出之頂出塊
往中間跑，脫離倒勾

斜頂出塊留痕

圖 11-213　角度調整卡榫

(2)　模具製作：NC Milling＋EDM 放電加工。

3.　卡勾肋之補強：

(1)　產品設計：調整用之間隔肋 2 mm 厚，高度 4 mm 可扣住椅腳上的凸出卡勾片，後側作 2 個三角補強支撐。

(2)　模具製作：肋與三角補強皆 EDM 放電加工。

圖 11-214　　三角補強

4.　與背部結合軸：

(1)　產品設計：實心設計，小部分偷料以防明顯之縮水。

(2)　模具製作：雕刻＋EDM 加工。

圖 11-215　　結合軸之偷料

5.　補強肋：

(1)　產品設計：拱型設計補強兩側牆以防變形。

(2)　模具製作：EDM 放電加工。

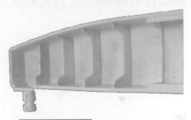

圖 11-216　　拱型補強肋

(六)　軸固定扣件

1.　產品設計：

半弧形構造，可利用塑膠之彈性以夾扣並固定轉軸，邊牆固定位置用。

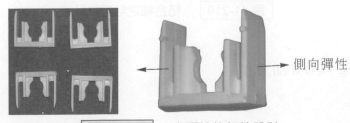

側向彈性

圖 11-217　　有彈性的扣件設計

2.　模具製作：

NC Milling 與 EDM 加工

(七) 坐部滑軸

1.　產品設計：

坐部支撐點兼收合滑軸，有強度之需求故使用 Nylon 料。

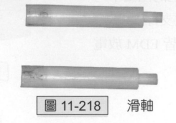

圖 11-218　滑軸

2.　模具製作：

車床與 EDM 加工。

(八) 前後腳結合軸心

1.　產品設計：

前後腳結合的轉軸因受力大故使用 Nylon 料。一邊靠破與滑塊作出作出孔洞為凹洞，另一邊作卡勾以結合之。

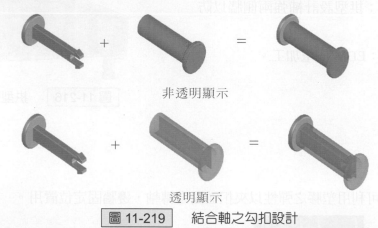

非透明顯示

透明顯示

圖 11-219　結合軸之勾扣設計

2.　模具製作：

車床、NC Milling、EDM 加工。

(九) 前後腳蓋

1.　產品設計：

蓋住兩腳之上端開口，後腳蓋延伸後腳上供扶手卡扣的凸出塊。

圖 11-220　腳頂蓋

2.　模具製作：

兩板模之普通模具結構。NC Milling、EDM 加工。

四、產品組裝

(一)　前後腳+ Cap

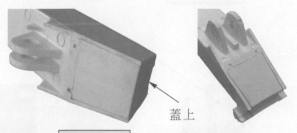

蓋上

圖 11-221　Cap 蓋上前後腳

(二)　前後腳結合+結合軸心

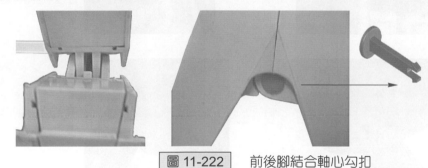

圖 11-222　前後腳結合軸心勾扣

(三)　坐部+滑動軸

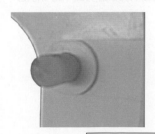

圖 11-223　插入坐部滑動軸

(四) 坐部與前後腳結合+扣件

1. 前腳：

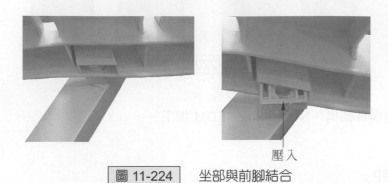

壓入

圖 11-224　　坐部與前腳結合

2. 後腳：

扳開後彈回

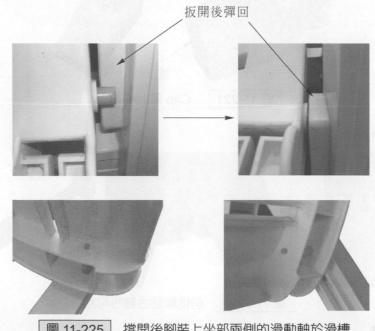

圖 11-225　　撐開後腳裝上坐部兩側的滑動軸於滑槽

(五)　插入背部與坐部結合

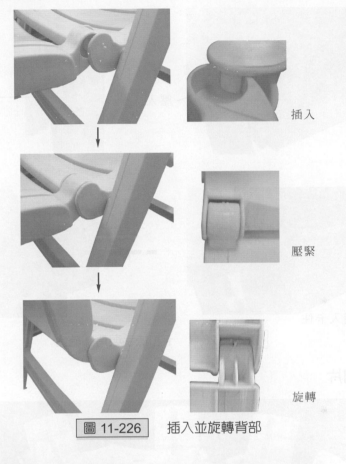

插入

壓緊

旋轉

圖 11-226　插入並旋轉背部

(六)　裝上扶手

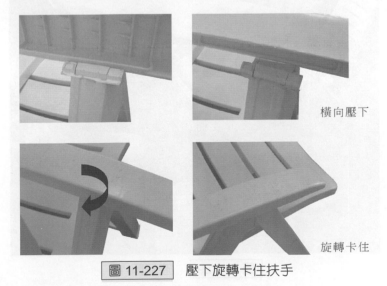

橫向壓下

旋轉卡住

圖 11-227　壓下旋轉卡住扶手

(七) 扶手與背部結合＋扣件

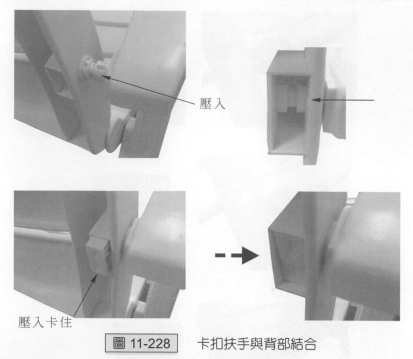

壓入

壓入卡住

圖 11-228　　卡扣扶手與背部結合

五、產品目錄之圖片

1408 48" table • 4100 cruise chair • 4103
chaise • 4114 ottoman/coffee table •
1414 72" table • 466 resin umbrella •
Platform (L) -035 Laguna and (R) -028 Panama

067 Coronado

圖 11-229　　產品照-1

圖 11-230　產品照-2

【射出成型設計實務作品七】

作品名：Data Logger & Reader
客戶名稱：漢唐科技股份有限公司

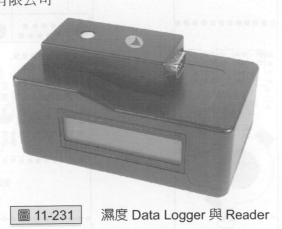

圖 11-231　濕度 Data Logger 與 Reader

A. 背景：

漢唐科技是一家專業製造環境控制設備的廠商，主要之產品有防潮箱、防潮櫃、恆溫恆濕設備等。

本設計在於設計一組能容納由該公司所研發出來之溫溼度紀錄器(Logger)與資料讀取機(Reader)之產品，且此兩樣產品必須是能夠結合在一起的，因為原始的設計理念即是 Logger 放到溫濕環境中去偵測紀錄數據，然後放到 Reader 去把紀錄到的數據讀出來。

B. 設備與製造能力分析：

漢唐公司只做電路板等零組件之研發，工業設計的部分完全由設計師負責，直到模具完成並生產零組件後再送到該公司做最後之組裝。

C. 方法：

本產品主要的是做功能性之規劃，設計一個空間將其電子零件的部分做適當的 Layout，以容納各零件，而且是以簡潔不佔空間為主要考量。

D. 產品設計與模具製作的互動關係：

一、產品造型與圖面設計

(一) PCBA

1.　Logger：

圖 11-232 為 Logger 原始設計中之 PCBA Layout 圖，僅有外部尺寸及厚度，由於必須設計一個最小的塑膠殼將此 PCBA 包覆，因此在造型的考量上就以簡單的長方體為之。

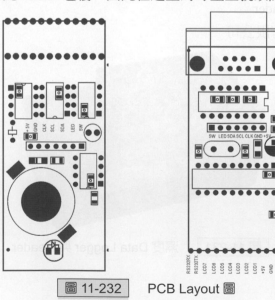

圖 11-232　PCB Layout 圖

2. Reader：

圖 11-233 為 Reader 原始設計之 PCBA Layout 圖，圖 11-234 則是 LCD 顯示器之樣品，在設計的考量上即必須以：

(1) LCD 容易檢視閱讀。

(2) 與 Logger 插拔要平順。

(3) 與 Logger 之接觸點要穩定。

為搭配 Logger 的造型以及 PCB 與 LCD 之限制因此也將其定位在長方體之基本形狀。

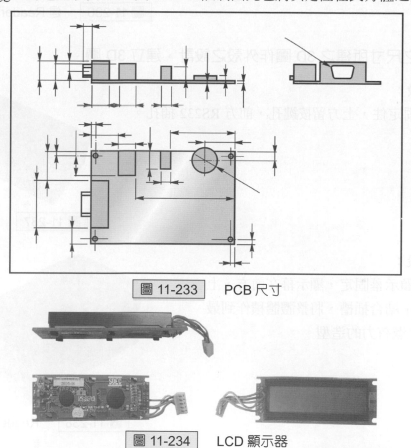

圖 11-233　PCB 尺寸

圖 11-234　LCD 顯示器

(二) 建立 PCB 外尺寸圖

先依原廠提供之 2D 尺寸圖與樣品建立 3D 圖檔。

1. Logger：

依圖 11-232 建成 3D 圖檔如圖 11-235。

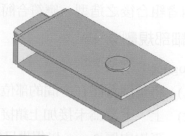

圖 11-235　建 Logger 控制板 3D 圖檔

2. Reader：

依圖 11-233 建成 3D 圖檔如圖 11-236。

圖 11-236　　　建 Reader 控制板 3D 圖檔

(三) 依 PCB 之尺寸所建之 3D 圖作外殼之設計，建立 3D 圖。

1. Logger 外殼：

將 PCB 板固定住，上方留按鍵孔，前方 RS232 插孔。

圖 11-237　　　Logger 外殼

2. Reader 外殼：

將 PCB 與顯示幕固定，顯示幕在前方，上
方為 Logger 結合插槽，將整體體積作到最
小，呈現簡潔有力的造型。

圖 11-238　　　Reader 外殼

3. 兩者組合後之造型，應符合簡潔易使用之目標。

(四) 細部規劃

1. Logger：

(1) 將整個盒體在中間的部位分成上、下蓋。

(2) 上、下蓋為卡接加上鎖接。使用 2×5 mm 平頭自攻螺絲。

(3) 平均肉厚 2 mm 以提供足夠的卡勾空間。

(4) 上、下蓋之間有凹凸互卡，沒有間隙產生。

(5)　按鍵夾在 PCB 與本體間靠 Boss 定位。

(6)　表面平整可印刷。

2.　Reader：

(1)　以顯示幕之下緣為界，分為上、下蓋。

(2)　PCB 以螺絲鎖接固定。

(3)　顯示幕以上、下蓋夾住。

(4)　上、下蓋鎖接。使用 3×7 mm 自攻螺絲。

(5)　上、下蓋之間有凹凸互卡，沒有間隙產生。

(6)　後方調整鈕孔定位。

(7)　彈簧電路接觸板，另做固定片鎖接。

(8)　下蓋 RS232 接入口處肉厚太厚，由下方偷料。

(9)　上蓋 RS232 接入口處肉厚太厚，整體偷料並加補強肋。

(五)　模擬組合

先在電腦上模擬組合之尺寸與干涉的情況再加以修正圖面。

(六)　開模準備

圖 11-239　　3D 成品圖模擬

1.　設定模具模穴數：

(1)　Logger 上、下蓋 1 + 1。

(2)　Reader 上、下蓋 1 + 1。

(3)　按鍵+固定片　2 + 2 = 4Cavities。

2.　成品圖修正，設定拔模斜度。

(1)　Logger：尺寸較小且無側面開口的問題，因此採上下開模拔模斜度為 0.5 度。

(2)　Reader：上蓋有側面開口，因此母模作 4 面滑塊成垂直面公模則為 1 度以利脫模。

3.　模具材料選定：

(1)　模座：標準模座 S55C。

(2)　模仁：日本大同 PDS-5。

二、模具設計與製作

(一)　模具加工圖

1.　建立 3D 模具機構設計圖為數位檔案。

2.　分解各零件加工圖。

3. 建 2D 加工圖，如圖 11-240、11-241。

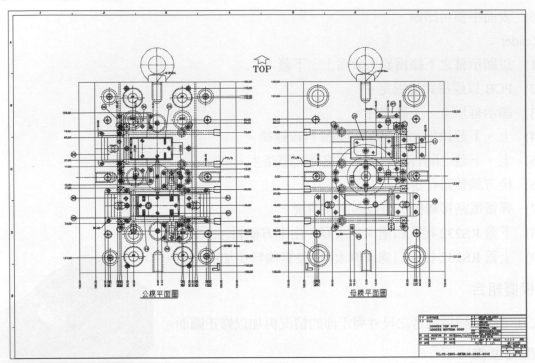

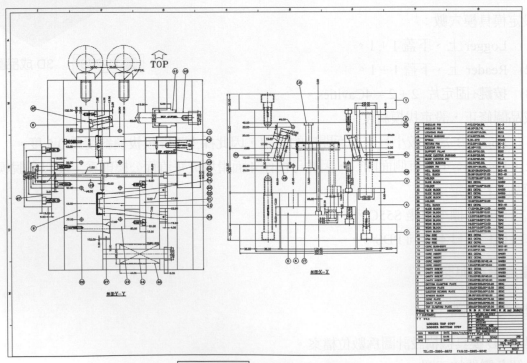

圖 11-240　　模具 2D 設計圖

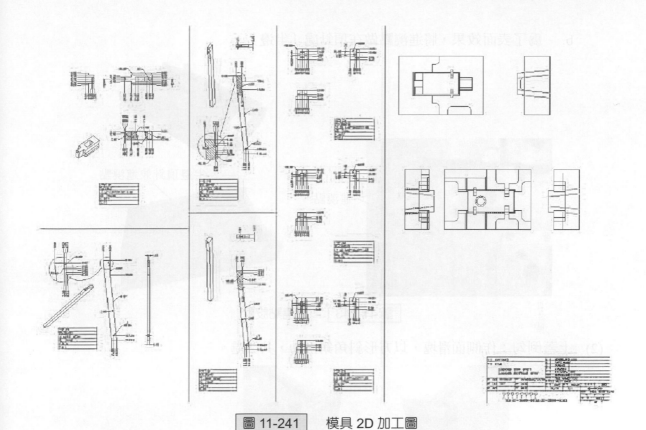

圖 11-241　模具 2D 加工圖

(二) 模具加工製造

1. Logger：上蓋+下蓋(1+1 Cavities)

　　模具尺寸：250×300×230 mm

　　(1) 本體：

　　　　a. 以 CNC 加工成型，表面咬細花〔貼紙凹槽除外〕，拔模斜度 0.5°。

圖 11-242　上、下蓋 1+1 模具

b.　為了表面效果，將進澆點做在頂針處〔半邊〕。

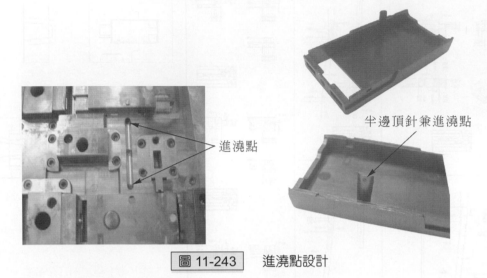

半邊頂針兼進澆點

進澆點

圖 11-243　　進澆點設計

(2)　上蓋倒勾：作側面滑塊，以方形斜角銷撥動，共 2 處。

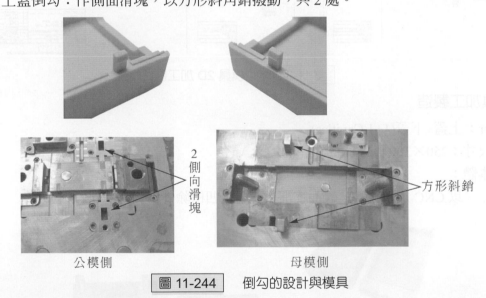

2 側向滑塊

方形斜銷

公模側　　　　　　　　　　　　　　母模側

圖 11-244　　倒勾的設計與模具

(3)　上蓋凸出點：

a.　下方的凸出點是為了固定 PCB 用的。

b.　上方的凸點，是與下蓋扣接用的。

將 2 個凸點作在同一支斜頂針上，共 2 處。

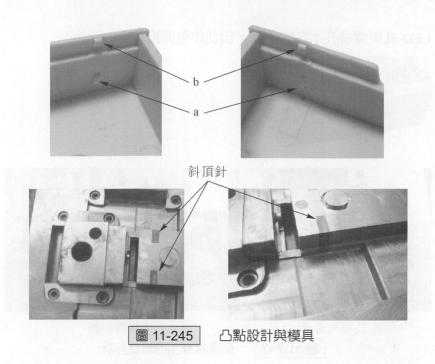

斜頂針

圖 11-245　凸點設計與模具

(4)　上蓋按鍵孔：作階梯孔靠破成型。

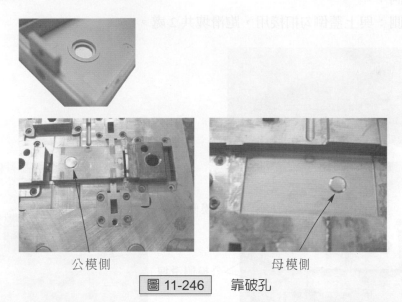

公模側　　　　　　　母模側

圖 11-246　靠破孔

(5) 上蓋 LED 孔與螺絲孔：在同一面，因此作整面滑塊。

公模側滑塊   母模側斜銷

圖 11-247   側邊螺絲孔的滑塊設計

(6) 下蓋凹洞：

a. 外側：與上蓋倒勾扣接用，跑滑塊共 2 處。

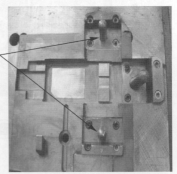

母模側斜銷

公模側滑塊

圖 11-248   凹陷與滑塊

b.　內側：與上蓋凸點扣接用，作斜頂出共 2 處。

斜頂針

圖 11-249　斜頂出設計

(7)　下蓋偷料凹槽與螺絲孔：由於內側肉厚太厚，因此外側作偷料，與下蓋螺絲孔作整面滑塊。

公模側滑塊　　　　　　　　母模側斜銷

圖 11-250　下蓋螺絲孔之滑塊

(8) 下蓋靠破倒勾：以靠破形成一個凸出面，供固定 PCBA 用。

母模側

公模側

圖 11-251　靠破孔

(9) 貼標籤凹槽：在 CNC 加工時即已成型，拋光面。

咬花

拋光

圖 11-252　標籤凹槽設計

(10) 滑塊閉合與開啓：

所有滑塊閉合時　　　　　　所有滑塊打開〔偏移〕時

圖 11-253　整體滑塊設計

(11) 模具組合與保養：

    a.　組合。

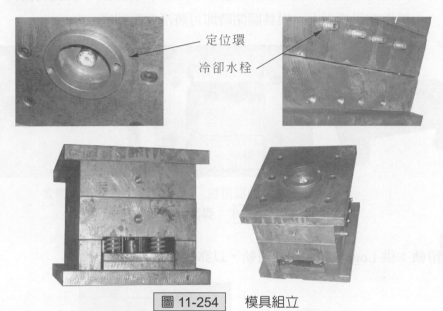

定位環

冷卻水栓

圖 11-254　模具組立

    b.　生產完後噴防鏽油保養。

圖 11-255　防鏽保養

2.　Reader：上蓋+下蓋(1+1 Cavities)，

    模具尺寸：450×350×360 mm。

    (1)　上蓋：

        a.　本體

            (a)　以 CNC 加工成型

            (b)　表面咬細花

(c) 後面有倒勾孔，且爲了避免拔模斜度引起的尺寸問題而作 4 面滑塊的設計，又因爲滑塊面不大，且偏移量亦小(2mm)，故設計以彈簧爲動力，而將滑塊直接作在母模面上。模具關閉時即可將滑塊壓到底。

　　　　　4面滑塊　　　　　　　　　滑塊彈簧

圖 11-256　　彈簧輔助頂出

b. 滑軌：供 Logger 插入用之滑軌，以靠破成型。

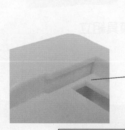 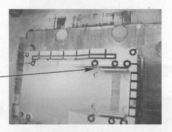

圖 11-257　　靠破成型產生滑軌

c. 溝槽：夾顯示板用，以嵌入模仁成型。

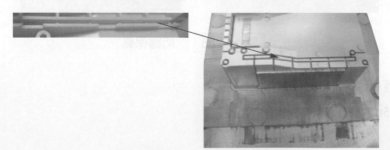

圖 11-258　　顯示板固定溝槽

d. 結合肋：具補強效果，放電加工。與下述之溝槽共用一體模仁。

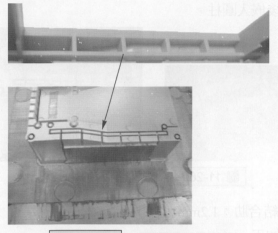

圖 11-259 兩牆間之結合肋

e. 高 Boss：

(a) 鎖 PCB〔4 孔〕與下蓋〔4 孔〕用。

加工：鑽孔後嵌入圓柱。

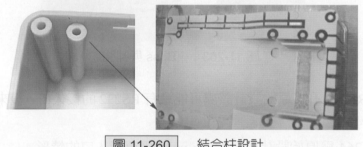

圖 11-260 結合柱設計

(b) 兩者間有 Overlap，削去一角以配合之。

加工：嵌入放電加工件。

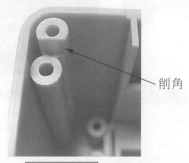

削角

圖 11-261 尺寸修正

f.　低 Boss：鎖固定片以壓住彈簧電路接觸板。

　　加工：鑽孔後嵌入圓柱。

圖 11-262　鎖電路板之 Boss 設計

g.　Boss 與牆面結合肋：1.2mm 厚。

　　加工：放電加工。

圖 11-263　Boss 與補強肋

h.　預留 RS232 孔：原始設計該處可能會有 RS232 的接入口，後來決定不用，而將該出口封掉。

　　圖 11-264 為原始設計與做 Mock-up 時仍有接入口的情形。

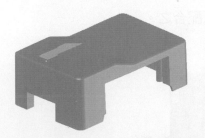

圖 11-264　RS232 出口設計

最終產品已將該 RS232 孔封住，以內牆及結合肋補足。

加工：嵌入模仁。

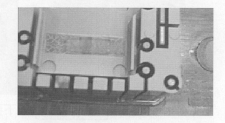

內牆　　補強肋

圖 11-265　設計變更、封口及結合肋設計

i.　分模線：跑四面滑塊，分模作在 R 角頂端。

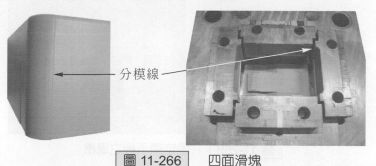

分模線

圖 11-266　四面滑塊

j.　進澆點：容積較大，使用兩大點進澆。

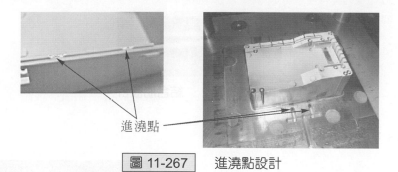

進澆點

圖 11-267　進澆點設計

(2)　下蓋：

a.　本體

(a)　CNC 加工。

(b)　原設計 2 點進澆，後因與上蓋差異太大，因此改一點進澆。

(c)　表面咬花〔不含貼標籤紙處〕。

(d)　貼紙用框，直接 CNC 成型。

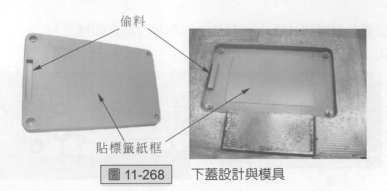

偷料

貼標籤紙框

圖 11-268　下蓋設計與模具

b.　溝槽：夾顯示板用，以嵌入模仁成型。

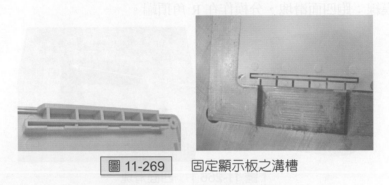

圖 11-269　固定顯示板之溝槽

c.　結合肋：具補強效果，放電加工。與上述之溝槽共用一體模仁。

圖 11-270　結合肋設計

d.　Boss：鎖螺絲用孔。

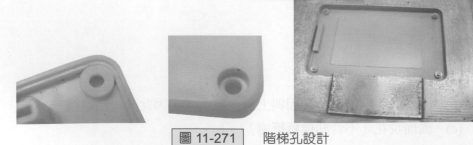

圖 11-271　階梯孔設計

加工：公模—CNC 銑孔。

　　　　母模—嵌入車床加工之圓層柱。

e.　貼標籤紙凹槽：CNC 加工時即成型 0.3mm 之凸出面。

圖 11-272　　標籤槽

f.　偷料以平均肉厚：嵌入以銑床加工之仁仔。

圖 11-273　　平均肉厚

i.　凹凸互卡槽：CNC 加工時即已成型。

圖 11-274　　結合卡槽

j.　進澆點：作在頂針上以維持表面完整，原始設計有兩點，試模時發現與上蓋容積差異過大，出料不平均，因而塞掉其中一孔。

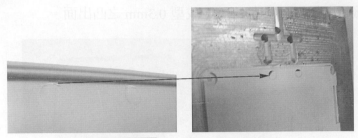

圖 11-275　進澆點設計與修正

(三) 模具組裝

1.　冷卻水路：

(1)　公模—上蓋：2 進 2 出。

下蓋：2 進 2 出。

(2)　母模—上蓋：2 進 2 出(有滑塊機構)。

下蓋：無(產品容積較小，散熱快)。

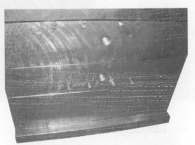

圖 11-276　冷卻水路

2.　回位彈簧：供成型頂出後，先頂回頂出板。

圖 11-277　彈簧輔助回位

3.　組裝完成。

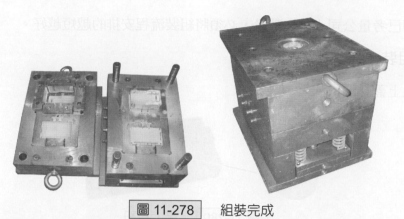

圖 11-278　組裝完成

三、Parts 生產製造

(一)　模具

　　塑膠射出成型之模具在產品設計時即考量到組合的必要性，因此舉凡射出時所需要考量之：模具大小、產品肉厚、產品重量、Boss 位置、Undercut 的處理、都必須在模具製作之前即設計完成。

(二)　成型機器

　　預計使用 6 Ounces 射出機成型 Reader 上、下蓋，3 Ounces 射出機成型 Logger 上、下蓋。

(三)　成型材料

　　由於產品是電子的產品，Logger 需裝水銀電池，Reader 則須接 Adaptor 到交流電源，使用時皆會產生熱，而且會有插拔的動作，因此塑膠料就必須考量耐磨與耐溫的問題，故使用防火級的 ABS 成型。

(四)　印刷

Logger 上有 Logo 印刷，又因為 Logo 本身僅是單一顏色故使用網板單色印刷。

圖 11-279　　上蓋印刷

四、產品組裝

　　設計之初即已考量公司人員之數量，必須將組裝流程安排的越短越好。

(一) Logger 組裝

1.　將按鈕置入上蓋孔洞內。

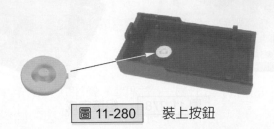

圖 11-280　　裝上按鈕

2.　上蓋+ PCBA 1：使用卡接的方式固定，而內側 4 個凸點即為卡接點。

圖 11-281　　控制板 1 與上蓋結合

3.　下蓋+PCBA2：緊密配合，並卡於前牆下。

圖 11-282　　控制板 2 與下蓋結合

4.　上蓋+下蓋壓合：上下蓋各有 2 凸 2 凹彼此扣接。

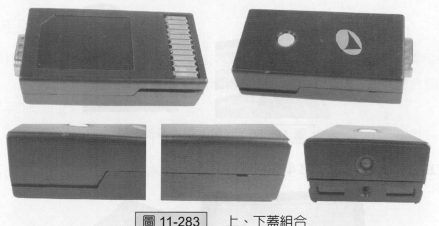

圖 11-283 　上、下蓋組合

5.　鎖螺絲：鎖上 2.5ϕ×3 mm 沙漏頭自攻螺絲，完成。

圖 11-284 　鎖螺絲

(二) Reader 組裝

1.　上蓋+彈簧電路接觸板 + 固定片：以 3ϕ×5 mm 之傘頭自攻螺絲鎖接。

圖 11-285 　鎖固定片以固定電路接觸板

2.　上蓋+顯示幕：緊密配合。

圖 11-286　　裝上顯示幕於上蓋

3.　螺絲+ PCBA：以 $3\phi \times 5$ mm 之傘頭自攻螺絲鎖接。

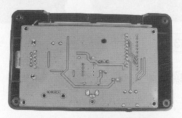

圖 11-287　　鎖電控板

4.　上蓋+下蓋：以 $3\phi \times 5$ mm 之傘頭自攻螺絲鎖接，並將顯示幕夾住。

圖 11-288　　鎖上、下蓋

5.　開口密合：確定上、下與開口之密合。

圖 11-289　　密合度

(三)　Logger + Reader　總組合

圖 11-290　　Logger 插入 Reader

圖 11-291　　前後視圖

12

押出成型品設計實務
之應用

- ▶ 【押出成型設計實務作品一】
- ▶ 【押出成型設計實務作品二】

【押出成型設計實務作品一】

品名：南亞舒美廚櫃 A 型、B 型
客戶名稱：南亞塑膠公司之經銷商

圖 12-1　　產品目錄

A. 設計特色：

1. 首創應用異型押出成型之技術於板材。
2. 本體尺寸多樣化，可應用於取代三夾板類材料所製成之家具。
3. 產品表面以印刷呈現，毋需再做噴漆或貼皮色彩變化多。
4. 可作各式組合變化。
5. 加工容易。

B. 模具與製作：

1. 各式尺寸之異型押出成型板材。
2. 各式封邊材與接頭。
3. 各式裁切工具與治具。
4. 塑膠材料：PVC。

C. 學術與教學效果：

1. 押出成型之模具製作與應用。
2. 押出成型表面處理之應用。

3.　異型押出成型產品的應用。

4.　押出成型模具之製作與應用。

5.　V-Cut 的應用與肉厚強度。

6.　熱熔與膠合劑之應用。

7.　射出件與押出件之結合方法。

D. 產品設計與模具製作之互動：

一、押出成型本體

1.　本體板：

(1)　A 型：以 V-cut 裁切再作組合者。

　　a.　310 mm 寬、15 mm 高：平均肉厚 1.2 mm，補強肋 0.8 mm。背板卡溝寬 3.5 mm。

　　b.　450 mm 寬、24 mm 高：平均肉厚 1.5 mm，補強肋 1.0 mm。背板卡溝寬 3.5 mm。

押出成型舒美櫥櫃板之基本造型

圖 12-2　押出成型舒美櫥櫃板之基本造型

圖 12-3　押出成型

(2)　B 型：不使用 V-Cut 以射出件與五金零件組合。

表 12-1

	品名(Category)	規格(Size) m/m		品名(Category)	規格(Size) m/m
310	單溝本體板 (Single Tough Body Plate)	310×15	662	無溝本體板 (No Tough Body Plate)	662×35
337	單溝本體板 (Single Tough Body Plate)	337×15	680	無溝本體板 (No Tough Body Plate)	680×35

表 12-1　(續)

	品名(Category)	規格(Size) m/m		品名(Category)	規格(Size) m/m
400	單溝本體板 (Single Tough Body Plate)	400×15	697	無溝本體板 (No Tough Body Plate)	697×35
400	單溝本體板 (Single Tough Body Plate)	400×15	760	無溝本體板 (No Tough Body Plate)	760×35
450	單溝本體板 (Single Tough Body Plate)	450×15	832	無溝本體板 (No Tough Body Plate)	832×35
450	單溝本體板 (Single Tough Body Plate)	450×24	910	無溝本體板 (No Tough Body Plate)	910×35
610	無溝本體板 (No Tough Body plate)	610×15	1200	無溝本體板 (No Tough Body Plate)	1200×35
610	單溝本體板 (Single Tough Body Plate)	610×24	1212	無溝本體板 (No Tough Body Plate)	1212×15
650	無溝本體板 (No Tough Body Plate)	650×35	1212	無溝本體板 (No Tough Body Plate)	1212×24

表面處理：

1. 色粉染色 Compound 後押出。
2. 加黑色纖維絲呈花崗岩面。
3. 印刷各種仿木紋類的紋路。

仿花崗岩　　　　　　　　　　　印刷仿木紋

圖 12-4　表面處理

二、射出成型接頭與零配件

(一) A 型

主要作為本體經彎摺後黏著固定與強化用，排齒狀交叉互卡為緊密配合，使用 PVC 硬質膠合劑可確保乾固後的強度。

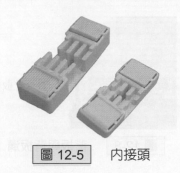

圖 12-5　內接頭

(二) B型

1. 封邊材：

作為押出成型之截斷面的修飾收尾零件，依據不同的押出板內徑及外尺寸而設計，其顏色即為押出板的底色。

圖 12-6　封邊材

2. 隔板固定片：

以鉚釘或螺絲固定於側板，再以黏接或鎖接於橫板(上、下板或橫隔板)。

圖 12-7　隔板固定片

三、背板

使用 3mm 厚之 PVC 硬質板或三夾板兩面貼 PVC 硬質膠布，大小則以剛好將所需之 Box 框住即可。

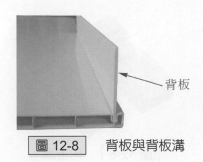

圖 12-8　背板與背板溝

四、V-Cut

　　將本體板依需要之尺寸作 V 字型橫向裁切，僅留下約 0.5~0.7mm 之肉厚，以供彎摺時本體之完整。

圖 12-9　V-Cut 裁切

五、組裝

1. A 型之組裝流程：

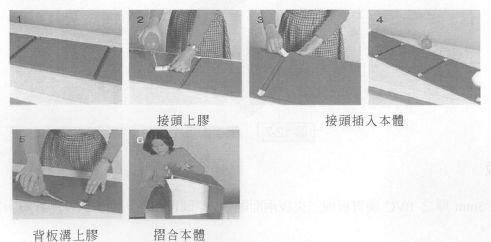

接頭上膠　　　　　　　　接頭插入本體

背板溝上膠　　摺合本體

圖 12-10　A 型組裝

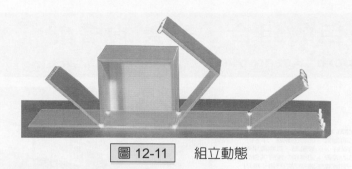

圖 12-11　組立動態

2.　B 型之配件與組裝：

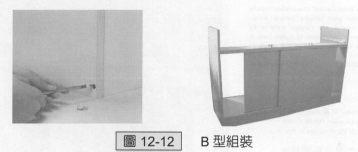

圖 12-12　B 型組裝

E. 組合例

1.　A 型櫥櫃：

圖 12-13　南亞塑膠公司目錄-1

出色的組合・完美的搭配
Superb Assembling ・ Perfect Matching

南亞郡美櫥櫃，擁有機動的組合、
多變化的型式、色彩的艷麗、不怕水
、不怕蟲蛀……等優點，最能滿足現
代生活的需要。如應用於家庭或辦公
室，更能營造生活空間的舒適；應用
於商品展示時，更提高了商品的高級
感，達到促銷的目的。

"Nan Ya Smart Cabinet" Characterizes mobile
combination, great category, brilliant color,
quality material, and therefore becomes an
indispensable requirement to modern living. It
not only can add comfort to your home or
office, but also can enhance the value of the
commodities at exhibition and bring forth sales.

櫥櫃本體色彩
Color of Cabinet Body

白 White/ 米黃 Beige/ 橙 Orange/
翠綠 Emerald/ 咖啡 Coffee——
木紋印刷 Woodgrain Printing

本體用板及接頭規格
SPECIFICATIONS OF BODY PLATE AND JOINT

品 名 Item	規 格 Specs (m/m)
本體用板 Body Plate	310X15.4（深Depth X厚 Thickness）
接頭 Joint	72X26X12.2（長 Length X寬 Width X高 Height）

單元成品規格
SPECIFICATIONS OF PVC CUBE

型式 Types	規 格 Specs (cm)
正 方 形 Square	30X30X31（深 Depth） 40X40X31（深 Depth）
長 方 形 Rectangular	30X60X31（深 Depth） 40X60X31（深 Depth）

取材自南亞塑膠公司目錄

圖 12-14　　南亞塑膠公司目錄-2

2. B 型櫥櫃：

圖 12-15　泰安家具公司(南亞經銷商)目錄

【押出成型設計實務作品二】

品名：管狀家具(Tube Furniture)

客戶名稱：Omni(USA)、Moss(USA)、Pride(USA)、Innovation(USA)

圖 12-16　Tube Furniture

A. 設計特色：

1. 首創應用押出成型之管材，結合射出成型作多變化之造型。
2. 獨創之彎塑膠管技術，可大量生產。
3. 產品因管材之顏色變化可與坐墊等組件作色彩之變化。
4. K/D 或 Folding 組裝可作各式組合變化。
5. 黏接鉚接組裝加工容易。

B. 模具與製作：

1. 各式尺寸之異型押出成型管狀材料。
2. 各式封邊材與接頭。
3. 自動化彎管加熱設備與彎管成型模與冷卻設備。
4. 各式裁切工具與治具。
5. 塑膠材料：PVC。

C. 學術與教學效果：

1. 押出成型之模具製作與應用。
2. 押出成型與射出成型之結合〔鉚接、膠合……等〕應用。
3. 押出成型與射出成型之色差與尺寸公差之探討。
4. 押出成型材料之二次加工與產品設計之關係。
5. 戶外用織品(Textilene)之應用。
6. 熱熔與膠合劑之應用。

D. 產品設計與模具製作之互動：

一、押出 Tube

皆是以異型押出的方式作出押出管，又因為是與其他射出件或 Textilene 布結合與搭配，因此要很注意色差的問題，又因為押出之顏色較難控制，因此常以射出調整來配合押出。

(一) 圓管

最基本的管材，直徑 2.5″〔約 64mm〕，肉厚 3~3.5mm 作為本 Tube Furniture 的本體。

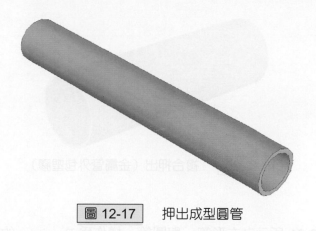

圖 12-17　　押出成型圓管

(二) 月型管

設計押出管如圖示之月型管〔專利設計〕作為支撐 Sling 之邊框，其彎管方法如下項所述。

圖 12-18　　押出成型月型管

(三) 雙環管

設計押出管如圖 12-19 所示之雙圓管，與圓管一樣是作為 Furniture 的本體，其彎管方法亦如下〔三、加工(一)〕項所述。

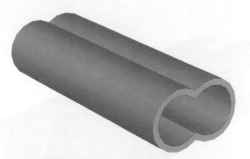

圖 12-19　　押出成型雙環管

(四) 複合押出管

塑膠押出包覆於鐵管之外成型，用以製作類似鋁管製之 Powder Coating 的產品。

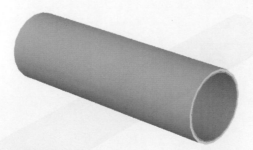

圖 12-20　　複合押出〔金屬管外包塑膠〕

(五) 長方形管

設計押出管如圖 12-21 所示之方形管，與圓管一樣作為 Furniture 的本體，其彎管方法亦如下述，但因彎管品質較難控制，因此設計上較少使用彎管。

圖 12-21　　長方型管押出

(六) 四方管

設計押出管仿自鋁擠型管者如圖 12-22 所示之四方管，作為 Furniture 的本體，其缺點是無法作彎管。

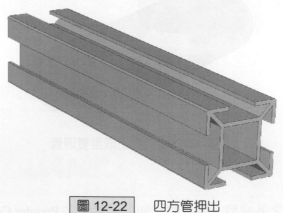

圖 12-22　　四方管押出

二、射出

(一) Fitting 接頭

為一般俗稱之三通〔T 型〕接頭與單彎〔L 型〕接頭，作較佳之表面拋光或類似竹節式的設計，主要的是內徑與圓管外徑之配合必須達到緊密的程度，雖有 PVC 硬質膠合劑的黏著使用，仍應盡量作到無間隙的程度。

(二) Internal Fitting 無接頭產品〔專利設計〕

將接頭設計成作在圓管內，從外觀上看不到接頭外露，呈現完整美觀的產品。

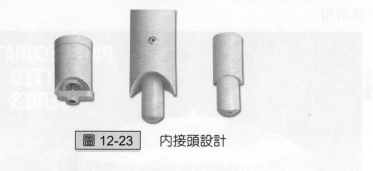

圖 12-23　內接頭設計

三、加工

(一) 彎管

將各式的管材於必要的部位加溫使其軟化，然後將比其內徑稍小〔約小 2~3 mm〕之彈簧插入，再將欲彎曲的部位靠在以壓克力塑膠車製之靠模上作彎曲，並迅速置入水中冷卻，等冷卻完成後抽出彈簧即成半成品，可製作多處彎哲的產品，靠模與治具的尺寸與相對位置之設計非常重要。

(二) 竹節

將押出之圓管裁切成所需長度，再於等距間隔位置加熱〔加熱範圍約 30mm〕使其軟化，再將其置於以鋁作成之竹節模上，在左右兩側以油壓缸向中間壓擠，即可形成竹節。

四、組裝

(一) 接頭型

將異形管或圓管裁切成所需尺寸，在於必要部位鑽孔，然後在接頭內上膠合劑，並將管子插入後，於必要的治具(Jig)上定型。

(二) 無接頭型

將異形管或圓管裁切成所需尺寸,在於必要部位鑽孔,再將內接頭以拉釘固定後鎖上螺絲,若是在管子的中間部位需要鎖接,則可鎖上內接頭或鉚上螺帽式拉釘即可。

🖊 實例一

OMNI Inc. 之 PVC Tube Fitted Series

產品特色:

1. 造型簡潔。
2. 組裝容易。
3. 室內室外皆耐用。

圖 12-24   有接頭之 Tube Furniture

實例二

PRIDE 之 Bamboo Fitting Tube Furniture

產品特色：

1. PVC Tube 呈竹節狀，接頭亦呈波浪竹節狀。
2. 組裝製造容易。

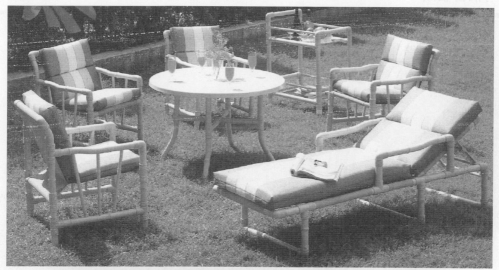

圖 12-25　竹節管狀家具

實例三

INNOVATION 之 GenesisSeries

產品特色：

1. 隱藏式射出接頭，外觀無接頭。
2. 產品可摺合收藏。

圖 12-26　摺合式無接頭 Tube Furniture

🖱️ 實例四

OMNI Inc. 之 Baypoint Fan

產品特色：

1. 無〔內〕接頭設計。
2. 專利月型押出管，裝 Sling 可省許多人工。

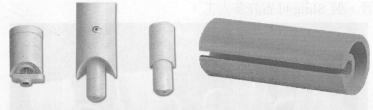

圖 12-27　　無接頭 Tube Furniture 設計

實例五

OMNI Inc. 之 Genesis Series

產品特色：

1. 使用複合押出管強度比鐵管更佳。
2. 無〔內〕接頭設計。
3. 專利月型押出管，裝 Sling 可省許多人工。

圖 12-28　　複合管材 Sling Chair 設計

實例六

Vision 之 Baby Crib

產品特色：

1. 塑膠押出成型管〔四方管〕加工容易。
2. 表面處理佳，無漆、無毒。

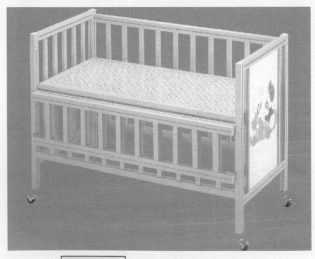

圖 12-29　　四方管組成之嬰兒床

實例七

Rainbow Horizon 之 Baby Crib

產品特色：

1. 塑膠押出成型管〔長方形管〕加工容易。
2. 表面處理佳無漆無毒。

圖 12-30　方型管與圓管組成之嬰兒床

實例八

長浩公司之仿籐製 Dining Set

產品特色：

1. 塑膠彎管技術之充分發揮。
2. 強固耐用。
3. 表面光亮似噴漆。

圖 12-31　雙環管組成之仿籐製餐椅

中空吹氣成型品設計
實務之應用

▶ 【中空吹氣成型設計實務作品一】
▶ 【中空吹氣成型設計實務作品二】

【中空吹氣成型設計實務作品一】

品名：洋傘座(Umbrella Base)

客戶名稱：US Leisure(USA)

圖 13-1　　洋傘傘座

A. 設計特色：

1. 應用中空吹氣成型作洋傘座之造型。
2. 產品為中空可依需要裝沙或水以加重固定洋傘。
3. 質輕並設有提把攜帶方便。
4. 成型容易製造成本低。

B. 模具與製作：

1. 中空吹氣成型之本體成型模×1。
2. 射出成型封口蓋×1。
3. 中空吹氣成型之中間支柱。
4. 射出成型之中間支柱鎖蓋。
5. 塑膠材料：PP。

C. 學術與教學效果：

1. 中空吹氣成型之模具製作與應用。
2. 中空吹氣成型方法與製造之研討應用。
3 .中空吹氣成型與射出成型之色差與尺寸公差之探討。
4. 中空吹氣成型產品設計之實務應用。

D. 產品設計與模具製作之互動：

一、整體產品設計

　　為了戶外使用洋傘功能上的需求，必須具有可以填充加重到約 8 公斤重的產品，因此設計中空成型並可以灌水(或沙)入內的 Base，再以卡接的方式裝上中間支柱，並鎖上蓋子以調節內徑不同之洋傘骨(Pole)。

圖 13-2　中空吹氣成型設計

二、中空吹氣成型之本體

(一) 產品設計

1. 採圓形外型設計，直徑設定為 16″。
2. 一端設有提把。
3. 靠近提把位置有一灌水孔。
4. 中間底部有一層肉厚，設有缺口供支柱插入並旋轉固定〔兩凸點為 Stopper〕。

底部之支柱固定孔

圖 13-3　底部之支柱固定孔

(二) 模具製作

1. 鋼材 S55C。
2. CNC 雕刻或 Copy Milling。
3. 放電加工。

三、射出成型 Cap

(一) 產品設計

灌水〔或沙〕口的封口蓋,設有環狀凸緣可卡緊於本體上。

圖 13-4　封口蓋

(二) 模具製作

NC 加工+ EDM。

四、中空吹氣成型之支柱

(一) 產品設計

中空設計,上方有螺牙、下方有卡榫。

圖 13-5　中空吹氣成型之支柱

(二) 模具製作

1.　本體:CNC 加工。
2.　螺牙:車床作銅電極放電加工。

五、射出成型支柱鎖蓋

(一) 產品設計

1.　射出成型件。
2.　中間有彈性壓條,鎖到支柱上以後,中間之壓條會受迫調整,越鎖越緊。

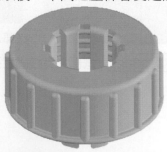

圖 13-6　支柱之鎖蓋

(二)　模具製作

1.　螺牙採圓牙，車床加工。
2.　本體 CNC。
3.　防滑凸條，放電加工。
4.　強迫脫模設計。

E. 目錄實例

Rainbow Horizon 之 Umbrella Base

圖 13-7　　產品目錄

圖 13-8　　Rainbow Horizon 目錄-1

圖 13-9　　Rainbow Horizon 目錄-2

【中空吹氣成型設計實務作品二】

品名：安全門欄(Door Gate)

作品項目：塑膠中空吹氣成型與射出成型結合之產品

圖 13-10　　安全門欄

A. 設計特色：

1. 中空吹氣成型作為門欄之本體，造型多變。

2. 射出成型各式搭配零件結合鐵管與中空吹氣成型本體。

3. 搭配延伸件可適用於各種尺寸之門框。

4. 質輕強度夠，耐撞擊。

5. 自動關閉(Auto Swing Back)專利功能。

B. 模具與製作：

1. 中空吹氣成型之本體成型模×1 組。

2. 中空吹氣成型之延伸件成型模×1 組。

3. 射出成型之零配件模具×7 組。

4. 膠材料：PP、ABS。

C. 學術與教學效果：

1. 中空吹氣成型之模具製作與應用。

2. 中空吹氣成型方法與製造之研討應用。

3. 射出與中空吹氣成型色差之探討。

4. 中空吹氣與金屬件結合之實務應用。

5. 射出與中空吹氣成型之肉厚與補強肋強度之應用。

6. 塑膠件的結合方法之應用：鎖接、鉚接、扣接。

7. 射出成型之預埋螺絲與螺帽之應用。

實例：Demby 之 SG99A for InSTEP & JANE

一、產品零件

(一) 分解

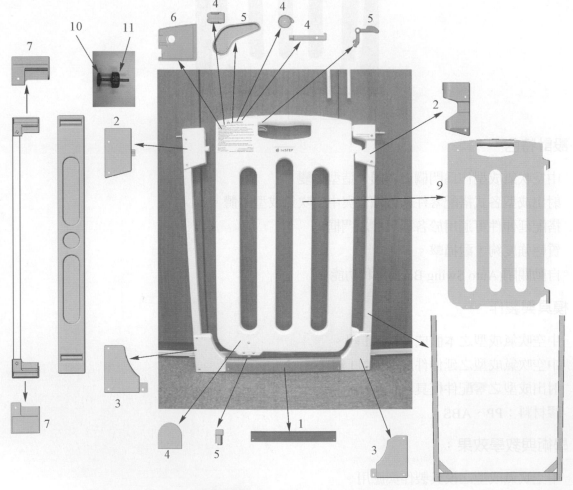

圖 13-11　　安全門欄之零組件

(二) 零組件說明

表 13-1

編號	品名	材質	模穴	模具尺寸	成型方法	單元使用量
1	中間踏板	ABS	1	340×250×550	射出成型	1
2	左上頂角 右上頂角	ABS	1+1	420×260×500	射出成型 預埋鐵心	1 1
3	左下頂角 右下頂角	ABS	1+1	530×480×260	射出成型 預埋鐵心	1 1
4	下方蓋板 下方止擋蓋 迫緊凸輪 迫緊滑塊 延伸件套管	ABS	1 1 1 1 4	240×300×280	射出成型	1 1 1 1 4
5	迫緊把手 開門把手 開門鎖桿	ABS	1	250×300×350	射出成型	1 1 1
6	上方蓋板	ABS	1	290×330×380	射出成型	1
7	上延伸塊 下延伸塊	ABS	1		射出成型	2 2
8	Gate 延伸件	PE	3		中空吹氣成型	2
9	門板	PE	1		中空吹氣成型	1
10	調整鈕螺絲	ABS	4		射出成型 預埋螺絲	4
11	調整鈕螺帽	ABS	4		射出成型 預埋螺帽	4

二、前置動作

(一) 焊接及粉體塗裝方形管，呈ㄩ形框架，如圖 13-12。

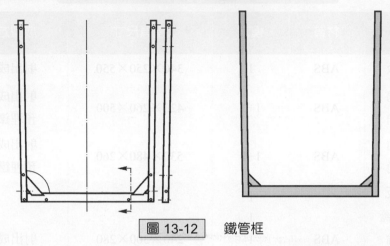

圖 13-12　鐵管框

(二) 零件射出

1. 頂角：預埋鐵心。
2. 調整鈕：預埋螺絲、螺母〔帽〕。

三、組裝流程

(一) 門板

1. 裝上迫緊凸輪、迫緊滑塊於上蓋板。

圖 13-13　迫緊凸輪

2.　裝上壓力彈簧。

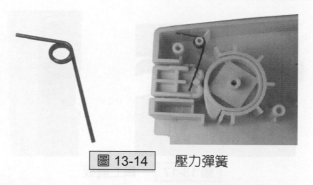

圖 13-14　壓力彈簧

3.　裝上開門鎖桿與開門把手。

圖 13-15　開門把手與鎖桿

4.　裝上拉力彈簧並測功能。

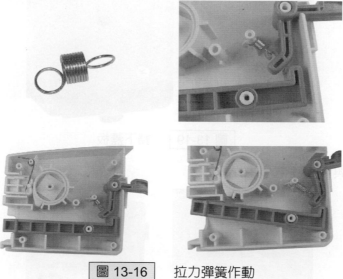

圖 13-16　拉力彈簧作動

5. 鎖上蓋板〔4×15mm 沉頭自攻螺絲×4〕。

圖 13-17　　鎖上蓋板

6. 裝上 Stopper 於下蓋板內。

圖 13-18　　裝 Stopper 於下蓋板內

7. 鎖下蓋板〔4×15mm 沉頭自攻螺絲×3〕。

圖 13-19　　鎖下蓋板

8. 貼上 Logo 貼紙與使用注意事項貼紙。

圖 13-20　　標籤貼紙

(二) 門框

1. 以 27mm 鉚釘，在鉚釘機上將已預製的ㄩ形鐵框四角落各鉚上塑膠製之頂角件。

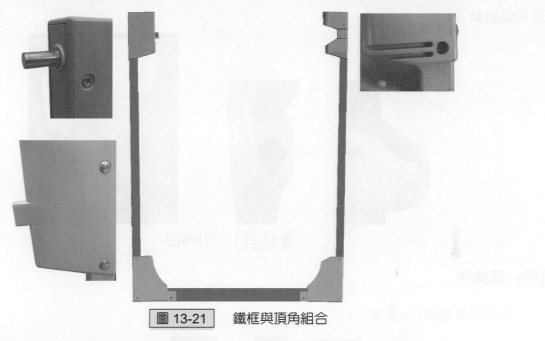

圖 13-21　鐵框與頂角組合

2. 裝上中間踏板，同時鉚上 2 支鉚釘。

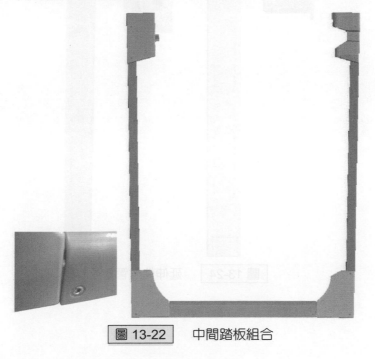

圖 13-22　中間踏板組合

(三) 門板+門框

以抬高插入的方式，利用頂角件的空間，將已組好之門板的 Hinge 軸插入頂角件上的孔洞即完成組裝。

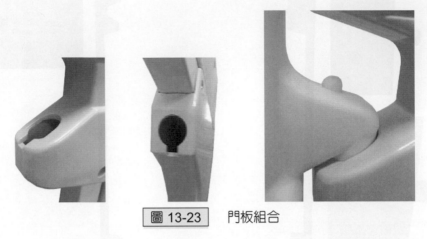

圖 13-23   門板組合

(四) 延伸件

1.   中空吹氣延伸件+管塞×4。

圖 13-24   延伸件與管塞

2. 〔射出件+鐵管〕組件：
   將管端接頭射出件 2 pcs 分別鉚接在鐵管之兩端即成，再分別在側面開口處塞入管塞共 4 個。

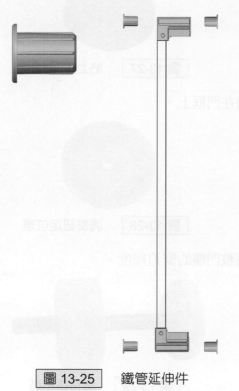

圖 13-25　鐵管延伸件

(五) 調整鈕

1. 預埋螺絲與螺帽射出成型。

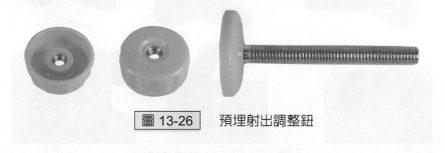

圖 13-26　預埋射出調整鈕

2. 止滑墊：背膠之橡膠止滑墊沖件。

圖 13-27　貼上止滑墊片

3. 門斗定位環：可黏或鎖在門框上。

圖 13-28　調整鈕定位環

4. 組裝：以螺牙進出來調整門欄的緊迫程度。

圖 13-29　調整鈕組裝

5. 迫緊把手。

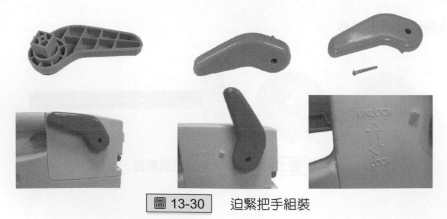

圖 13-30　迫緊把手組裝

四、中空吹氣成型件：門板與延伸件為中空吹氣成型

(一)　門板之設計

1. 門板以中間鏤空作爲剪力補強面，且符合安規"透空(可看穿)"之規定，平均肉厚約 2.5 mm。

圖 13-31　　中空吹氣成型門板

2. 分模線在本體中央。

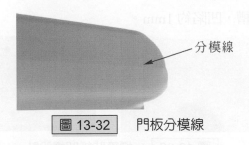

圖 13-32　　門板分模線

3. 門鎖機構部位：爲配合射出成型零件，將兩層牆面肉夾在一起，呈單面肉厚狀。

圖 13-33　　中空吹氣成型之單層肉厚

4. 除門鎖機構部分，其餘皆設計圓弧形，以利符合安規並適合成型。

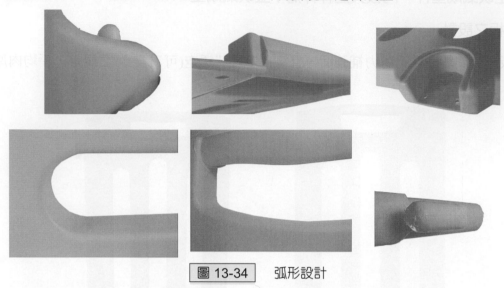

圖 13-34 弧形設計

5. Hinge 處的補強肋。

三角補強

圖 13-35 補強肋設計

6. 貼 Sticker〔貼紙〕的凹槽，凹陷約 1mm。

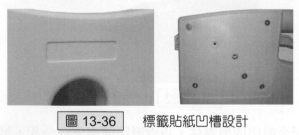

圖 13-36 標籤貼紙凹槽設計

7. 吹氣孔在正下方。

圖 13-37 吹氣孔

(二) 中空吹氣成型延伸件之設計

1. 軸孔凹陷補強兼定位。
   組裝方向性文字與箭頭：模具刻字成型。

圖 13-38　補強設計與刻字

2. 中間凹陷剪力補強，並呈圓弧形邊角。

圖 13-39　補強設計

3. 吹氣孔即管塞孔處。

吹氣孔 ⟶

圖 13-40　吹氣孔

4. 分模線在本體中央。

分模線 ⟶

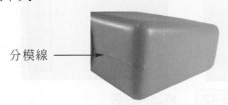

圖 13-41　分模線

五、中空吹氣成型件之模具製作

(一) 門板

1.　使用材料：S55C。

2.　模穴：1 Cavity/Mold

3.　加工：

　　(1)　本體：Copy Milling 與放電加工，圓孔處嵌入圓柱。

　　(2)　門鎖機構處：放電加工與 NC 銑床加工

(二) 延伸件

1.　使用材料：S 55C。

2.　模穴：2 Cavities/Mold。

3.　加工：Copy Milling 與放電加工，圓孔為後加工。

六、完成品

 成品與包裝

總結論與建議：

綜合以上各章之結論，從產品設計、模具製作，兩者間之互動到舉實務作品來作分析與驗證，我們可以很清楚知道塑膠成型品的設計有其基本的設計考量與限制條件的遵循。

本書因此整理出下列幾項結論以及建議，可以提供給塑膠成型的設計師在設計塑膠成型產品時的參考。

結論：

1. 設計者對塑膠材料與模具製作的基本知識的瞭解，決定塑膠成型品設計的成功與否。
2. 塑膠成型品的設計必須兼具產品設計、塑膠成型、產品表面處理、模具設計、模具加工、零組件結合方法……等的概念，才能完成整合性的設計。
3. 遵循正確之設計程序，再參考模具專家們的意見，可使設計達到更美好的境界。
4. 可藉由知識庫與資料庫之建立，來說明產品設計與模具製造之互動關係，產生經驗值進而提供其他想要進行類似之產品設計行為者的參考依據。

建議：

1. 在產品設計之初，先對產品的需求作一初步的探討，應以瞭解產品之結構為最優先，避免日後不必要的修改過程與時間浪費。
2. 應多涉獵塑膠工業的領域，以明白塑膠之物性與加工條件使成為產品設計的基本知識。
3. 實際參與塑膠成型之作業，以體驗塑膠成型的條件和如何生產成功的塑膠製品。
4. 與模具設計師，模具製作人員充份溝通，排除各種可能或容易犯之錯誤。
5. 參考各項資料庫以明瞭各項設計因素、尺寸與限制的條件，可加速設計案之進行。
6. 依照標準化模式之設計程序(General Process)所述按部就班，達到完美塑膠成型品設計的境界。

國家圖書館出版品預行編目資料

塑膠成型品設計與模具製作 / 林滿盈編著.
初版. -- 臺北縣土城市：全華圖書
民 99.02
　面 ; 公分
ISBN 978-957-21-7434-0 (平裝)

1. 塑膠加工 2.模具
467.4　　　　　　　　　　　　　98024552

塑膠成型品設計與模具製作

作者 / 林滿盈

發行人 / 陳本源

執行編輯 / 康容慈

出版者 / 全華圖書股份有限公司

郵政帳號 / 0100836-1 號

印刷者 / 宏懋打字印刷股份有限公司

圖書編號 / 06086

初版五刷 / 2018 年 09 月

定價 / 新台幣 450 元

ISBN / 978-957-21-7434-0 (平裝)

全華圖書 / www.chwa.com.tw

全華網路書店 Open Tech / www.opentech.com.tw

若您對書籍內容、排版印刷有任何問題，歡迎來信指導 book@chwa.com.tw

臺北總公司(北區營業處)
地址：23671 新北市土城區忠義路 21 號
電話：(02) 2262-5666
傳真：(02) 6637-3695、6637-3696

南區營業處
地址：80769 高雄市三民區應安街 12 號
電話：(07) 381-1377
傳真：(07) 862-5562

中區營業處
地址：40256 臺中市南區樹義一巷 26 號
電話：(04) 2261-8485
傳真：(04) 3600-9806

23671 新北市土城區忠義路21號
全華圖書股份有限公司

行銷企劃部 收

廣 告 回 信
板橋郵局登記證
板橋廣字第540號

歡迎加入 全華會員

● 會員獨享
會員享購書折扣、紅利積點、生日禮金、不定期優惠活動⋯等。

● 如何加入會員
填妥讀者回函卡直接傳真 (02) 2262-0900 或寄回，將由專人協助登入會員資料，待收到 E-MAIL 通知後即可成為會員。

如何購買 全華書籍

1. 網路購書
全華網路書店「http://www.opentech.com.tw」，加入會員購書更便利，並享有紅利積點回饋等各式優惠。

2. 全華門市、全省書局
歡迎至全華門市（新北市土城區忠義路 21 號）或全省各大書局、連鎖書店選購。

3. 來電訂購
(1) 訂購專線：(02) 2262-5666 轉 321-324
(2) 傳真專線：(02) 6637-3696
(3) 郵局劃撥（帳號：0100836-1 戶名：全華圖書股份有限公司）
※ 購書未滿一千元者，酌收運費 70 元。

OpenTech.com.tw
全華網路書店

全華網路書店 www.opentech.com.tw
E-mail: service@chwa.com.tw
